DIGITAL SERIES

未来へつなぐ
デジタルシリーズ

アドバンストリテラシー
―ドキュメント作成の考え方から実践まで―

奥田隆史
山崎敦子
永井昌寛
板谷雄二　著

35

共立出版

Connection to the Future with Digital Series
未来へつなぐ デジタルシリーズ

編集委員長： 白鳥則郎（東北大学）

編集委員： 　水野忠則（愛知工業大学）
　　　　　　　高橋　修（公立はこだて未来大学）
　　　　　　　岡田謙一（慶應義塾大学）

編集協力委員：片岡信弘（東海大学）
　　　　　　　松平和也（株式会社 システムフロンティア）
　　　　　　　宗森　純（和歌山大学）
　　　　　　　村山優子（岩手県立大学）
　　　　　　　山田曠裕（東海大学）
　　　　　　　吉田幸二（湘南工科大学）

（50音順）

未来へつなぐ デジタルシリーズ　刊行にあたって

　デジタルという響きも，皆さんの生活の中で当たり前のように使われる世の中となりました．20世紀後半からの科学・技術の進歩は，急速に進んでおりまだまだ収束を迎えることなく，日々加速しています．そのようなこれからの21世紀の科学・技術は，ますます少子高齢化へ向かう社会の変化と地球環境の変化にどう向き合うかが問われています．このような新世紀をより良く生きるためには，20世紀までの読み書き（国語），そろばん（算数）に加えて「デジタル」（情報）に関する基礎と教養が本質的に大切となります．さらには，いかにして人と自然が「共生」するかにむけた，新しい科学・技術のパラダイムを創生することも重要な鍵の1つとなることでしょう．そのために，これからますますデジタル化していく社会を支える未来の人材である若い読者に向けて，その基本となるデジタル社会に関連する新たな教科書の創設を目指して本シリーズを企画しました．

　本シリーズでは，デジタル社会において必要となるテーマが幅広く用意されています．読者はこのシリーズを通して，現代における科学・技術・社会の構造が見えてくるでしょう．また，実際に講義を担当している複数の大学教員による豊富な経験と深い討論に基づいた，いわば"みんなの知恵"を随所に散りばめた「日本一の教科書」の創生を目指しています．読者はそうした深い洞察と経験が盛り込まれたこの「新しい教科書」を読み進めるうちに，自然とこれから社会で自分が何をすればよいのかが身に付くことでしょう．さらに，そういった現場を熟知している複数の大学教員の知識と経験に触れることで，読者の皆さんの視野が広がり，応用への高い展開力もきっと身に付くことでしょう．

　本シリーズを教員の皆さまが，高専，学部や大学院の講義を行う際に活用して頂くことを期待し，祈念しております．また読者諸賢が，本シリーズの想いや得られた知識を後輩へとつなぎ，元気な日本へ向けそれを自らの課題に活かして頂ければ，関係者一同にとって望外の喜びです．最後に，本シリーズ刊行にあたっては，編集委員・編集協力委員，監修者の想いや様々な注文に応えてくださり，素晴らしい原稿を短期間にまとめていただいた執筆者の皆さま方に，この場をお借りし篤くお礼を申し上げます．また，本シリーズの出版に際しては，遅筆な著者を励まし辛抱強く支援していただいた共立出版のご協力に深く感謝いたします．

　　　　「未来を共に創っていきましょう．」

編集委員会
白鳥則郎
水野忠則
高橋　修
岡田謙一

はじめに

　理工系学部に所属する学生は在学中にたくさんのレポートを作成する．具体的には講義のレポート，実験でのレポートなどである．これらのレポートの多くは文章と図表から構成される．図表には，何かの概念を説明するための概念図，数理的現象を説明するための数理モデル図，実験結果を示すグラフなどが含まれる．本書では単なる文章と区別するために，文章と図表から構成されるようなレポートのことをドキュメントと称することにする．このようなドキュメントは，高学年になり研究室に配属された後も作成する．例えば，研究室内での輪講資料や報告，卒業論文，卒業論文のエッセンスをまとめた卒業論文抄録，学術学会発表原稿などがドキュメントである．なおドキュメントによっては図表が含まれない文章だけのものもある．例えば，就職活動の際に作成する履歴書，エントリーシートなどのドキュメントである．

　学生はこのようにたくさんのドキュメントを作成してきているし，今も作成してもいる．にもかかわらず，国内外の学術学会の懇親会などの場で，教員間で必ずといっていいぐらい話題になることがある．「今の学生は堂々と発表するし，質疑応答も素晴らしい」という話題と，「しかし，文章を書くこと（ドキュメントを作成すること）ができない」という話題である．ここでの今の学生は研究室に配属された後の学生のことであり，学部1年生からたくさんのレポートを書いているにもかかわらず，学会のドキュメントのように他者が読むようなレポートについては，標準に達していないというニュアンスである．

　「今の学生は堂々と発表するし，質疑応答も素晴らしい」という話題の背景には，人前で発表・質疑応答をする実践的経験が，教員の学生時代に比較し，豊富だからというのがある．実際，現在の学生は小中学校時代の「総合的な学習の時間」などにおいて発表・質疑応答の場をたくさん経験している．

　では，前述したように理工系の学生は多くのドキュメントを書いてきたにもかかわらず，「しかし，文章を書くこと（ドキュメントを作成すること）ができない」という話題が交わされるのであろうか．この話題の背景には，発表・質疑応答に比較して，実践的な場でドキュメントを作成する機会が少ないということがある，と筆者は思っている．また，レポートとしてドキュメントを作成しても，提出したままで，他者（この場合は提出先）がどのような感覚で読んでいるのかを想像できていないのではないか，と思う．さらに，理工系の教育では数式を導いたり，データを取得することについては重視するのであるが，その数式やデータの説明や論理展開まではふれないこともある．つまり，数式導出やデータ取得を上手にしたからといっても，きちんとした文章にしないことには，人に伝達はできないということを忘れがちなのである．

　このドキュメントが書けないことを，外山滋比古氏は，卒業論文を書けない学生として，次のようにまとめている [1, pp.23–24]．

大学で卒業論文を書かせます．論文をつくるのは，知識を習得するのとは違った頭の使い方をしなければなりません．
　受け身で与えられたものを頭へ入れて忘れないようにする記憶型の知的活動である学習に対して，論文を書くのは，アクティブに，積極的にものごとを考えていかなくてはなりません．創造的活動です．

　この外山氏の指摘は学生にとっても，教員にとっても耳が痛い話である．とはいえ，「文章を書くこと（ドキュメントを作成すること）ができない」と教員が話題にしていても，この問題は解決はしない．考える（＝文章を書く）ような創造的活動を行うという経験の少ない学生に，いきなり書きなさいといっても無理な話である．

　ではどうすればよいか．本書では，研究室配属以降でのドキュメントを書く機会を，洗練されたドキュメントを書くための絶好の実践機会だと捉えている．研究室配属以降に書く具体的なドキュメントは研究室内の報告，卒業論文，学術学会発表原稿などである．これらのドキュメントを書くという実践機会を上手に利用して，「文章を書くこと（ドキュメントを作成すること）ができない」という問題を解決することの道筋やコツを与えるのが本書の目的である．

　本書の目的を達成するためには，厳密には新しい知識は不要なのかもしれない．目的を達成するためには，今まで学んできた知識を，組み合わせるという意識（むしろ心がけ，発見，気づき）が重要になるからである．例えばこんな経験をしたことはないだろうか．街にカフェが多くなったなと，偶然，感じると，その後，今まで気にしていなかったカフェが眼に入ってくるようになる．つまり，カフェを意識して生活し始めていることになる．カフェという単語や概念を特に意識していなかったときには，気がつかなかったのであるが，ひとたび意識してしまうとカフェに気がつくようになるのである．本書を通して「今まで学んだ知識を組み合わせる」という意識が生まれることが大切になるのである．さらには「他者を意識する」という意識が読者に生まれることを願っている．

　さて，ここで今までに学んできたことを少し俯瞰してみよう．この本の読者の多くは，下級生の頃に，「コンピュータリテラシー」や「プログラミング」を学んでいる．

　「コンピュータリテラシー」ではコンピュータ上でのディレクトリやフォルダによるファイル管理を学んだであろう．ファイル管理の際にはツリー構造（木構造）という概念を学んでいるはずである．つまり，文章を書く際に基本となる木構造や階層構造の概念をすでに学んでいるのである．

　「プログラミング」ではC，C++，Java，Perl，Visual Basicなどのプログラミング言語を用いて，計算や文字処理などのプログラムを書いてきたはずである．プログラムを書く際には，プログラム全体を段階的に細かな単位に分割し，構造化してプログラムを書いていくと，わかりやすくなることを経験したであろう．構造化はドキュメントの全体構想を考えるときにも大切になる．また演習問題に取り組む際には，何度もコンパイルし，そのエラーを無くしながら完成させていったはずである．その過程の中で，エラーへの対処方法についても学んでいったはずである．つまり，ドキュメント作成時に不可欠になる推敲に相当することを繰り返したこ

とになる．

　整理すると，情報系の学生は，「コンピュータリテラシー」や「プログラミング」の学習を通して階層化，構造化，推敲という概念を学んでいる．ただし，なぜこうするのかではなく，こうするものだと学んできた場合もあったのではないだろうか．この学び方は，子供が理論を知らずに，雪山でのスキーができていくように，無意識に体で覚えてきた可能性があるかもしれない．しかしながら，大人になると無意識に体で覚えることは困難になる．むしろ，あらかじめ理論などを学んだりした後で，意識して体を動かすようにした方がよいとされている．ビデオで自分の体の姿や動きをチェックすることは，実は意識を高めることの一助になっているのである．

　本書を通して，これまでに学習した概念と，文章作成やドキュメント作成との類似性に気づいて，これら同士を関連づけることを意識してほしいのである．なお，この本の執筆にあたって注意したことは，大上段から「こうしなさい」とか「このようにするものだ」と書かないようにしたことである．「こうする理由」がわからないと，丸暗記することになるからである．「これこれの理由だから，こうした方がよいのか」と理解することで，次にも使うことができるようになってほしいからである．

　ドキュメントのような知的生産をどのようにするべきかという問題についての書籍は，前述した外山氏だけでなく，知の巨人と称される梅棹忠夫氏の著書に『知的生産の技術』[2]がある．この著書は，大学を含む学校では，「ものごと（知識）」は教えている．しかしノートの取り方や情報の整理のあり方といった「やり方（知識の獲得）」は教えていないのではないかという，氏の問題意識から誕生した．同じような問題意識から，ジャーナリストの立花隆氏は『「知」のソフトウェア』[4]を出版した．情報科学の大家である杉原厚吉氏は『どう書くか―理科系のための論文作法』[5]をまとめている．

　外山氏，梅棹氏，立花氏，杉原氏の著作からわかることは，以下のことである．

- ドキュメント作成のような知的生産をするための絶対的な方法論やノウハウは存在しない．また，ある人によい方法論やノウハウが，自分によいとは限らない．また，あるケースではよかった方法論やノウハウが，別のケースでは通用しないようなこともある．
- いろいろな人の知的生産に関する方法論やノウハウに関する知識を得ることで，自分に合った方法論やノウハウというものを早く発見し，知的生産の場面で実践的に使いながら，自分により合うようにより磨いていくことが大切である．

つまり，知的生産をするための絶対的な方法論やノウハウはないため，各自が，実践の場で自分なりの方法を自分で磨きながら身につけていくことになる．この磨いていく作業には終わりがないものとなる．

　ここで筆者が「文章を書くこと（ドキュメントを作成すること）」のコツはどのように学んできたか考えてみる．結局は実践である．指導教員，研究室の先輩との文書のやり取りを繰り返すことにより，コツを学んできた．トライアル・アンド・エラーによる学習である．何度も文書のやり取りをするため，最終稿提出までの時間だけで考えると，とても効率が悪い．しかし，

このトライアル・アンド・エラー学習には，より大切かもしれない副次的な効果がある．自分がしてきたことを文章やドキュメントにするときに，自分のしてきたことをとことん考えることである．この考えることにより，自分の研究に論理的におかしな点があることに気がつくことである．

　これらのコツというものは研究室の先輩から後輩へと，同じ釜の飯を食うという集団生活の下で，口伝として伝わったり浸透していくものであるとも確信していた．つまり，研究室の誰か一人が知っていれば（あるいは知れば），全員に伝わっていくという時代であった．しかしながら，時代は集団生活よりも個の時代となり，同じ研究室の誰かに伝えても，なかなか全員に浸透していくことが困難になってきた．そこでこれらのコツをまとめたようなベーシックな書籍の必要性を感じた．

　本書には著名な巨人，筆者らの方法論やノウハウをまとめた．これらには前述したように，一般性や絶対性があるとは考えられない．本書の利用の際には，本書はあくまでベーシックなアイテムとして捉えていただき，各教員や各研究室独自の方法論やコツを書き加えていきながら，各教員，各研究室，各学生に合うものにカスタマイズしていってほしい．本書を通して，早く自分の方法やノウハウを発見してくれれば幸いである．

本書の要約と謝辞

　この本は2部（パーツ）構成になっている．

　第1パーツは第1章から第5章である．このパーツではアドバンストリテラシーとドキュメントとの関係を述べる．次に研究室配属とドキュメントの関係について述べる．ここではアウトラインを立てることやIMRAD形式についてふれている．そしてドキュメントを書くときの第一段階である考えを整理することを述べる．次に日本語を書く際の注意方法について述べる．最後にアイディアを生み出すことについてふれる．

　第1章では，最初に，著者がアドバンストリテラシーというものをどのように捉えているか説明することで，これから書いていくことになる「ドキュメント」の意義について考える機会を与えたい．次に，「社会人基礎力」と「21世紀型スキル」という概念を説明し，アドバンストリテラシーはこれからを生き抜く上で有用となる心構えにもなることを伝えたい．最後に「ドキュメント」を作成する前段階について述べていく．

　第2章では，最初に，研究室配属後にどのような種類のドキュメントを作成するのか整理する．次に作成するドキュメントの構成や形式について考える．また，ドキュメント作成により第1章で説明した「社会人基礎力」，「21世紀型スキル」の大部分を身につけることができることを確認する．さらには学術的なドキュメントを作成することは，考える訓練であり，この訓練は就職活動において直面する「エントリーシート」や「面接」の極めて有効な対策になることにも気がついてほしい．最後に「ドキュメント」を作成する大まかなプロセス，学術学会とドキュメントについて述べる．

　第3章では，"わかりやすい"ということを考えるために，そもそも"わかる"ということはどういうことなのかを考える．そして，次章のわかりやすい日本語作文の技術についてつなげていく一助にする．最初に，わかるということはどんなことなのかを理解する上で重要な概念として，スキーマ，先行オーガナイザーという用語を説明する．次にわかることを支える視点で，構造化について説明する．さらに欧米諸国では大学入学前に身につけている言語技術について述べる．

　第4章では日本語作文技術についてまとめる．本章では，冒頭で論理についてふれる．それから情報系学生に必要とされる日本語技術をまとめる．次に日本語作文技術の名著から，各著者の日本語作文に関する技術，書くときの心構えについて紹介する．続いて，推敲を適切にするための方法論をいくつか紹介する．

　第5章ではアイディアを生み出す方法として，最初にこれまでに提案されてきた情報収集，自由発想，視点転換，発想支援に関する様々な技法，フレームワークをまとめる．また，著名人の方法を紹介する．次に，読書の有用性について多角的な視点からまとめる．

第2パーツは第6章から第10章である．ここでは実践的な内容を述べている．

　第6章ではドキュメント作成に有用なソフトウェアやインターネット上のサービスを紹介する．ソフトウェア・アズ・ア・ツールという言葉がある．その意味はソフトウェアやサービスを上手に使うと，生産性が向上するということである．また，複数のメンバーでの共同作業を円滑に進めるためには，このようなソフトウェアやサービスを使うことが大切である．そのためにこの章を設けた．

　第7章において英語論文の読み方とドキュメントにおける英語アブストラクトの書き方を述べる．この章を設けた理由は2つある．1つは最近の学会投稿論文は日本語論文であってもアブストラクトに関しては日本語と英語で書くからである．2つめは書くためには英語を読むことができることが重要になるからである．

　第8章においてアンケート調査の考え方と調査方法の設計について述べる．この章を設けた理由は，情報系の研究では新たに開発したシステムやアプリケーションについての評価をアンケートにより行うからである．アンケートはそれだけで1冊の本になるようなものであるが，ここではエッセンスだけについてまとめた．

　第9章ではWordによるアウトライン作成を中心とする技法について述べる．アウトラインは後述するように，論文の構成を考える上で極めて重要な概念である．またアイディア整理や創出とも関係がある．筆者の経験上，アウトラインは何度も書き直す．そのためアウトラインをWordで作成するということを知っていると，ドキュメント作成のみならず研究遂行においても有用な技芸となる．Wordを清書の道具でなく，アウトラインから始めるドキュメント作成の道具として捉えてほしいから，この章を設けた．最後の第10章ではドキュメント作成に必要なLaTeXのコマンドについてまとめている．

　本書の不足している点は，プレゼンテーションの技法，スクリプトによる作業の自動化である．ただし，前者はドキュメントを書くときの他者を意識することと，アウトラインを作成することで対応できるはずである．後者については，Java Script, PHP, Perl, Apple scriptなど代表的なスクリプト言語の存在がわかれば調べながら利用できるであろう．

　本書をまとめるにあたって，大変ご協力を戴きました，未来へつなぐデジタルシリーズの編集委員長の白鳥則郎先生，編集委員の水野忠則先生，高橋修先生，岡田謙一先生，および，編集協力委員の片岡信弘先生，松平和也先生，宗森純先生，村山優子先生，山田圀裕先生，吉田幸二先生，ならびに，共立出版株式会社編集制作部の島田誠氏，他の方々に深くお礼を申し上げます．

2017年1月

奥田隆史
山崎敦子
永井昌寛
板谷雄二

使用上の注意

> **本書で紹介するソフトウェアについて**
>
> - 本書に記載されている情報は，2016 年 10 月末時点のものである．読者が本書を手にしたときには，ソフトウェアはバージョンアップされている可能性もある．実際に利用する場合には，機能や画面が異なっている場合もある．あらかじめ注意してほしい．
> - 本書で紹介しているソフトウェアやアプリケーションは，インターネット上のサーバーとデータのやり取りをする場合がある．セキュリティ対策は十分に行った上で，利用してほしい．
> - 本書に登場する製品名やサービス名などは，各社の商標または登録商標である．本文中では ™，® マークは省略する．

参考文献

[1] 外山滋比古, 『アイディアのレッスン』, 筑摩書房 (2010).

[2] 梅棹忠夫, 『知的生産の技術』, 岩波書店 (1969).

[3] 堀正岳, まつもとあつし, 『知的生産の技術とセンス　知の巨人・梅棹忠夫に学ぶ情報活用術』, マイナビ (2014).

[4] 立花隆, 『「知」のソフトウェア』, 講談社 (1984).

[5] 杉原厚吉, 『どう書くか―理科系のための論文作法』, 共立出版 (2001).

目次

はじめに v
本書の要約と謝辞 ix

第1章 アドバンストリテラシー 1

1.1 アドバンストリテラシーとは 2
1.2 社会人基礎力 4
1.3 21世紀型スキル 7
1.4 知的生産の技術 9

第2章 研究室配属とドキュメント 12

2.1 研究室配属とドキュメント 13
2.2 ドキュメントの構造とアウトライン 26
2.3 学会活動とドキュメント 31

第3章 考えをまとめるということ──理解するということについて 37

3.1 スキーマと先行オーガナイザー 38
3.2 わかるとは 41
3.3 わかりやすくすることと構造化：樹形図による理解 43
3.4 言語技術 46

第4章
日本語作文技術　55

- 4.1 わかりやすい文——明文　55
- 4.2 明文と論理　58
- 4.3 明文と図の関係　61
- 4.4 日本語作文技術について——名著から　64
- 4.5 推敲作業　68

第5章
アイディアを生み出す方法　76

- 5.1 アイディア発想のためのフレームワークの紹介　77
- 5.2 アイディア発想と本を読むことの重要性　93

第6章
インターネット上の道具　97

- 6.1 検索　98
- 6.2 データ保存・共有　105
- 6.3 その他　107

第7章
英語で読み書きする　112

- 7.1 理工系分野の英語　112
- 7.2 英語論文を読む　113
- 7.3 英語で論文タイトルとアブストラクトを書く　117

第8章 アンケート調査　142

- 7.4 理工系の内容を英語で書く場合の注意文法　129
- 8.1 アンケート調査の考え方と調査方法の設計　143
- 8.2 アンケート調査票の設計　149
- 8.3 アンケート調査結果の電子化の方法　160
- 8.4 アンケート調査結果の集計方法と図表の作成　169

第9章 Wordを用いたドキュメント作成　183

- 9.1 概要　183
- 9.2 文書の構成を練るためのツール：アウトライン　186
- 9.3 スタイル　190
- 9.4 数式　193
- 9.5 フィールド　196
- 9.6 参照とその設定方法　200
- 9.7 ページ書式　206
- 9.8 便利な機能　208

第10章
LaTeX によるドキュメントの作成　212

- 10.1 LaTeX の基本とスタイルの変更　213
- 10.2 目次を出力する　214
- 10.3 表の作成　217
- 10.4 図の挿入　218
- 10.5 プログラムなどの記入　219
- 10.6 文の引用　220
- 10.7 箇条書きの方法　221
- 10.8 参考文献の書き方と引用方法　223

索　引　227

第1章
アドバンストリテラシー

📖 学習のポイント

　学部3年生以降になると研究室に配属され，これまでとは違う新しいタイプのドキュメントを書く機会が増えてくる．例えば，卒業論文，研究の途中経過を研究室内で報告するための資料，学術学会で発表するための投稿原稿などがある．さらに，就職活動におけるエントリーシート，大学院進学時の研究計画書のようなドキュメントを書く場合もある．

　さて，読者がこれまでに書いてきた「講義のレポート」の読み手は，他者であるとはいえ講義担当教員であり，「レポート」の課題を出題した教員自身であった．同様に，学生実験などの「実験レポート」の読み手は，読者が取り組んだ実験の背景や内容を知っている担当教員であった．これまでの「レポート」の読み手は，読者がどんな内容のレポートを書いているのかを予測している人であった．ところが，卒業論文，研究経過報告資料，学術学会発表用投稿原稿などのドキュメントの読み手の多くは，読者がどんな研究をしてきたかを知らない人である．また，エントリーシートなど就職に関係するドキュメントの読み手は，読者がどんな学生生活を送ってきたのか，どんな性格の人物なのかを知らない人である．つまり，これからドキュメントを書く際には他者の存在を意識することが大切になるということである．これらのドキュメントを書く際には，研究室配属前に書いてきた講義や実験の「レポート」とは少し違う意識やリテラシー (literacy) が求められることになる．リテラシーとはその時代を生きるために最低限必要とされる素養のことである．

　自分のことを知らない他者が理解できるようなドキュメントを書くことができるようなリテラシー，つまりこれまでに学んできたリテラシーのアドバンスト版 (advanced version) をアドバンストリテラシーと称することにして本書を書き進めていく．本章では，最初に，著者がアドバンストリテラシーというものをどのように捉えているか説明することで，これから書いていくことになる「ドキュメント」の意義について考える機会を与える．次に，「社会人基礎力」と「21世紀型スキル」という概念を説明し，アドバンストリテラシーはこれらとも関係が深いことを示す．最後に「ドキュメント」を作成する前段階について述べていく．この章を通して以下のことを理解し，アドバンストリテラシーについて学ぶ意義を理解してほしい．

- アドバンストリテラシーの必要性を理解する．
- 社会人基礎力について理解する．
- 21世紀型スキルについて理解する．

📖 キーワード

　情報リテラシー，アドバンストリテラシー，社会人基礎力，21世紀型スキル，つなぐこと

1.1 アドバンストリテラシーとは

　この本の読者はすでに様々な知識やリテラシーをもっている．しかしながら，これらの知識やリテラシーをバラバラに使うことが多いため，宝の持ち腐れということになっているのではないかと筆者は感じている．これらの知識やリテラシーの多くはそれぞれ別々に学んできたこともあり，実際に使うときにも，バラバラに使ってしまうのかもしれない．そこで，それらの知識やリテラシーをつなげて使うという「考え方」である「アドバンストリテラシー」を身につけてほしいと考えている．

　「アドバンストリテラシー」とは英語で表現すると "advanced literacy" である．ここで advanced とは，「初級・中級を過ぎて上級の」，「初級・中級を過ぎてより実践的な」，「高等の」，「高度な」，「これまで学んだものを使いこなして」という意味である．本書では「アドバンストリテラシー」とは「より実践に即したリテラシー」という意味で使っている．詳細は後述するが，「アドバンストリテラシー」を身につける（あるいは意識できる）ことにより，これまでに学んだことを有機的に結びつけて，論理的なドキュメントを作成することができるようになる．

　ところでリテラシーとは何であろうか．本書の読者は「コンピュータリテラシー」あるいは「情報リテラシー」という名称の講義を受講した経験があるであろう．そのリテラシーである．リテラシー (literacy) とは，その時代を生きるために最低限必要とされる素養，能力のことである．コンピュータが広く普及するまでは，リテラシーという単語は使われず，「読み・書き・そろばん」と称されていた．「情報リテラシー」といえば，現代では情報機器の知識やそれを実際に使いこなす能力になる．

　一般的に「情報リテラシー」は「コンピュータリテラシー」を含むような上位概念である．「コンピュータリテラシー」，「コミュニケーションリテラシー」，「情報活用リテラシー」という3つのリテラシーに便宜上は区分されている [1]．以下に各リテラシーの概要をまとめる．なお，これら3つのリテラシーは相互に関係があるため，明確に区別することは難しくなってきているのが現状である．なお，区分方法によってはメディアリテラシー（情報の批判的読解技術），ネットワークリテラシー（インターネット，ネットワークの利用技術）なども加えられることがある．

コンピュータ（現代は IT あるいは ICT）リテラシー ：ワード・プロセッサー，電子メールシステム，データベース，表計算，ドローイングツールなどの操作のリテラシーのことであり，ファイルやフォルダーの管理などオペレーティング・システム（OS）の操作も含まれる．なお，日本ではワード・プロセッサーのことをワープロと省略してしまうために忘れがちになるが，ワード・プロセッサー（言葉の処理装置）という名前からわかるように，ワード・プロセッサーは清書だけでなく，文書入力，文章再利用の3つの面から文書の取り扱いに貢献するようなソフトウェア・システムである．また，ワード・プロセッサーは，アイディア・プロセッサー（アイディアの処理装置）やアウトライン・プロセッサー（構成の処理装置）としても利用することができる．

コミュニケーションリテラシー：情報化の進展とともに，情報が組織の階層を無視して飛び交うことが増えてくる．そのため組織の構成員には整理・洗練された情報，構造化された文書を作成するための技術，報告書を作成するリテラシーが求められている．報告書には「全体要約」，「要点とその説明」，「補足データ」が含まれている．またプレゼンテーションを効果的にするための作図技術，概略と詳細を伝達するビジュアル表現（グラフ，表，図），他人の意見から情報を抽出する技術，建設的に議論を進め収拾させる技術が含まれている．

情報活用リテラシー：仮説の検証をする技術，仮説に対する検証の道具として情報を活用する技術，情報を簡単かつ多量に入手する技術，システム思考（物事をシステムとして捉える技術），物事を細分化，体系化，構造化，階層化する思考技術，その他（電子化により新たに生じてくる問題への対処）を含む．

さて，多くの学生は，上記のリテラシーを学んできている．大学によって呼称は違うが「情報リテラシー」，「アカデミックリテラシー」などの講義科目として学んでいる場合もある．「コミュニケーションリテラシー」や「情報活用リテラシー」は講義として受講してはいない学生も，その内容は講義や実験の「レポート」を書く過程で学んできている．つまり，この本を手に取る時点で「コンピュータリテラシー」，「コミュニケーションリテラシー」，「情報活用リテラシー」を，ある程度は使いこなしているのである．なお，「情報リテラシー」を学ぶ際に，無意識に高校時代までに学んだ「日本語」や「英語」に関するリテラシー（読み書き能力），さらには大学入学後に学んだ教養科目や専門科目も使っている．

つまり，多くの学生が「レポート」や「ドキュメント」を書くための，パーツや部品としての個別の能力はすでにあることになる．ただし，問題はその能力を実践的に使っていなかったり，意識して使っていないだけである．つまり，個々のリテラシーや知識はあるが，それらを総合的に利用していないことが多い．アドバンストリテラシーとはこれらを総合的に利用できるようにするリテラシーのことである．

アドバンストリテラシーについてもう少し理解を深めるために，講義や実験の「レポート」について考えてみよう．これらの「レポート」の読者は，その講義，実験の担当教員（複数の場合もある）である．担当教員は，そのレポートにより，君たちがどのくらい理解しているのか，君たちがどんな実験をしてどのような結果を得たのか，ということを確認している．担当教員は「レポート」に書かれている内容については，おおよそなことを知っていることが多い．つまり，"たぶんこんなことを書いているのであろう"，"この部分はこの意味だろう"などと予測しながら読んでいる可能性も高いことになる．

では，これから作成していく「ドキュメント」（卒業論文，学会投稿原稿）はどうであろう．まず，これまでのように（君たちが書いてくるであろう事を予測する親切な）担当教員だけが読むような「レポート」とは基本的に違う性質がある．

それは潜在的には「万人」や「不親切な第三者」が読者となる可能性があることである．ここで，「不親切な第三者」とは，君の作成したドキュメントを，書かれたとおりに読んでしまう人であり，君の都合のいいように読んでくれる人ではない．なお「万人」，「不親切な第三者」に

は，何年か先に，君のドキュメントを読むような未来の人も含まれるのである．結果的に，これまでは担当教員が気がつかなかったり，甘めに解釈してくれたりした次のこと

- 導出した式の表記の間違い
- 実験やシミュレーションのグラフの誤り
- 引用文献の記載ミスや記載漏れ
- 幾通りに読めるような文章
- 論理的に筋道が通らない文章

が，他の誰かから指摘される可能性が高くなるのである．

　これからは，「レポート」を書くとき以上の覚悟で，「ドキュメント」作成に取り組む必要がある．このためには，「コンピュータリテラシー」，「コミュニケーションリテラシー」，「情報活用リテラシー」という3つのリテラシーに加えて，これらを総合的に使うリテラシーが問われるのである．むしろ，これらのリテラシーを組み合わせて使うようなリテラシー，スキル（反復訓練の結果習得した技能・技術）といった方がよいのかもしれない．これが「アドバンストリテラシー」である．

　なお，ある特定のリテラシーやスキルだけでなく，すべてのリテラシーやスキルを向上させない限り，総合力であるアドバンストリテラシーは向上しない．"本を読め"，"運動しろ"，"何からも学べ"，"百聞は一見に如かず．百見は一経験に如かず．百論は一作に如かず"，"研究しろ"という昔ながらの言葉が，直接的に何かのリテラシー，スキルに対して効果があるというよりもむしろ総合的に影響があるのと同じである．

　各自が，これらの言葉をどう解釈して，毎日を過ごすかは，各自の自由である．リテラシーは一夜漬けで身につけるものではなく，使いながら身についてくるものである．意識的に身につけるようにして日々を過ごしてほしい．特に君たちが情報系学部の学生であった場合，「コンピュータリテラシー」については他学部出身者以上のことを期待される．忘れてはいけないことである．

1.2 社会人基礎力

　前節では，アドバンストリテラシーという考え方と，なぜそのような考え方が必要なのかについて述べた．経済産業省からも，アドバンストリテラシーと類似する概念として「社会人基礎力」という考え方が提唱されている．ここでは最初に企業と学生間の能力に関する意識の差を述べた後，「社会人基礎力」についてまとめる．

　日本社会が希望する人材と大学が輩出している人材に乖離があるというのはいつの時代もいわれている[1]．経済産業省の調査によれば，企業が大学生に身につけておいてほしい能力に対

---

[1] 最近では日本だけでなく，諸外国でもよい人材がいないと感じている企業の割合が増えている [2]．（日本では85%，ブラジルでは68%，インドでは61%と紹介されている．移民を積極的に受け入れている米国においては，起業をする移民がシリコンバレーで減少しており，エンジェルファンドが米政府に抗議をしているようでもある．）

する意識は，表 1.1 に示すように，大きな差がある [3]．

表 1.1　企業と学生の意識のギャップ

学生・企業の認識	身につけて欲しい能力水準
学生は十分できていると認識している．しかし企業はまだまだ不足していると認識している．	粘り強さ・チームワーク力・主体性・コミュニケーション力
学生はまだまだ不足していると認識している．しかし企業はできている（これからで良い）と認識している．	ビジネスマナー・語学力・業界の専門知識・PC スキル

このような調査結果や企業と若者を取り巻く環境変化を懸念し，経済産業省は 2006 年から「職場や地域社会で多様な人々と仕事をしていくために必要な基礎的な力」として「社会人基礎力」を提唱している [4]．なお社会人基礎力は，読み書きを含む基礎学力と，職業知識や資格などの専門知識に加えて，職場や地域社会で活躍をする上で必要になる第 3 の能力という位置づけである．図 1.1 に「基礎学力」と「専門知識」，「社会人基礎力」の関係を示す．

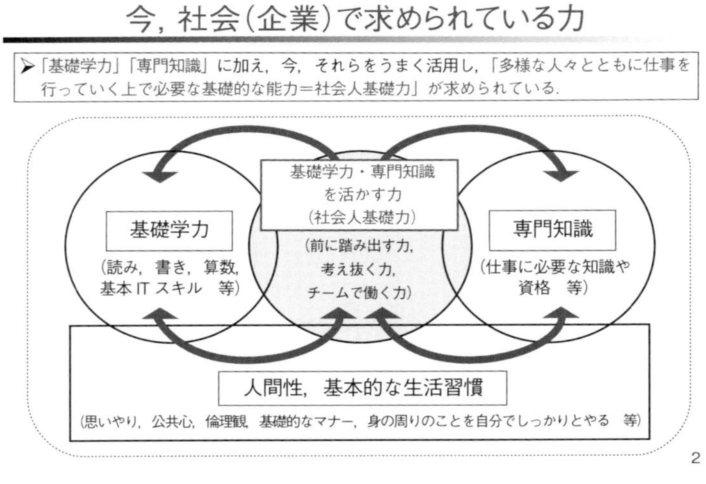

今，社会（企業）で求められている力

> 「基礎学力」「専門知識」に加え，今，それらをうまく活用し，「多様な人々とともに仕事を行っていく上で必要な基礎的な能力＝社会人基礎力」が求められている．

- 基礎学力（読み，書き，算数，基本 IT スキル　等）
- 基礎学力・専門知識を活かす力（社会人基礎力）（前に踏み出す力，考え抜く力，チームで働く力）
- 専門知識（仕事に必要な知識や資格　等）
- 人間性，基本的な生活習慣（思いやり，公共心，倫理観，基礎的なマナー，身の周りのことを自分でしっかりとやる　等）

図 1.1　経済産業省の要望：社会人基礎力の位置づけ（文献 [4] の 2 ページ掲載）

社会人基礎力は「前に踏み出す力（アクション）」，「考え抜く力（シンキング）」，「チームで働く力（チームワーク）」に分類されている 12 の要素から構成される．図 1.2 に「社会人基礎力」の 3 つの分類と 12 の要素の関係を示す．3 種類の能力と 12 の要素の概要は以下のとおりである．

(1) 「前に踏み出す力（アクション）」：一歩前に踏み出し，失敗しても粘り強く取り組む力

- 主体性：物事に進んで取り組む力
- 働きかけ力：他人に働きかけ巻き込む力

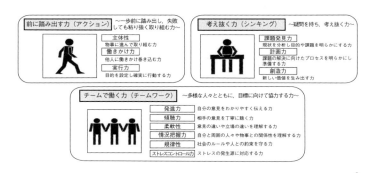

図 1.2 社会人基礎力の 3 つの能力と 12 の要素（文献 [4] の 3 ページ掲載）

- 実行力：目的を設定し確実に行動する力

(2)「考え抜く力（シンキング）」：疑問をもち，考え抜く力

- 課題発見力：現状を分析し目的や課題を明らかにする力
- 計画力：課題の解決に向けたプロセスを明らかにし準備する力
- 創造力：新しい価値を生み出す力

(3)「チームで働く力（チームワーク）」：多様な人々とともに，目標に向けて協力する力

- 発信力：自分の意見をわかりやすく伝える力
- 傾聴力：相手の意見を丁寧に聴く力
- 柔軟性：意見の違いや立場の違いを理解する力
- 情況把握力：自分と周囲の人々や物事との関係性を理解する力
- 規律性：社会のルールや人との約束を守る力
- ストレスコントロール力：ストレスの発生源に対応する力

このような「社会人基礎力」を身につけてもらうため，大学のカリキュラムも変更されてきている．とはいえ，上記の 12 個の能力は，学科目の講義や実習のように科目を受講すると，その能力が得られるような知識やスキルとは異なる性格のものである．

さて，20 世紀後半の社会はまだ欧米追従の時代であった．欧米に追いつけ追い越せと外国のやり方を真似することが大切だった．そのため，必要な知識を蓄え，記憶することを得意とするような人材が求められていた．いわば「カイゼン」できる人である．一方，現在は欧米に成功のサンプルはないのが現状である．そのため我が国では自ら課題を発見し，正解のない問題に取り組み，これまでにないものを生み出す「イノベーション」の担い手となる人材が求めら

れている [5,6]．ここで注意してほしいことがある．イノベーションという言葉を，我が国では技術分野での技術革新と対応させてきた．しかし本来のイノベーションの意味は，技術分野での技術革新も含むが，あらゆる分野で革新により価値を生み出すことである [7]．まさに，ここで社会人基礎力 [4] が重要になる．

1.3 21 世紀型スキル

前節で説明した社会人基礎力と，近い考え方として 21 世紀型スキルが定義されている [8,9]．これは国際的ハイテク企業を中心とした国際団体「ATC21S」(Assessment and Teaching of 21st Century Skills, http://atc21s.org) が定めたもので，批判的，創造的に思考し，協力的に働き，ビジネスと社会における技術利用の進化に適応する能力のことである．このスキルは，情報化社会や知識社会において必要とされるものであり，10 種類のスキルが 4 つの分類「思考の方法」，「働く方法」，「働くためのツール」，「世界の中で生きる」に体系化されている．

4 つの分類と 10 のスキルの概要は以下のとおりである．なお 21 世紀型スキルは国際団体で定められた概念であることから，英文も併記することにする．

1. 思考の方法，Ways of thinking

    (a) 創造性とイノベーション，Creativity and innovation
    (b) 批判的思考，問題解決，意思決定，Critical thinking, problem-solving, decision-making
    (c) 学び方の学習，メタ認知（学びの自己管理，学習自主性など），Learning to learn / metacognition (knowledge about cognitive processes)

2. 働く方法，Ways of working

    (a) コミュニケーション（母語，母語以外の能力），Communication
    (b) コラボレーション（チームワーク），Collaboration (teamwork)

3. 働くためのツール，Tools for working

    (a) 情報リテラシー（情報利用評価，管理，テクノロジ応用），Information literacy
    (b) ICT リテラシー（ICT 利用評価，メディア分析，メディア創造），Information and communication technology (ICT) literacy

4. 世界の中で生きる，Ways of living in the world

    (a) 地域とグローバルのよい市民であること（シチズンシップ），Citizenship - local and global
    (b) 人生とキャリア発達（変化適応，自律的学習者，プロジェクト運営），Life and career
    (c) 個人の責任と社会的責任（異文化理解と異文化適応能力を含む），Personal and social

responsibility - including clutural awareness and competence

　上記の 21 世紀型スキルの大部分は，研究室配属後，研究に取り組みその成果をドキュメントとしてまとめるという一連の作業の中に明示的にはないにしろ含まれているものである．例えば (1) の**思考の方法**に分類されている 3 つのスキルには，本書でも述べていく次の内容が含まれている．

- いろいろなアイディア創造の技術を知る．それらを活用して，新しいアイディアを創造する．なお，創造の技術は本シリーズの 23 巻 [10] も参考になる．
- 失敗に気がつく方法を知る．同時にその失敗が，どうやっても克服できない失敗と，乗り越えることができる困難とを区別する方法を学ぶ．
- 失敗を学習の機会とみなすことができるようになる．
- 創造性とイノベーションは小さな成功と頻繁な失敗が長期にわたって繰り返されるプロセスであると理解する．
- 状況に適した推論（帰納法，演繹法，ボトムアップ，トップダウンなど）を使い，システム思考で結果を評価する．システム思考とは複雑な系において，系全体のふるまいがわかるように，各部分がどのように相互に作用しているかを分析する思考法である．
- 様々な学習方法を知る．また，現在の自分のスキルや技能の強みと弱みを理解する．

同様に (2) の**働く方法**に分類されている 2 つのスキルには，次の内容が含まれる．

- 母国語に関して基礎的な語彙，機能文法などについて十分な知識がある．またその運用能力がある．
- 書き言葉（形式的，非形式的，科学的，報道的，口語的など）の主な特徴を知り，それを運用することができる．
- 多様な目的で様々な形式の文書を書く能力がある．書くプロセス（ドラフトから校正まで）をモニターする能力がある．
- 他者と効果的に相互作用する．
- 多様なチームにおいて効果的な働きをする．また，異なる考えや価値観に対して偏見なく応答する．

(3) の**働くためのツール**に分類されている 2 つのスキルには，次の内容が含まれる．

- 情報を効率的（時間の側面）かつ効果的（情報源の側面）に利用し評価する．
- 入手可能な情報の信頼性と妥当性を理解した上で情報を利用する．またそれらの情報を適切に管理する．
- 情報を調べる，整理する，評価する，伝達する道具として効率的に情報技術を活用する．
- 文書作成，表計算，データベース，情報の保存と管理を行う主要なソフトウェアについて理解する．
- インターネットや電子メディアを利用したコミュニケーションでもたらされるチャンスに

気がつく．また，現実世界と仮想世界の違いに気がつく．
- 問題を解決するために，正確かつ創造的に ICT を利用する．
- 倫理・法的問題，守秘義務，プライバシー，知的所有権に関する知識をもっている．

(4) の世界の中で生きるに分類されている 3 つのスキルには，次の内容が含まれる．

- 社会の変化に適応する能力，
- 目標と時間を管理する能力，
- 自律的な学習者になる，
- 他人に関心を寄せ，他人を尊重する態度をとることができる，
- 固定観念や偏見を克服する意欲がある，
- 自分の意見を明確に述べられる能力，
- 様々な社会環境の中で建設的にコミュニケーションする能力

1.4 知的生産の技術

　ここまでアドバンストリテラシー，それと同じような概念である社会人基礎力，21 世紀型スキルについて述べてきた．これらが誕生した理由は，学んできた知識やスキルをうまく活用するためのリテラシーが不足しているという認識である．

　この認識は最近になってから騒がれたものではなく，以前から指摘されている．梅棹忠夫氏の『知的生産の技術』[11] である．梅棹氏は，「知的生産」という言葉を，「知的生産とは，考えることによる生産である」と定義し新たに創り出した．これに倣うとアドバンストリテラシーとは，考えることによるドキュメントの生産である．

　梅棹氏は『知的生産の技術』の第 11 章で文章を書くことは，次の 2 つの段階からなると述べている．

(1) 考えをまとめる段階
(2) それを実際に文章にする段階

一般に，文章を書くというと，我々は (2) について考えてしまうことが多い．しかし，(1) の「考えをまとめる」ことが大切になる．「考えをまとめる」あるいは「自分がしてきたことを理解する」ことができていないと，書くべき内容がないことになり，文章が書けなくなるのである．(1) の「考えをまとめる」，「自分がしてきたことを理解する」ためにはどのようにすればいいのか．このことについて，梅棹氏は **こざね法** として述べている．**こざね法**の洗練させた方法として川喜多二郎氏の **KJ 法**を紹介している．KJ 法 [12,13] やその他の方法については後の章で述べる．

　さて，梅棹氏は (2) について，どのように考えていたのであろう．我々にとって参考になる．彼のインタビュー [14] から，そのポイントを以下に紹介する．

- 文章で一番大切なことは読者がわかるということ．
- 文章を書く前段階で自分がわかっているということ．
- 難しい文章，芸術的な文章を書く必要はない．
- 複文というのはわかりにくい．単文の連続で書くということ．

これらのポイントは今でも大切なポイントである．

演習問題

設問1　社会人基礎力を身につけるためには，日々の生活においてどのようなことに気をつけたらよいのかを考えてみなさい．

設問2　21世紀型スキルを身につけるためには，日々の生活においてどのようなことに気をつけたらよいのかを考えてみなさい．

設問3　社会人基礎力と21世紀型スキルの能力要素の英文を比較し，その関連性について考えてみなさい．

設問4　これまで君たちは大学で学んできた．これまで学んできたことと，不足していることを考えてみなさい．

設問5　ここ最近の企業は「筆記試験」だけで応募者を判断するのではなく，「面接試験」も実施する．なぜ企業は，「筆記試験」と「面接試験」の両方を実施するのであろうか．その理由を考えてみなさい．

設問6　英国の詩人ジョン・メイスフィールドは"この地上にあるもので大学よりも美しいものは，ごくわずかしかない"と書いている．その理由は"大学が「無知を憎む人々が知識を得ようと努力し，真理を知る人々が他者の目を開かせようと努力する場所」だから"と述べている．これについて友人と話してみなさい．

設問7　『自由論』で名高いジョン・スチュアート・ミルは大学教育について"大学とは職業教育の場ではなく，専門知識に光をあてて正しい方向に導く一般教養の光明をもたらすところである"と述べている（『大学教育について』，岩波書店，2011）．専門知識を深く学ぶ上で，これまで学んできた一般教養，アカデミックスキルはとても重要になるということであろう．このことについて友人と話してみなさい．

参考文献

[1] 奥田隆史，"米国の経営系学部・学科における情報リテラシーに関するカリキュラムについて"，日本教育工学学会論文集，Vol.21，No.3，pp.175–182 (1997).

[2] "アベノミクスの落とし穴 忍び寄る人材流出危機"，日経ビジネス，pp.284–289，2013年7月8日号.

[3] 経済産業省，"社会人基礎力説明資料"，http://www.meti.go.jp/policy/kisoryoku/pr1.ppt

[4] 経済産業省，"社会人基礎力説明資料"，http://www.meti.go.jp/policy/kisoryoku/

[5] ダニエル・ピンク，池村千秋，玄田有史，『フリーエージェント社会の到来――「雇われない生き方」は何を変えるか』，ダイヤモンド社 (2002).

[6] ダニエル・ピンク，大前研一，『ハイ・コンセプト「新しいこと」を考え出す人の時代』，講談社 (2006).

[7] 金出武雄，『独創はひらめかない――「素人発想，玄人実行」の法則』，日本経済新聞出版社 (2012).

[8] 三宅なほみ（監訳），『21世紀型スキル：学びと評価の新たなかたち』，北大路書房 (2014).

[9] Bernie Trilling, Charles Fadel, *21st Century Skills: Learning for Life in Our Times*, Jossey-Bass (2009).

[10] 宗森純，由井薗隆也，井上智雄，『アイデア発想法と協同作業支援』，未来へつなぐ デジタルシリーズ23巻，共立出版 (2014).

[11] 梅棹忠夫，『知的生産の技術』，岩波書店 (1969).

[12] 川喜田二郎，『発想法――創造性開発のために』，中央公論社 (1967).

[13] 川喜田二郎，『続・発想法』，中央公論社 (1967).

[14] 小山修三，『梅棹忠夫語る』，日本経済新聞出版社 (2010).

第2章
研究室配属とドキュメント

□ 学習のポイント

　研究室に配属されると，その研究室において卒業研究を行う．最終的には研究の内容を，卒業論文というドキュメントにまとめることになる．研究室によっては学術学会で発表するための原稿というドキュメントを作成する場合もある．これらのドキュメントは読者がこれまで書いてきた「レポート」とは性質が違う．

　「レポート」の場合，君たちは自分がどれほど勉強し理解できたのか，どのような実験をしてどんな結果を得たのかということを担当教員だけに報告するだけであった．つまり，「レポート」を読むのは，「レポート」の背景を知っている担当教員だけであった．担当教員はこの「レポート」で採点する．この「レポート」は担当教員以外の教員が読むこともなく，いずれは廃棄されることになる．

　本章では，最初に，研究室配属後にどのような種類のドキュメントを作成するのか整理する．次に作成するドキュメントの構成や形式について考える．また，ドキュメント作成により前章で説明した「社会人基礎力」，「21世紀型スキル」の大部分を身につけることができることを確認する．さらには学術的なドキュメントを作成することは，考える訓練であり，この訓練は就職活動において直面する「エントリーシート」や「面接」の極めて有効な対策になることにも気がついてほしい．最後に「ドキュメント」を作成する大まかなプロセス，学術学会とドキュメントについて述べていく．

　この章を通して以下のことを理解し，ドキュメント作成について学ぶ意義を理解してほしい．

- これまで作成したドキュメントとこれから作成するドキュメントでは読者が違うことを理解し，他者意識の大切さを知る．ただし，これまで学んできたことに自信をもち，上手に使うということを意識する．
- これから作成するドキュメントの構成，構造，形式を理解する．
- これから作成するドキュメントではアウトラインや設計図が大切になることを理解する．
- これから作成するドキュメントを発表する場として学術学会の役割を知る．
- これから作成するドキュメントを書くためには，研究室で過ごすことも大切であることを理解する．
- これから作成するドキュメントを書くための特効薬はないことを理解する．

□ キーワード

ドキュメントの種類，ドキュメントの構成と形式，書く前に行うこと，アウトライン

2.1 研究室配属とドキュメント

本書ではドキュメントは「文章」と「図表」から構成されるものとしている．「文章」は文献 [1] の分類に従い，「文」と「文章」を使い分けることにする．「文」はセンテンスの意味で使い，「文章」はその「文」の集まりとする．なお，「文章」は 1 つの「文」でできている場合もあるが，通常は複数の「文」で構成されている．後述するパラグラフ（意味段落）は「文章」に含まれる．

2.1.1 これまでとこれからのドキュメント

情報系の学生である読者は，大学入学以来これまで，たくさんのレポートを書いてきた．これらのレポートには文章だけでなく図表も含まれていたから，「ドキュメント」を作ってきたことになる．

これまでのドキュメントは，講義担当者から与えられた演習問題を解答するレポート，あるいは実験指導書に従い時間内に実験しその結果をまとめるというレポートであった．これらのレポートの著者は，ほとんどの場合，君 1 人だけであったはずである．またそのレポートは，講義であればその担当教員だけが理解できるような，実験であれば実験担当者が理解できるような，レポートを作成すればよかったはずである．そのため万人に理解してもらうというよりも，講義担当者や実験担当者が理解できればよいというスタンスで書いてきたであろう．講義・実験担当者の存在さえも意識せず，独りよがりで書いたレポートも多かったのではないだろうか．

しかしながら，卒業論文，修士論文は指導教員だけでなく，他の教員も理解できるものでなくてはならないであろう．また，君の卒業・修士論文は，研究室の後輩も参考にする場合もあるため，彼らにも理解できるような論文にする必要がある．ここで後輩には，研究室の今のメンバーとしての後輩だけでなく，今はまだ大学生ではないような将来の後輩も含まれることに注意を要する．

さらに後述するように学術学会においてドキュメントを発表するような場合は，複数の多様な読者を想定しなくてはならなくなる．つまり，ドキュメントを作る場合には，「自分のことは他者は知らない」，「自分のことは他者はわからない」ということを意識することが重要になる．"他者意識" といわれる意識である．これらの関係と，これから作成するドキュメントの位置づけを図 2.1 に示す．表 2.1 にこれまでのレポートと，研究室で書く卒業論文との違いをまとめる．ここで卒業論文は文章だけでなく図表も含まれるから，本書ではドキュメントに含めている．

文献 [2] では，理科系の人が仕事のために作成する文書を，誰が読むかを軸にして，自分だけが読むものを A 類，他人に読んでもらうものを B 類に分類している．A 類を表 2.2，B 類を表 2.3 にそれぞれに示す．つまり，研究室に配属されると B 類のドキュメントを作成する機会が増加することになる．ただし，自分だけが読むつもりで書いた A 類に属するものであっても，将来の自分（他人のようなもの）が読み返すときもある．また実験の正当性などの確認のため

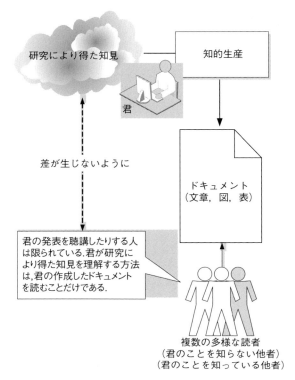

図 2.1 君のドキュメントと読者との位置関係

表 2.1 レポート・卒業論文・学会原稿における読者の違い

ドキュメントの種類	作成者	認識しやすい読者	認識しづらい読者
レポート	本人	講義担当者	不在
卒業論文	本人	指導教員,現時点の研究室関係者,所属学科教員	将来の研究室関係者.外部公表している場合は様々な他者
学会原稿	本人・共著者	指導教員,共著者	当該学会員などの専門家,様々な他者

表 2.2 仕事のために書く文書 A 類 自分だけが読むもの

文書類	備考
A-1:メモ,手帳の類	手書きまたはタイプ,紙・デジタル
A-2:実験ノート,フィールドワーク手帳,仕事日記の類,スニペット (snippet, code snippet)	手書きまたはタイプ,紙・デジタル
A-3:講義や講演を聴講して作るノート,文献の抜き書き	手書きまたはタイプ,紙・デジタル
A-4:カード類	手書きまたはタイプ,紙・デジタル
A-5:講義や講演をするためのノート	手書きまたはタイプ,紙・デジタルメディア・オンライン

に,他人も読む可能性もある.したがって,A 類のドキュメントも他人が読むかもしれないという意識で書いた方がよいであろう.

これまでのレポート,卒業論文,学会原稿のテーマや作成期間などについて,表 2.4 にその

表 2.3 仕事のために書く文書 B 類　他人に読んでもらうもの

文書類	備考
B-1：用件の手紙やメモの類	手書きまたはタイプ，紙・デジタル・メール
B-2：(所属機関内や研究室内の) 調査報告書，出張報告，技術報告の類	手書きまたはタイプ，紙・デジタルメディア・オンライン
B-3：仕様書の類	手書きまたはタイプ，紙・デジタル
B-4：試験の答案，講義のレポート	手書きまたはタイプ，紙・デジタル
B-5：研究助成などの申請書	手書きまたはタイプ，紙・デジタルメディア・オンライン
B-6：学会誌などの原著論文（6–10 ページ），総合報告（1–4 ページ），研究会（1–6 ページ）	手書きまたはタイプ，紙・デジタルメディア・オンライン
B-7：その他の論説，解説，著書の類	手書きまたはタイプ，紙・デジタルメディア・オンライン
B-8：使用の手引き，マニュアル類	手書きまたはタイプ，紙・デジタルメディア・オンライン

表 2.4 レポート・卒業論文・学会原稿におけるテーマ・作成期間などの違い

比較項目	レポート	卒業論文	学会原稿
テーマ	あらかじめ与えられる	指導教員と相談しながら決めていくことが多い（所属研究室により異なる）	指導教員と相談しながら決めていく
作成期間	1〜2 週間程度（講義や実験を含む）	2 か月程度（本気になるのは）	1 か月程度（実際に書き始める）
構成パターン	ある	ある	ある
枚数	10 ページ程度	50 ページ程度	1〜2 ページ
取り組み期間	1〜2 週間程度（講義や実験を含む）	1 年から 1.5 年（配属から最終発表まで）	1 か月程度（実際に書き始める）

違いをまとめる．これまでのレポートは自分で書き（タイプし），自分で推敲を行い，提出するという流れであった．ここで推敲とは，自分の書いた文章を読み直して，論理や表現が不明瞭な部分を修正していくことを意味する．レポートを手書きで紙に書いていた時代における推敲は，何度も推敲をしていると，レポート用紙が汚れてしまい，読めなくなってしまうことがあった．そのため清書し直す必要があったが，それは手間であり，締め切りもあることから，「何度でも推敲・清書を繰り返す」ことは困難であったかもしれない．しかしながら，現在はワード・プロセッサーを利用してレポートを書くことが多くなった．そのため紙の時代に比較し，我々は「何度でも推敲・清書を繰り返す」ことが可能な環境でレポートを書き進めることができるようになったのである．このような環境になったにもかかわらず，上記 B 類に属するレポートであったとしても，全く推敲もせず提出することもあったかもしれない．しかし，今後は必ず推敲をしてから提出するようにしてほしい．

これまでのレポートは自分が著者であったため，著者としての自分だけの判断で，提出することができた．しかし，学会に投稿する論文はこのような流れではできない．なぜならば，指導教員も含むような共著者と一緒に書き上げる必要があるからである．つまり，読者は指導教員，共著者というチームで仕事をすることになる．これは社会人基礎力における「チームで働

く力」，21 世紀型スキルにおける「働く方法・コラボレーション」の実践にほかならない．

　チームで仕事を進めるのであるから，共著者からは君たちの原稿に対して修正が指示される．ときには厳しい指示があるかもしれないし，修正回数も数回どころか数十回になることもある．だが，共同で投稿する以上は，自分の基準や自己満足ではいけないことになる．君がよいと思っても，指導教員としてはまだ提出するレベルに達していないとなれば，修正するしかないのである．なお，原稿を修正する際には，次のことに注意する必要がある．

- 指導教員指示日までに提出する．なお原稿提出前に必ず推敲し，日本語や形式などをチェックすること．
- 不安がある場合は早めに指導教員，共著者にコンタクトをとること．
- 修正指示を受けたらすぐに修正にとりかかること．
- 修正をする際には，指導教員に指示された箇所だけでなく，同様の修正が必要な箇所も修正すること．修正した後は，ドキュメント全体を見直すこと．
- これまでと違うことをしていることを自覚し，修正には相当な時間がかかることを覚悟しておくこと．

　これらの修正を経てきたものの一例として，筆者の研究室で学部学生が作成したドキュメントを図 2.2, 図 2.3 に示す．このドキュメントは後述する情報処理学会全国大会へ投稿直前のものであり，ここまでの状態にするのに，何度も修正を繰り返してきている．さらに修正をした後，この原稿の最終版は文献 [3] として発表した．

　同様なドキュメントとして，オペレーションズ・リサーチ学会秋季研究会のドキュメントの 1 ページ目（2 ページからなる）を図 2.4 に示す．最終原稿は文献 [4] として発表した．図 2.5 には電子情報通信学会・情報ネットワーク研究会のドキュメントの 1 ページ目（6 ページからなる）を示す．最終原稿は文献 [5] として発表した．

2.1.2　これから作成するドキュメントの構造

　前節の図 2.2 と図 2.5 は前者が全国大会，後者が研究会のドキュメントである．前者のページ数は 2，後者は 6 である．ページ数としてはわずかである．しかし，このドキュメントには，研究室配属後に書くことになるドキュメントの構成要素のすべてが，含まれているといっても過言ではない．この数ページのドキュメントをきちんと書くことができれば，分量の多い数十ページのドキュメント（例えば卒業論文）を書くための基礎ができていることになる．

　各学会の全国大会，支部大会のドキュメント，筆者所属大学の卒業論文抄録の共通事項をまとめると，図 2.6 となる．なお支部大会は，全学会員を対象とする全国大会に対して，支部で開催される小規模の大会であり，原稿の枚数は 1 枚のところが多いようである．

　図 2.6 に示すように，この種のドキュメントには論文のタイトル（題目），著者名，著者所属を明記する．タイトルの下にはアブストラクト（要旨），キーワードを明記する．タイトル，著者名，著者所属，アブストラクト，キーワードは日本語だけを書く場合もあるが，最近の傾向は英文でも表記することも多くなってきている（本書の第 7 章において英文でのタイトル，要

サーバー能力成長型 VCHS 待ち行列モデルを用いた講義課題処理過程の定量的評価
-大学生のアカデミックスキル教育のために-

田中 秀明†　　宇都宮 陽一‡　　奥田 隆史‡

愛知県立大学 情報科学部 情報科学科†　　愛知県立大学 大学院 情報科学研究科‡

1 はじめに

近年，大学での学び（学修）の質を高めることが学生に求められている[1][2]．しかし，高等学校までの受動的な学習スタイルでは，学びの質を高めていくことは難しい[3]．したがって学生は，大学入学後に学びに対する認識を改める必要がある．具体的には，学生は能動的かつ主体的な学修スタイルを基本とする「大学生として学ぶ（学修する）」ための技術＝アカデミックスキル」を身につけることが必要となる．アカデミックスキルを身に付けるためには，学生自身が大学生としての主体的な学修スタイルを身につけようと意識するのはもちろんのこと，教員側も，高校から大学へという移行期において，教員は知識や技能を効果的に伝える以前に，学生に対して，学生自身が自らの学習・学修行動を内省し改善させるようなきっかけを与えることが重要である．

我々の研究グループは，主体的な学修スタイルが求められる機会として，学生の講義課題処理過程に着目し，サーバー能力成長型待ち行列モデルの解析結果を利用して，アカデミックスキル教育における，学修時間確保・増加や学修継続の重要性を説明することの有効性を示した[4]．当該モデルでは，教員から学生に課される課題をジョブ，その課題をこなす学生をサーバーと捉えることにより，1人の学生の講義課題処理過程を待ち行列を用いて表現した．

本稿では，このモデルを拡張したサーバー能力成長型 VCHS 待ち行列モデルを検討し，その性能評価結果を示す．以下，第2節で1人の学生の講義課題処理過程について述べる．第3節では，予め決められた様々な種類や分量のジョブが，異なる能力要素を有するサーバーをもつサービスシステムに到着する場合を想定した，サーバー能力成長型 VCHS 待ち行列モデルを提案する．第4節では，学生がとる複数の学修方法が学生のこなす課題の量と質に与える影響をシミュレーションにより検証する．最後に第5節でまとめる．

2 学生の講義課題処理過程

学生は選択科目を履修し，複数の講義を受講する．そのほとんどの講義において，教員は学生に対して課題を出題し，学生はその課題をこなし教員に提出する．教員は学生に対して予め決められた様々な種類や分量の課題（Various Customers）を出題する．そして，学生は課された課題に応じて，対応する学修方法（Heterogeneous Servers）を選択し，課題をこなす．ここで，学生は課題を途中放棄しないものとする．

本稿では，このような学生の講義課題処理過程について，サーバー能力成長型 VCHS（Various Customers, Heterogeneous Servers）待ち行列モデル[5][6]を用いて検討する．

Quantitative evaluation of VCHS queuing model with smarter servers for teaching academic study skills
†Hideaki TANAKA, Takashi OKUDA
‡Yoichi UTSUNOMIYA
†Department of Information Science and Technology, Faculty of Information Science and Technology, Aichi Prefectural University
‡Graduate School of Information Science and Technology, Aichi Prefectural University

3 学生の講義課題処理過程の評価モデル

本稿で用いるサーバー能力成長型 VCHS 待ち行列モデルの概念図を図1に示す．このモデルは，サービスシステムにジョブが到着する「到着課題」とサービスシステムでジョブが処理を受ける「学生の学修行動」から成る．

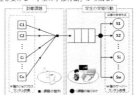

図1　サーバー能力成長型 VCHS 待ち行列モデル

到着課題

学生は独立した複数の講義を受講するため，学生に課される課題は平均到着率 λ のポアソン分布に従って到着するものとする．また，講義で課される各課題には様々な種類があるため N 種のジョブクラス C_i があるものとし，各課題には様々な分量があるため各課題の処理時間は異なるものとする．

学生の学修行動

学生の学修行動は，「到着課題の振り分け」と「学生がとる複数の学修方法」から成る．課題の種類や分量が異なるため，学生は M 種の学修方法 S_j（サービスシステム）を持つと考える．ここで，M 種のサービスシステムのサーバー j において，学生は平均課題処理率 μ_j の指数分布に従って課題を処理するものとする．

到着課題の振り分け

学生は到着課題のジョブクラス C_i に応じて，処理することができる学修方法 S_j に課題を振り分けるものとする．

学生がとる複数の学修方法

学修方法とは，課題の処理方法のことである．待ち行列理論におけるサービスシステムは「サービス資源」と「サービス規律」の2つの構成要素から成る．

サービス資源　：サービス施設は窓口が1つで，行列が無限長に形成できるとする．サーバー j の課題処理率は学生の熟練度[7]を考慮するために変動すると考える．サーバー j の課題処理率は学生のこなした完了課題数に応じて変動するものとする．また，M 種のサービスシステムのサーバー k を考える．このとき，サーバー j において，サーバー kj 間には課題処理率の相互成長関係があるとする．一般的に，ある能力が向上すれば，他の関連する能力も向上する．このとき，サーバー j の課題処理率は，

$$\mu_j(m_j) = \mu_j(m_j - 1) + \sum_{k=1}^{M} \omega_{kj} \Delta \mu_k m_k \quad (1)$$

図 2.2　情報処理学会全国大会のドキュメント（1ページ目）

旨の書き方を含めた理由である）．これらの項目は後述するように，学会原稿であれば学会，卒業論文抄録であれば所属大学の指示に従うことになる．今回示している例では，1段組と2段組のレイアウトになっているが，すべてが2段組のレイアウトのものもある．ちなみに新聞のレイアウトは従来は15段組であったが，最近は12段組になってきている．

キーワード下の部分が，複数のセクション（節）から構成されるドキュメントの本体になる．セクションはいわば料理における器のようなものである．レストランのシェフが料理をその料理に適した器に盛るかのように，著者は文章・図表を適切なセクションに配置する．理工系のドキュメントの本体は伝統的に IMRAD 形式（「イムラッド」と発音）が用いられる．IMRAD は "Introduction, Methods, Results, and Discussion" の各セクションの頭文字を取ってこう呼ばれる．なお M は，研究分野によっては，Methods の部分が Models（あるいは Materials）となる場合もある．通常，Discussion の後には，Conclusion（おわりに），Reference（参考文

とする．ただし，学生がある時点でこなした完了課題数を m とする．ここで，$\mu_j(0)$ はサーバー j の初期課題処理率，m_j はサーバー j で処理された完了課題数であり，$\sum_{j=0}^{M} m_j = m$ である．また，ω_{kj} はサーバー kj 間の相互成長を表現するための重みとし，$\Delta\mu_{km_k}$ は課題処理率の変動を表現するための変数である．本稿では，$m \geq 1$ のとき，$\Delta\mu_{km_k}$ を課題処理時間 t に応じて変動するものとし，以下の式 (2)～(5) を考える．

$$\Delta\mu_{km_k} = \frac{K}{1 + p\exp(-rm_k)} \quad (2)$$
$$\Delta\mu_{km_k} = Kq^{-p\exp(-rm_k)} \quad (3)$$
$$\Delta\mu_{km_k} = 0 \quad (4)$$
$$\Delta\mu_{km_k} = -\mu_0 d \quad (5)$$

なお，$\Delta\mu_{km_k}$ は，$t \leq t_1$ の場合に式 (2) のロジスティック曲線または式 (3) のゴンペルツ曲線に従って増加し，$t_1 < t \leq t_2$ の場合に式 (4) で停滞し，$t > t_2$ の場合に式 (5) のように減衰率 d で減少する．

サービス規律：本稿では，4 つのサービス規律：fcfs (first come, first served)，rnd_rob (round robin)，pre_res (preempt resume)，rnd_pri (round robin with priority) を考える．学期期間中（シミュレーション期間中）はシステム内でのサービス規律は固定される．ただし，優先権を考慮するサービス規律では，学生は教員から課された各課題に対して，処理時間が短い課題ほど高優先度となるように優先度を付与し，割り込みは考慮しない．なお，rnd_rob 時の処理対象切り替え時間は s とする．

4 数値例

総課題出題数 $T = 500$，到着課題の種類 $N = 3$，課題の平均到着率 $\lambda = 1/48$ [課題数/時間] とする．また，学生がとる学修方法は認知心理学の分野における学習スタイルの観点から，浅い，精緻，深いの 3 つの次元で示すことができる [8]．したがって，学修方法の種類 $M = 3$ とし，学生がとる複数の学修方法を 3 種のサーバーより構成するものとする．各サーバーをそれぞれ，S_1：浅い学修方法，S_2：精緻学修方法，S_3：深い学修方法に対応付けて考える．このとき，ジョブクラスとサーバーの対応を図 2 に示す．課題のジョブクラス C_1 は全てのサーバーで，C_2 はサーバー S_2 と S_3，C_3 はサーバー S_3 のみで処理することができるものとする．各サーバーの初期課題処理率は $\mu_1(0) = 1/32$ [課題数/時間]，$\mu_2(0) = 1/36$ [課題数/時間]，$\mu_3(0) = 1/40$ [課題数/時間] とする．そして，$s = 60$，$d = 0.01$，$t_1 = 48$，$t_2 = 84$，成長曲線の各係数を $K = 20$，$p = 30$，$q = 1.5$，$r = 0.015$ とする．各サーバー間の相互成長率の重みを $\omega_{13} = \omega_{31} = 0.2$，$\omega_{21} = \omega_{23} = 0.5$，$\omega_{12} = \omega_{32} = 0.8$，$\omega_{11} = \omega_{22} = \omega_{33} = 1.0$ とする．

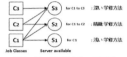

図 2　ジョブクラスとサーバの対応

また，学生の学修行動における「到着課題の振り分け」について考える．各サーバーの課題処理率を考慮した場合，課題のジョブクラス C_i に応じて，処理することができる最も処理率の高いサーバーに課題を振り分けることが「適切な場合」であると考えられる．反対に，C_i に応じて処理することができるサーバーでも処理率の低いサーバーに課題を振り分けることは「不適切な場合」であると考えられる．

以下に，「①：課題の振り分けが適切な場合」と「②：初年次学生の課題の振り分けが不適切な場合」についての平均システム内課題数の推移と課題の処理時間分布を図 3，4 と図 5，6 に示す（ゴンペルツ曲線を適用）[9]．

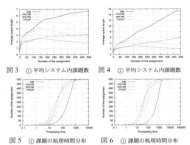

図 3　①平均システム内課題数　　図 4　②平均システム内課題数

図 5　①課題の処理時間分布　　図 6　②課題の処理時間分布

図 3，図 4 をみるとサービス規律を rnd_pri とした場合に，学生は課題を溜め込まずに処理できている．図 3 をみると，各サービス規律の中で最も差がある fcfs と rnd_pri では，こなした課題数が 500 個の時点で平均システム内課題数に約 3.5 倍の違いがある．しかし，図 5，図 6 をみると，pre_res と rnd_pri の場合では，処理に時間をかけすぎてしまう課題が多いことがわかる．図 5 をみると，各サービス規律の中で最も差がある fcfs と pre_res では，課題の処理時間に約 6 倍の違いがある．以上より，溜め込む課題も課題の処理にかかる時間も減らせることがわかる．

5 まとめ

本稿では，1 人の学生の講義課題処理過程をモデル化した．シミュレーションによりサーバー能力成長型 VCHS 待ち行列モデルの学生の課題処理能力変動に伴う，平均システム内課題数の推移と課題の処理時間分布を確認した．本稿で得られた知見やグラフを本学学生 77 名に提示し，「大学における学び (学修)」に対する認識の調査をおこなった．その結果，学生自身の学習・学修行動について高校から大学への移行が {Ⅰ：できていると思う (40%)，Ⅱ：できていないと思う (53%)，Ⅲ：無回答 (7%)} という回答を得た．また，知見やグラフの提示によって説明されることで，学修の重要性を理解することが Ⅰ：{できる (26%)，できない (14%)}，Ⅱ：{できる (39%)，できない (14%)} という回答を得た．以上より，学生自身が自らの学習・学修行動を内省し改善させるようなきっかけを与えることができたと考えられる．

今後の課題としては，(i) 課題ごとの締切を考慮し，締切を過ぎた課題が破棄される場合を考える，(ii) 課された課題を細分化しそれをどう振り分けるかを考える，(iii) 学生同士が与える影響を考慮した複数の学生同士の協調行動を考えることが挙げられる．

参考文献

[1]「社会人基礎力」とは - 経済産業省，http://www.meti.go.jp/policy/kisoryoku/，2014 年 12 月閲覧．[2] 文科省中央教育審議会，「学士課程教育の構築に向けて (答申)」，http://www.mext.go.jp/b_menu/shingi/chukyo/chukyo0/toushin/1217067.htm．2014 年 12 月閲覧．[3] 初年次教育学会 (編集)，『初年次教育の現状と未来』，世界思想社，2013．[4] 田中他，"サーバー能力成長型待ち行列モデルの性能評価-アカデミックスキル教育のために-"，平成 26 年度電気・電子・情報関係学会東海支部連合大会，M2-4，2014．[5] 村上，「わかりやすい情報交換工学」，森北出版，2009．[6] 大木他，"量的・質的 VCHS 問題のシミュレーション評価"，信学技報，vol.110，IN2010-108，pp.63-68，2010 年 12 月．[7] 日本公文教育研究会，"学習の成果は，こうして上がる"，http://www.kumon.ne.jp/hint/advice/seika.html，2014 年 12 月閲覧．[8] 辰野，『学習方略の心理学 賢い学習者の育て方-』，図書文化社，1997．[9]Mesquite Software，離散事象シミュレーションパッケージ Csim20，http://www.mesquite.com．

図 2.3　情報処理学会全国大会のドキュメント（2 ページ目）

献）が続く．理工系のドキュメントはこの IMRAD という伝統的な形式で書かれているし，先人もこの形式で書いてきている．つまり君のドキュメントをストレスなく読んでもらうためには，この IMRAD 形式に合うように構成していくことが重要になる．

それでは IMRAD の各セクションでは何を書いているのか，その内容について述べよう．
Introduction は「はじめに」，あるいは「序論」，「緒言」と日本語では表現される．全国大会原稿のように数ページのドキュメントでは「はじめに」と書くことが多い．このセクションを読者が読むことにより，このドキュメントで何を伝えたいのかを理解させなくてはならない．したがって「はじめに」では，できるだけ一般的な言葉を使う必要がある．通常「はじめに」では研究背景，研究目的，以後の論文構成の説明を述べる．研究背景や目的には，この論文では何を研究しているのか，どうしてその研究をしているのかを含める必要がある．必要に応じて

自転車タイヤ・チューブ交換モデルに関する研究

	愛知県立大学	*田中 秀明	TANAKA Hideaki
	愛知県立大学	宇都宮 陽一	UTSUNOMIYA Yoichi
01013553	愛知県立大学	奥田 隆史	OKUDA Takashi

1. はじめに

自転車利用は近年、多彩な広がりを見せている [1]。震災時の活用 [2] やエコ意識の向上、健康志向の高まりを受けて自転車ブームがここ数年続いている。自転車が、環境の面から、健康の面から、そして経済的観点からも脚光を浴びるようになってきた。また、自転車を地域おこしにつなげる動きも活発化しており、自転車ロードレースなどのサイクルイベントの開催、サイクリングロードの整備などが各地で進んでいる。都市部でも自転車宅配便やレンタサイクルなど、自転車の活用方法も広がりを見せている。特に最近では、自転車を一層快適に利用したいという要求のあらわれから、スピード走行が可能で快適性・ファッション性に優れたスポーツタイプの自転車の販売台数の増加が顕著であるといえる [3][4]。このような自転車利用機会の増加に伴って、利用時における障害に遭遇する確率も高くなるといえる。

本研究では、自転車利用時に最も起こりうる身近な障害が「タイヤのパンク」である [5] と考えることから、障害発生時のより良い対処法を考える。ここでは、予期せぬ交換（突発的な修理）と計画的な交換を比較することで、経済的な対処方法を数理モデルを用いて検討する。

2. 自転車のタイヤ・チューブ交換モデル

本稿では自転車利用時に発生した障害（パンクによる走行困難な状況）に対する、対処方法について数理モデルを用いて検討する。以下、2.1節でモデルにおける想定環境を示し、2.2節で自転車のタイヤ・チューブ交換における、異なる二つの方針の下でのタイヤ・チューブの交換モデルを比較し検討する。

2.1. 想定環境

本稿で想定する自転車は、ロードレーサー等のスポーツタイプの自転車であり、ホイールが簡単に取り外せるものとする。

この自転車に障害が生じた場合、利用者はただちにパンク修理 [6] をおこなうものとする。ここで、自転車のタイヤ・チューブの交換（パンク修理）に要する時間は、タイヤ・チューブの寿命に比べ、ごくわずかなものであると考えることから無視する。このとき、自転車を購入してから t 年間の間に交換したタイヤ・チューブの個数を $N(t)$ とし、タイヤ・チューブの交換間隔を $T_n (n \geq 1)$、n 番目に交換したタイヤ・チューブの寿命を $L_n (n \geq 1)$ とする。また、連続したタイヤ・チューブの寿命はある分布に従う確率変数であり、ここでは一様分布 $U(\alpha, \beta)$ 年の間で起こるものとする。

2.2. モデル化

2.1節の想定環境を踏まえ、以下の異なる2つの方針の下でのタイヤ・チューブ交換のモデル化をおこなう（図1、図2参照）。

1. Unplanned replacement（予期せぬ交換：事後保全モデル）
   「障害が発生したときに新品と取り替える」

2. Planned replacement（計画的交換：予防保全モデル）
   「γ 年が経過したとき、もしくは γ 年以内に障害が発生したときに新品と取り替える」

図 1: 事後保全モデル

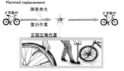

図 2: 予防保全モデル

ここで、Long-Run Renewal Rate(タイヤ・チューブの交換率)[7]、

$$\lim_{t \to \infty} \frac{N(t)}{t} = \frac{1}{\tau} \quad (1)$$

について考える（τ は平均事象間隔時間である）。次に、タイヤ・チューブ交換に必要なコストを考える。事後保全の場合は A のコストが必要となる。また、予防保全の場合、予定交換年数 γ がタイヤ・チューブの寿命より大きいときに A、予定交換年数 γ がタイヤ・チューブの寿命より小さいときに B のコストが必要となると仮定する。このとき、障害発生から時刻 t までのタイヤ・チューブ交換費用を $C(t)$ とし、n 番目の障害発生間隔時間でかかる費用

$$C_n = \begin{cases} A & \text{if } L_n < \gamma \\ B & \text{if } L_n \geq \gamma \end{cases} \quad (2)$$

を持つものとする。このときのLong-Run Cost Rate(タイヤ・チューブのコスト率)[7] は、

$$\lim_{t \to \infty} \frac{C(t)}{t} = \frac{E(C_n)}{E(T_n)}$$
$$= \frac{A * P(L_n > \gamma) + B * P(L_n \leq \gamma)}{E(min\{L_n, \gamma\})} \quad (3)$$

となる $(n \geq 1)$。これらに数値を代入し、2つのモデルの比較検証をおこなう。

図 2.4 オペレーションズ・リサーチ学会秋季研究会のドキュメント（1 ページ目）

先行研究の問題点にふれるなどして、この論文の位置づけを明らかにする必要がある．なお、ページ数の多い卒業論文や学会ジャーナル論文では、先行研究、関連研究などを述べる節を、それだけで独立した節にすることもある．

Methods (Models, Materials) の部分は「○○手法」（「○○モデル」、「○○試料」）と日本語では表現される．ここでは、自分が行ったことについて述べる．例えば、新しい計算手法を提案するような場合は提案手法について適切な名前をつけて○○手法と書くことになる．同様に解析や評価をするようなモデルを提案するような場合は○○モデルについて述べることになる．研究論文の読者は研究者であるから、その研究者が提案する手法、モデルを再現することができるように明確に書くことが必要になる．必要に応じて、図や表などを利用してわかりやすく提案手法や提案モデルについて述べるとよい．

Results and Discussion の部分は文字通り、「結果」と「考察」の意味である．しかしなが

社団法人 電子情報通信学会
THE INSTITUTE OF ELECTRONICS,
INFORMATION AND COMMUNICATION ENGINEERS

信学技報
TECHNICAL REPORT OF IEICE.

利己的ノードを考慮した遅延耐性ネットワークシステム
の性能評価に関する研究

三浦 智裕　奥田 隆史　井手口哲夫　田 学軍

愛知県立大学大学院情報科学研究科 〒480–1198 愛知県長久手市茨ヶ廻間 1522–3
E-mail: im131010@cis.aichi-pu.ac.jp, {okuda, ideguchi, tan}@ist.aichi-pu.ac.jp

あらまし 蓄積運搬形転送を用いたネットワーク技術の一つとして遅延耐性ネットワーク（DTN：Delay Tolerant Network）がある．DTN は，移動体である中継ノードを介したエンドツーエンドの通信により，従来のネットワークで許容できない通信遅延もしくは通信途絶を許容する．DTN の中継ノードには様々な移動体を用いることが可能であり，近年，携帯情報端末が注目されている．携帯情報端末を用いることで，平時だけでなく非常時にも利用可能な DTN システムを構築することが可能である．しかし，携帯情報端末を利用するユーザの利己的行動により，DTN システムの性能が低下するという問題がある．そこで本研究では，ユーザの利己的行動を考慮した DTN システムをエージェントベースモデリングによって表現し，ユーザの利己的行動が DTN システムに与える影響について検証をするとともに DTN システムの性能評価をする．

キーワード 遅延耐性ネットワーク，携帯情報端末，利己的行動，性能評価，

Performance Evaluation of Delay Tolerant Network
Considering Selfish Node

Tomohiro MIURA, Takashi OKUDA, Tetsuo IDEGUCHI, and Xuejun TIAN

Graduate School of Information Science and Technology, Aichi Prefectural University
Kumabari, Nagakute-city, Aichi, 480–1198 Japan
E-mail: im131010@cis.aichi-pu.ac.jp, {okuda, ideguchi, tan}@ist.aichi-pu.ac.jp

Abstract Delay Tolerant Network(DTN) tolerant high communication delay and communication disruption. In DTN, Message is relaid between source node to destination node through relay nodes which is moving objects. And it is possible to use various moving objects for relay node. Recently, DTN system using Mobile Nodes is studied actively. By using mobile nodes, it is possible to build DTN system in Normal and Emergency situation. On the other hand, some selfish behavior of users having a mobile node have some kind of influences for performance of DTN. In this study, we evaluate performance of DTN system considering these selfish behavior of users in order to uncover that influences.

Key words Delay Tolerant Network, Mobile Node, Selfishness, Paformance Evaluation

1. はじめに

近年，遅延耐性ネットワーク（DTN：Delay Tolerant Network）[1] が注目を集めている．DTN は，基盤技術として蓄積運搬形転送（SCF：Store Carry Forward）[2] 技術を用い，従来のネットワークで許容できない通信遅延もしくは通信途絶を許容するネットワークである [3].

ここで，SCF とは図 1 に示すように，移動体であり，さらに無線通信機能とストレージ機能を有した中継ノードを用いて，メッセージを交換，蓄積，運搬していく中継転送技術である．この中継ノードには人，動物，自動車といった様々な移動体が利用可能である．

これに対し SCF の中継ノードとして携帯情報端末（モバイル端末）とその利用者であるユーザが注目されている．モバイル端末は無線通信機能とストレージ機能を有し，さらにユーザは移動体であることから中継ノードに適する．モバイル端末を用いることで，DTN システムを構築するための特別なリソースを必要とせず，平時だけでなく非常時にも利用可能な DTN システムを構築することが可能である．

この DTN システムを有効に活用していくためには，モバイル

— 1 —

図 2.5 電子情報通信学会・情報ネットワーク研究会のドキュメント（1 ページ）

ら，ドキュメント上の節の名前としては，「数値例」あるいは「性能評価例」などと表し，シミュレーション結果（計算機実験）などの数値例とともにその数値例の解釈を述べることが多い．数値結果は，先行研究と提案手法の差を表すような表やグラフなどにして表現するのが一般的である．なお，提案手法の有効性を示すためには，数値結果に用いるパラメータは，物理的に意味のある値，先行研究で用いられた値である必要がある．またパラメータの値についてはその値を用いた理由などを詳細に説明することが大切である．さらに得られた結果がどのような意味があるのか考察する必要がある．

仮に新しい情報システムを提案・構築したような研究に関するドキュメントのような場合，こ

図 2.6　学会全国大会のドキュメントの概念図（IMRAD 形式）

の Results and Discussion の部分では，構築システムの利便性やそのシステムの利用効果などの評価結果について述べることが望ましい．利便性や利用効果はアンケートにより求めることになる．本書においてアンケートに関する章を第 8 章にもうけた理由はこのためである．

　Conclusion の部分は「おわりに」，あるいは「まとめ」，「結論」と日本語では表現する．ここでは「はじめに」で設定した問題に関して，この研究から得られた結論を述べるとともに，今後の課題などを述べる．さらに，最近はこの部分で利用した研究費，研究協力者への謝辞などについて記載する場合もある．

　Reference の部分は「参考文献」と日本語では表現する．ここではこのドキュメントで引用した論文や書籍などの書誌情報を参考文献リストとして列挙する．なお参考文献の書き方は研究室や学術学会により指定される．読者はこのリストを頼りにして参考文献を探し出す．したがって正確な書誌情報を書く必要がある．さらに，参考文献には，次のような効果もある [6]．

論文の信憑性を疑われない：　適切な参考文献を引用していると，論文に書いた内容が単なる思いつきや独りよがりでないことを示すことができる．つまり，著者に対して，論文読者が「論文の著者は問題となっている課題について専門教育を受けていない」とか，「現在の研究上の課題について文献調査をしていない」という疑念を思わせないためである．ひとたびこの疑念が読者の頭にインプットされると，この疑念を払拭するのは困難となる．

説得力を高める機能： 歴史上の人物の発言や定理を引用すると，読み手に対する説得力を高めることができる．例えば「（私が学習した情報理論に基づいて）私はこう考える」と書くよりは，「シャノンの定理により，・・・」と書いた方が，読んでいる人を説得しやすくなる．

護身術としての機能： 君のアイディアが独創的であったとしても，その分野の適切な論文を引用していないと，読者や査読者は君のアイディアを評価しずらくなる．

2.1.3 ドキュメントと就職活動

この本の読者も就職については心配していると思う．最近の傾向として「面接」に重点が置かれている．このときに役立つのが研究室で体験する結果としての集団生活やグループワークである [7,8]．また，面接だけではなくある程度の一般常識や知識は社会人として欠くことができない．これらは知識というよりも実践できるかが重要であるからこれも研究室で活動することにより得られるであろう．例えば，下記のことは，就職活動の際，注意事項や留意事項として指示されることである．

(1) 指定された日時に余裕をもって出向くこと．
(2) 訪問先である企業への経路を事前にチェックすること．
(3) 服装や身だしなみに気をつけること．
(4) やむを得ず欠席や遅刻のおそれが生じた場合は，速やかに先様に連絡をする．どんな理由であれ「無断欠席」は厳禁である．

これらのことは研究室でも同様である．対応させると，次のようになる．

(1) ゼミや研究打ち合わせは，指定された日時に余裕をもって出向き，遅刻しないようにする．
(2) 学会発表の場合など，学会会場への経路を事前にチェックし，遅れないようにしよう．
(3) 学外発表のときには，服装や身だしなみに気をつけること．もちろん卒修論会など学内の発表会でも同じである．
(4) やむを得ずゼミや打ち合わせなど研究室の行事を欠席や遅刻するおそれが生じた場合は，速やかに研究室メンバーに連絡をする．どんな理由であれ「無断欠席」は厳禁である．

就職活動だけのために必要なことは限られるのである．

面接試験では，面接試験までに提出したエントリーシートや履歴書の内容について，質問されることが多い．つまり，自分自身のことを説明することが重要なのである．君が書いたことが相手には間違って解釈されることがないように，エントリーシートというドキュメントを書くことが重要なのである．そのためには自己分析などを通して，自分自身を理解することはもちろん大切である．さらに，研究室配属後に作成する他者を意識したドキュメント作成の経験が生きてくるのである．

さて，就職採用試験における面接のスタイルには一般的には以下のものがある．

● 個人面接 1（学生 1 人・企業側 1 人）

- 個人面接2（学生1人・企業側複数）
- グループ面接
- グループディスカッション
- プレゼンテーションスタイル

個人面接1は学生1人に対して企業側1人でありオーソドックスなスタイルで，注意事項として相手の目を見て話すことがある．この場合，相手の鼻のあたりに目線をおくとよいとされている．個人面接の面接担当者は君より年長なのだから，日頃から，指導教員や研究室メンバーの先輩と議論することは個人面接の練習になる．

個人面接2は選考が進むにつれて企業側の人数が増えていくスタイルである．このスタイルでは，多くの場合，役職者が増えていくことになる．この面接も研究室では日常的にあることである．例えば，いつもは先輩や若い助教の先生と議論していたのが，准教授や教授がその議論の和にはいってくるような場合である．

グループ面接は複数の（他大学）学生と企業人との面接である．これは選考の初期に多い面接スタイルである．1つの質問に対して，順番に学生が答えていく場合が多い．このスタイルでは，自分がどう答えるかばかり考えるのではなく，他の人の発言にも耳を傾けることが重要になる．このスタイルは研究室の輪講と同じである．研究室の輪講では，順番に指名されてテキストの説明をしていくことが多い．そのとき，上手に説明できる人は，自分の担当箇所だけ調べてくるのではなく，担当以外のところも調べてくる．また，他人の発表にも耳を傾けている．まさに，グループ面接である．

グループディスカッションは，企業側から与えられたテーマについて，数人の学生が討論するスタイルである．自分の意見を発表あるいは発言することばかりを考えるのではなく，他の人の意見を受けてそれを発展させるような討論がよいとされている．具体的には話の流れに気を配り，議論が円滑に進むように心がけることである．これはまさに研究室のメンバーと行うブレインストーミングやフリーディスカッションであり，研究室でたびたび実施していることである．なお研究室でのディスカッションはあらかじめ予定を決めて行うこともあれば，何かのきっかけで突発的に始まることもある．筆者の経験では，後者のようなディスカッションの方が，ブレークスルーのヒントとなることが多いような気がする．

プレゼンテーションスタイルは，企業側から提示された所定のテーマについて，制限時間内で，学生が自由に発表を行うスタイルである．このスタイルでは，相手にわかりやすく自分の考えを伝えるためには，どのような構成にするかということを考えることが重要になる．また制限時間内にきちんとプレゼンテーションが終わるためにも，事前の準備がとても大切になる．これはまさに卒修論発表会，学会発表などのプレゼンテーションの準備と同じである．

就職試験には筆記試験もある．具体的には

(1) SPI (Synthetic Personality Inventory)〈総合的な個性・性格の評価〉
(2) 一般常識
(3) 作文・小論文

である．

(1) は能力適性試験と性格適性試験からなるものである．前者は国語的な能力を測る言語能力と数学や理科的な能力を測る非言語能力に分かれている．後者は職業の適性をみるものである．あまり神経質にならずリラックスして解答することが重要であるとされている．前者については，研究室でドキュメントを作成するときや議論の際に，日本語をどう使うかに気配りをすることにより培われる能力である．

(2) は語学能力や数学などの基礎能力，政治経済などの時事問題への理解度，専門知識などを測る試験である．普段から新聞やニュースを見るように心がけたりすることが重要である．なお，市販の「問題集」を購入し，準備することも大切であるとされている．この試験に対しても，研究室のメンバーと交流することにより，視野が広がり，新たな興味や社会に関する関心がでてくるであろう．

(3) は与えられたテーマに対し，制限時間内に自分なりの意見をまとめ，その意見を表現する試験である．日頃から文章を読み書きする習慣をつけておくとよいとされている．卒修論を進めるなかで，ドキュメントを書くということが，この試験に対する対策をしていることになる．ただし，就職試験で比較的よく出されるテーマは，時事問題など研究のテーマとは異なることが多い．異なるテーマであったとしても，ドキュメントを作成する際の文章を書く基本の約束は変わらないので，新たな準備は不要となる．

以上に示したように研究室配属後のドキュメント作成のみならず，研究室でのあらゆる活動は，就職採用試験の対策にもなっている．日頃の研究活動を大切にしてほしい．

2.1.4　ドキュメント作成と君のキャリア

理系の仕事は職種により多少は異なるものの，次のサイクルで進められる [8]．

(1) 目標設定：解決あるいは到達すべき目標を設定する．
(2) 計画立案：目標までに至るまでの計画を練る．
(3) 予算獲得：計画を提示して予算を獲得する．
(4) データ収集・分析：調査や実験によりデータを収集し，分析する．
(5) 評価検討：目標を達成したかどうか検討する．
(6) 成果提出：成果を論文・報告・技術・製品にまとめる．

このサイクルは大学の研究室で実施する卒業研究や修士論文でも同様である．ただし，学生の間に明示的に上記 (3) の予算を獲得する行為をすることは希である．しかしながら，計画を立てる段階でどんな実験用備品や実験器具が必要かと計画を考え，指導教員にあらかじめ相談するという行為は，予算獲得と同様の行為である．なお，研究室の年度予算は限られているから，早めに相談した方がよい．

これらの各段階で必要となる能力を整理すると，以下のようになる．

(a) 現状分析・問題抽出：現状を分析し，問題を抽出する能力

(b) 問題解決計画立案：問題を解決するための計画を構築する能力
(c) 文章・ドキュメント作成能力：計画書・論文などの文章やドキュメントを作成する能力
(d) データ分析・理解：データを分析し理解する能力
(e) 論理的思考力：結論を導き出す論理的思考能力

いずれの段階でも高度な言語能力が求められる．言語能力がないと仕事が進められないことになる．つまり卒業論文や修士論文というドキュメントを書くということは，研究室で実施する研究を通して，言語能力を体得するということにつきる．言語能力については，後の章で詳しく述べる．

2.1.5 親しくない人とのコミュニケーション

幼い頃にコミュニケーションをとる相手は両親，家族など親しい人であった．しかし，年齢とともに親しくない人とのコミュニケーションも増えていく．さらに，コミュニケーション自体の回数も増加していく．相対的には親しくない人とのコミュニケーションの方が多くなる．会話だけでなくレポートや卒業論文，解答もコミュニケーションの手段である．

コミュニケーションには，親しい人とのコミュニケーションもあれば，親しくない人とのコミュニケーションがある．経験からもわかると思うが，親しくない人は，君の話すことをアウンの呼吸では，わかってくれないし，わかってくれようとしない．そのため君から何らかのアクションを起こして，君の考えていることを説明する必要がある．同様に，ドキュメントを書くときに，想定する読者は親しくない他者である．他者に通じるような言葉を用いてドキュメントを書かなくてはならない．

日頃から家族や親しい学生同士だけで話していると，家族や友人同士の中でしか通じないような言葉になっていることがある．いわば群れの言葉になっていることがある．群れの中では，正確に言葉を使わなくても，意思の疎通ができるため，どうしても言葉を正確に使わなくなる．図 2.7 に示すようなシーンはないだろうか．仲間同士の食事会などで，料理を前にして仲間同士が "ヤバイ"，"ヤバイ" と誰もが声に出しているシーンである．美味しいのか美味しくないのか，仲間以外にはよくわからない．ドキュメントにおいても，自分やその仲間だけがわかるような言葉で書いていると，同じように仲間以外の他人には伝えたいことが伝わらなくなる．

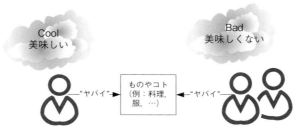

図 2.7 ヤバイ図

他者意識を磨く上でも，できれば，自分と違う世代や外国人と交流することにより，言葉の力を磨いた方がよいであろう．また，読書をすることで語彙を増やし，言葉の力を増強してほしい．交流することは 21 世紀型スキルにおける「働く方法・コミュニケーション（母語，母語以外の能力）」能力の向上にもつながるであろう．

2.2 ドキュメントの構造とアウトライン

これまでドキュメントの外観についていろいろと述べてきた．ここでは様々なドキュメントを眺めてみて，わかりやすいドキュメントをどのようにして作成するのがよいか考えてみる．以下にドキュメントの構造，そして構成要素を示す．また，アウトライン (Outline) と呼ばれる文章構造の設計図についてふれる．

2.2.1 ドキュメントの構造

図 2.8 に高等学校の世界史の教科書の構造例を示す．この教科書は「書籍名 (title)」や著者名などの書かれた「表紙 (cover)」がある．次ページには，この科目を学ぶ意義や教科書の特色や「序文 (preface)」が書かれている．その次のページには「目次 (Contents, a table of contents)」が数ページにわたって書かれている．目次が終わるとフォントサイズの大きな太字体で「部見出し (Part)」が書かれたページが現れる．続いて標準サイズの字体でこの部で学ぶ

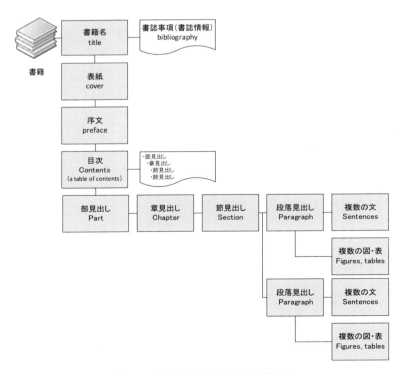

図 2.8 高等学校世界史教科書の構造例

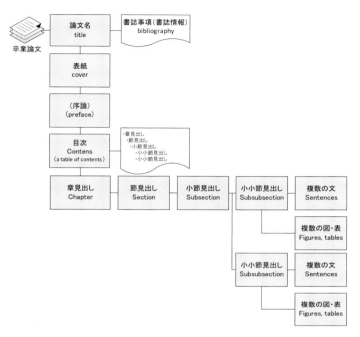

図 2.9　ある卒業論文の構造

ことや部の構成（この部に含まれる章の説明）についての概要が書かれている．

続いて「章見出し (Chapter)」が中程度のフォントサイズの太字体で書かれ，その下には標準フォントサイズの字体でこの章で学ぶことについての概要が書かれている．この概要にはこの章で学ぶことや章の構成（この章に含まれる節の説明）が書かれている．

続いて「節見出し (Section)」が中サイズの太字で書かれ，その下には標準サイズの字体でこの節で学ぶことについての概要が書かれている．この概要にはこの節で学ぶことや節の構成（この節に含まれる段落の説明）が書かれている．なお，教科書であるせいか，段落ごとに「段落見出し (Paragraph)」が書かれ，これに続いて標準サイズの文字で「複数の文 (Sentences)」が書かれるとともに，「複数の図・表 (Figures, tables)」が書かれている．

この教科書の目次には，「部見出し (Part)」，「章見出し (Chapter)」，「節見出し (Section)」のみが書かれており，「段落見出し (Paragraph)」は書かれていない．読者はこの目次を見ることにより，この教科書の全体像を理解できることになる．

高校教科書の構造である図 2.8 にならって，ある卒業論文の構造を図 2.9，ある学術論文の構造を図 2.10，ある全国大会論文の構造を図 2.11 に，それぞれ示してみる．これらの図からわかることは目次の有無の違いはあるが，ドキュメントは同じような構造をしているということである．

2.2.2　文章とドキュメントの構成要素

文章に関する一般的に我々が使う単位（言葉）は大きいものから順に，「文章」，「段落」，「文」，

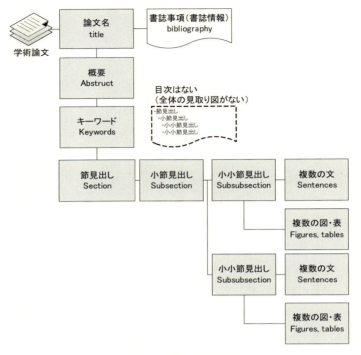

図 2.10 ある学術論文の構造

「文節」,「単語」の5つの単位に分けることができる.図 2.12 にこれらの関係性を図としてまとめる.

「文章」,「段落」,「文」,「文節」,「単語」の定義は以下のとおりである.

文章： 文が集まったもので,ひとまとまりの内容を表したもの.

段落： 複数あるいは1つの文章を内容によって分けたひとまとまりの部分で,厳密には「形式段落」(書き出しが一文字分下がってる)と「意味段落」(文章の内容によって段落分けされたもの)とがある.本書では「形式段落」を段落と呼ぶ.「意味段落」は,英語のパラグラフの "one idea in one paragraph" の原則で分けられていることから,パラグラフと呼ぶ.

文： 句点から句点までのひと続きで表した思想や感情を表現している.

文節： 文を意味でできるだけ小さく区切って分けたもので,意味が不自然にならない程度に文を区切ったときの最小の単位のことである.文節の切れ目には,「ネ」,「ヨ」,「サ」などを入れることができる.

- 文節は他の文節と互いに関係し合って,文を組み立てている.
- 文の中で「何が」を表す文節を主語という.
- 文の中で「どうする」,「どんなだ」,「何だ」,「ある・ない」を表す文節を述語という.
- 文の中で,「どんな」,「何の」,「いつ」,「どこで」,「どのように」のように,物事を詳しく述べることを「修飾する」という.例えば「花があざやかに咲く」という文では,「あ

2.2 ドキュメントの構造とアウトライン ◆ 29

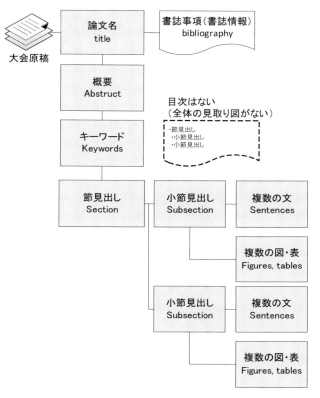

図 2.11　ある全国大会論文の構造

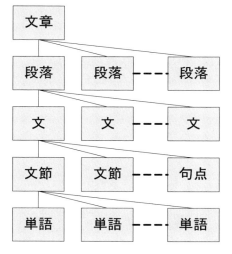

図 2.12　文章の構成要素

ざやかに」という文節が,「咲く」を修飾している.この場合,修飾する文節を修飾語,修飾される文節を被(ひ)修飾語という.

単語: 文節をさらに分けた最小の単位.

なお,本書で想定している文書の多くは,章 (chapter),節 (section),小節 (subsection),小小節 (subsubsection) のような構成を番号付けして表す.例えば,学術論文は複数の節から構成されることが多く,1節は 1.1 小節,1.2 小節,1.3 小節などの複数の小節から構成される.同様に 1.1 小節は,1.1.1 小小節,1.1.2 小小節,1.1.3 小小節など複数の小小節から構成される.なお,小節や小小節がない場合もある.なお論理構成は,一般には 3 層までにするのがわかりやすいとされている.そのため,書籍などであれば章・節・小節,論文などであれば節・小節・小小節という階層をとることが多い.

さて,ワープロの出現により何が変わったのであろうか.まず清書用の用途が第一に広まった.これにより書く側の多くの人がいだいていたであろう字が汚いというコンプレックスから解放された.一方で,読む側も読みづらい手書き文字を解読しながら報告書を読むことから解放された.さらに提案書や報告書,論文,全国大会原稿には文章だけでなく,図,写真,表やグラフが含まれるようになってきた.文字についてはフォントサイズや字体を変えたりすることも可能になった.つまり提案書や報告書,論文,全国大会原稿などの表現力が高まってきたことになる.このような背景から本書では,上記に定義した文書と図表(図,写真,表,グラフ)が含まれたものをドキュメントと称するようにしているのである.

2.2.3 最初にすること:アウトラインの作成

ここまで述べてきたように,読者が作成するドキュメントは構造が明確になっている.前述した IMRAD 形式が学術論文では典型的な構造である.ただし,卒業論文のように分量の多いドキュメントの場合は,各セクションが複数のサブセクションで構成するような場合もある.そのため,ドキュメントや文章を書き出す前にアウトラインと呼ばれる設計図を書くことがキーとなる [2, 10].アウトラインとは図 2.8 から図 2.11 で示したような文章の構造を,項目の並べた目次として表現するものである.このような背景から,本書では Word(第 9 章)ならびに LaTeX(第 10 章)によるアウトライン作成方法を述べている.アウトライン作成方法はある意味で,アウトライン修正方法でもある.トライアル・アンド・エラーにより洗練させていってほしい.

さて,多くの知的生産に関する書籍ではアウトラインを最初に考えることを推奨している.筆者の周囲の研究者も,論文を書く前に,まずはアウトラインを考えることが多いようである.筆者も研究室の学生とは卒業論文や修士論文を書く前に,アウトラインに対応する論文目次については,相当の時間をかけて議論する.

一方で,立花隆氏のようにコンテ(アウトラインに相当するものを立花氏はコンテと称している)を書かない(描かない)タイプの人もいる [11, pp.165–166].立花氏も最初はコンテを描いていた.しかし,コンテを描くことをやめたそうである.その理由は,コンテがあるにも

かかわらず，コンテどおりに文章が書けることはなく，コンテを描いたり描き直したりすることに労力がかかるからである．

　立花氏は試行錯誤の末，あらかじめアウトラインを書いてから執筆することをやめた．ただし我々の場合には単著であればともかく，共著論文，卒修論のような論文は共著者，指導教員との意思疎通を保つためにもアウトラインをあらかじめ書いた上で執筆作業を進めた方がよいであろう．ドキュメントを実際に書き始めると，アウトライン自体を変更した方がよい場合も生じる．そのときには当初作成したアウトラインにとらわれずに柔軟に対応してほしい．

2.3 学会活動とドキュメント

ここでは学術学会の活動をドキュメントという視点から整理する．

2.3.1 学術学会とは

　卒業研究を実施する中で，その途中経過や最終成果を学術学会で発表することが多い．学術学会とは，大辞林によれば，「同じ学問を専攻する学者が，研究上の協力・連絡・意見交換などのために組織する会」とある．

　筆者らが属する学会を表 2.5 にまとめる．国内の学術学会の一覧は日本学術会議のホームページ http://www.scj.go.jp/ja/info/link/link_touroku_a.html にまとめてある．

表 2.5　筆者らが属する学術学会

学会名	URL
電子情報通信学会	http://www.ieice.org/jpn/
情報処理学会	https://www.ipsj.or.jp/index.html
日本オペレーションズ・リサーチ学会	http://www.orsj.or.jp/
IEEE（米国電気電子学会）	https://www.ieee.org/index.html
日本教育工学会	https://www.jset.gr.jp/

2.3.2 学術学会で発表する

学術学会で，君の研究の途中経過や最終成果を発表する機会は次のようなものがある．

- 支部大会：学会の支部単位で実施する．年に 1 回．複数のセッションがある．
- 全国大会，ソサイエティ大会：学会全体として実施する．春と秋の年 2 回実施されることが多い．複数のセッションがある．
- 研究会：学会の中で関心度の高い分野を研究会として定期的に開催する．参加者は支部・全国大会ほど多くない．
- 国際会議：英語の論文を投稿し，英語で発表・質疑応答を行う．
- 査読論文，ジャーナル：著者は大会・研究会・国際会議で発表した研究成果をもとにして，研究を発展，整理したものを投稿する．その後，査読という審査が行われ，論文を採択す

るかしないかが決定される．査読は複数回にわたる場合もある．なお口頭発表はない．

表 2.6 筆者らが属する学術学会の原稿枚数など

会議スタイル	原稿の枚数	原稿投稿時期	査読有無	発表・質疑応答時間
支部大会	1 枚	会議の 2 か月前	無	10 分，5 分
全国大会，ソサイエティ大会	1 または 2 枚	会議の 3 か月前	無	10 分，5 分
研究会	6 枚程度	会議の 1 か月前	無	15 から 20 分，5 分
国際会議	6 枚程度	会議の 6〜10 か月前	有	15 から 20 分，5 分
査読論文（一般）	8〜10 枚程度	常時	有	－
査読論文（特集号）	8〜10 枚程度	期間限定	有	－

支部大会，全国・ソサイエティ大会，研究会，国際会議，査読論文の原稿枚数などについて表 2.6 にまとめる．それぞれの会議に応じて主催学会指定のフォーマットがある．しかし，ドキュメント自体の構成は説明したとおりである．

支部大会や全国大会では A4 の 1 枚か 2 枚の原稿を準備する必要がある．原稿は予稿集という形でまとめられる．従来の予稿集は紙媒体で提供された．しかし最近は CD-ROM や USB，あるいはオンラインで提供されることも増えてきた．支部大会，全国・ソサイエティ大会の発表形式は，多くの場合は口頭発表であるが，最近はポスターによる発表もある．同分野の口頭発表はセッションという時間枠にまとめられる．各セッションでは 5 件から 6 件の発表がある．通常は多くのセッションがパラレルで運営される．また，特別講演会やシンポジウムなども開催される．分野の動向や情報収集ができる．

研究会では，地方大会や全国大会で発表しきれなかったことをまとめて発表する．そのためドキュメントの枚数は 6 ページぐらいになる．

支部大会，全国・ソサイエティ大会，研究会，国際会議の際には，懇親会やバンケット（国際会議）などの研究者同士が交流するイベントが開催される．これらのイベントに参加することにより，研究のより詳しい状況などがわかる場合がある．いわばセレンディピティの機会でもあるので，積極的に参加することを推奨する．

2.3.3 学会発表までのスケジュール

2014 年度の情報処理学会全国大会を例にとって，学会までのスケジュールを考えよう．まず 2014 年度の情報処理学会全国大会の会告は以下のようになっている．

> 2014 年度の情報処理学会全国大会の会告
>
> 大会名称：情報処理学会 第 77 回全国大会
> 大会会期：2015 年 3 月 17 日（火）〜19 日（木）
> 会　　場：京都大学 吉田キャンパス
> （京都市左京区吉田本町）
> 委 員 会：第 77 回全国大会委員会
> 共　　催：京都大学大学院情報学研究科・学術情報メディアセンター
> ※ 3 月 17 日（火）は，京都大学第 9 回 ICT イノベーションと同時開催になります
> 後　　援：IT コンソーシアム京都，近畿情報通信協議会，京都府教育委員会，京都市教育委員会，全国高等学校情報教育研究会，大阪私学教育情報化研究会，大阪府高等学校情報教育研究会，奈良県情報教育研究会

さて，この学会で講演者として発表する場合は，投稿論文作成（ドキュメント，A4，2 段組）とともに発表登録や論文投稿をしなくてはならない．発表するためには学会員であることも求められるので入会の手続きも必要になる．入会手続きには時間もかかるので余裕をもって手続きを進めた方がよい．

以下に 2015 年 3 月当日までのタイムラインをまとめる．これらの情報は学会のホームページ http://www.ipsj.or.jp/event/taikai/77/ で公開されるだけでなく，学会会員向けのメーリングリストでも周知される．

1. 学会開催の告知（2014 年 02 月 14 日，学会開催 13 ヵ月前）
   京都大学吉田キャンパスで 2015 年 3 月 17 日（火）〜19 日（木）に開催されることが告知された．なお，前年の全国大会は 2014 年 3 月 11 日〜13 日に東京電機大学を会場に開催された．
2. 講演申込受付開始予定の告知（2014 年 02 月 14 日，学会開催 13 ヵ月前）
   2014 年 9 月中旬より受け付けるという情報がアナウンスされる．
3. 大会出展申込・大会スポンサー申込受付中の告知（2014 年 07 月 09 日，申し込み締め切りの 4 ヵ月前）
   2014 年 11 月 21 日 17:00 が締め切りであるという情報がアナウンスされる．
4. 講演申込受付中の告知（2014 年 09 月 09 日，申し込み締め切りの約 2 ヵ月前）
   2014 年 11 月 21 日 19:00 が締め切りであるという情報がアナウンスされる．
5. 情報処理学会会員への入会申請（締め切り：2014 年 11 月 7 日（金），講演申し込み 2 週間前）．
   学会の Web ページより，氏名や所属などを入力する．その後，入会承認された場合は「入会承認」に関するメールが届く．そのメールの指示に従い，手続きを完了させる．
6. 講演申し込み（締め切り：2014 年 11 月 21 日（金）19 時厳守）
   論文タイトル，共著者，講演概要（300 文字程度）を指定された Web ページより入力す

る．ID 番号やパスワードが発行され，締め切りまでの期間であれば何度でも修正することができる．

7. 参加費（登壇料）の支払い

通常は登壇者である君たちが学会指定の方法で支払う．学会指定の方法としては，郵便振替，銀行振り込み，クレジットカード払いがある．最近はコンビニエンスストアーで支払うことも可能な学会も増えてきた．

登壇量は所属研究室によっては研究室で負担してくれる場合もある．その場合は学生が一時的に立て替えて支払う．立て替えて支払う場合には，振り込む前に，指導教員に，宛名や目的など領収書に記載する項目を確認しよう．宛名や目的などが違っていると，指導教員や担当事務の余分な作業が増えることになるから注意しよう．

なお，所属研究室によっては研究室や学校が学会に直接払ってくれる場合もある．その場合は君が立て替えて支払うことはない．

コラム 2-1：研究室に行こう

何か目標を立てて，それを達成することも大切である．例えば書誌情報を知っている本を図書館で探すようなときである．しかしながら，目的の本を探しているときに，予期せず偶然に見つけた本が，探していた本より有益なこともある．予期せざる発見にも捨てがたい魅力がある．

このような"あてにしない偶然の発見"のことをセレンディピティ (Serendipity) という [12, 13]．セレンディピティは 18 世紀にできた人造語で，セイロン（現在のスリランカ）の 3 名の王子が，探そうとするものは出てこないが，探しもしていなかった珍しい財宝をうまく発見するという童話が起源とされている．イギリスの作家のホレス・ウォールポールが命名した．

例えば，偶然リンゴが落ちるのをみて重力に気がついた逸話もセレンディピティの一例である．下宿や勉強部屋でボールペンを探していたら，捨ててしまったと思っていた本が出てくるとかも含まれる．

研究室のゼミや輪講は明確な目的があるイベントであるが，他のメンバーの発表などからセレンディピティにも出会う可能性もある．また，指導教員がふらりと学生部屋に行ったりして学生と雑談（カジュアルなディスカッション）をしているとアイディアが出てきたり，研究の方向性が決まったりすることもある．他にも，学生同士で文章やプログラムをどう書くのかどうまとめるのか相談していると，他の学生に聞こえて，教えてくれることもある．これもセレンディピティになる．

セレンディピティだけに期待してはいけないが，それに出会えるような状況に自分を置くことも忘れないようにしてほしい．情報化社会の今日では，情報系の研究はどこでもできる．しかし，研究室で研究をした方がセレンディピティ的なことに巡りあえる可能性が高くなる．そんなこともあるので，なにはともわれ自分から進んで研究室に行こう．

演習問題

設問1 君の所属学部学科の卒業論文の提出時期，その様式などについて調べよ．

設問2 君の研究室の先生や先輩が主に活動している学会について，次のことを調査せよ．

(a) その学会の全国大会や研究会で発表するための発表資格などを調べよ．

(b) 全国大会や研究会の日程を調べて，研究成果を発表するまでのスケジュールを俯瞰し，研究計画を整理してみなさい．

(c) 全国大会や研究会のドキュメントのスタイルファイルやテンプレートを調べよ．調べたものを利用して，これまで作成したレポートなどを学会のフォーマットに変えてみなさい．

設問3 君の研究室の先生や先輩が主に活動している学会の大会原稿，ジャーナル論文がIMRAD形式になっているかどうか調査せよ．

設問4 これまでの学生実験などで書いたレポートを，見直してみなさい．また研究室メンバー同士でそのレポートを交換して，お互いにどこがわかりにくいかなどについて議論してみなさい．

設問5 研究室のメンバー（指導教員，先輩）にどのようにしてドキュメントを作っているか聞いてみなさい．そして君はどんなことをしておけばよいのか考えてみなさい．

設問6 君のパソコンのディレクトリ構造を確認してみなさい．中味がわかりやすくなるようにフォルダーなどを整理してみなさい．

参考文献

[1] 岩淵悦太郎，『悪文 第3版』，日本評論社 (1979).

[2] 木下是雄，『理科系の作文技術』，中央公論社 (1981).

[3] 田中秀明, 宇都宮陽一, 奥田隆史, "サーバー能力成長型VCHS待ち行列モデルを用いた講義課題処理過程の定量的評価—大学生のアカデミックスキル教育のために—", 情報処理学会第77回全国大会, 6ZC–05, 京都大学（京都市），2015/3/19.

[4] 田中秀明, 宇都宮陽一, 奥田隆史, "自転車タイヤ・チューブ交換モデルに関する研究", 日本オペレーションズ・リサーチ学会2014年秋季研究発表会, 2–F–3, 北海道科学大学（札幌市），2014/8/29.

[5] 三浦智裕, 奥田隆史, 井手口哲夫, 田学軍, "利己的ノードを考慮した遅延耐性ネットワークシステムの性能評価に関する研究", 電子情報通信学会技術研究報告（情報ネットワーク），Vol. IN2014–116, No. 401, pp.107-112, 名古屋国際センター（名古屋市），2015/1/23.

[6] 野口悠紀雄,『「超」文章法』, 中央公論新社 (2002).

[7] 鈴木宏昭,『学びあいが生みだす書く力　大学におけるレポートライティング教育の試（青山学院大学総合研究所叢書）』, 丸善プラネット (2009).

[8] 大島弥生, 池田玲子, 大場理恵子, 加納なおみ, 高橋淑郎, 岩田夏穂,『ピアで学ぶ大学生の日本語表現・プロセス重視のレポート作成』, ひつじ書房 (2005).

[9] 三森ゆりか,『大学生・社会人のための言語技術トレーニング』, 大修館書店 (2013).

[10] 戸田山和久,『論文の教室—レポートから卒論まで—』, 日本放送出版協会 (2002).

[11] 立花隆,『「知」のソフトウェア』, 講談社 (1984).

[12] 外山滋比古,『思考の整理学』, 筑摩書房 (1986).

[13] 澤泉重一, 片井修,『セレンディピティの探求—その活用と重層性思考』, 角川学芸出版 (2007).

第3章
考えをまとめるということ—理解するということについて

▢ 学習のポイント

　本書の目的はわかりやすいドキュメントを書くためのリテラシー，アドバンストリテラシーを学ぶことである．多くの学生諸君は，自分は日本語が苦手だからわかりやすい文章を書くことができないと認識している．しかし，実際には日本語が苦手だからではなく，自分が説明したいことを"わかっていない"ことが多い．あるいは，書きたいことが整理されていないことが多い．つまり，"本当にわかっている"のではなく，"わかったつもり（わかったような状態）"を"わかった"と勘違いしているのである．そこで，この章では"わかりやすい"ということを考えるために，そもそも"わかる"ということはどういうことなのかを考える．そして，次章のわかりやすい日本語作文の技術についてつなげていく一助にする．

　本章では，最初に，わかるということはどんなことなのかを理解する上で重要な概念としてスキーマ，先行オーガナイザーという用語を説明する．次にわかることを支える視点で，構造化について説明する．さらに欧米諸国では大学入学前に身につけている言語技術について述べる．

　一人ひとりが自分でわかりやすいドキュメントを書くことができるようになるためには，ちゃんと言葉にされた「考え方」，「ものの見方」があると便利なことが多い．考え方，見方を足場にして議論や思考を深めることができるからである．

　この章を通して以下のことを理解し，ドキュメントを書く前に重要なことは，書こうとすることをまずわかること，考えを整理することであることを納得してほしい．

- わかるということは何か理解する．
- わかったつもりとはどんな状況か理解する．
- わかりやすくするためには，スキーマ，先行オーガナイザーが重要であることを理解する．
- 言語技術について理解する．
- スキーマ，先行オーガナイザー，言語技術について学ぶことにより，ドキュメントの構造を考えるヒントを理解する．

▢ キーワード

　スキーマ，先行オーガナイザー，わかる，わかったつもり，言語技術，中間日本語

3.1 スキーマと先行オーガナイザー

"彼を知り己を知れば百戦殆（あや）うからず"という諺（ことわざ）がある．この続きは"彼を知らずして己を知れば，一勝一負す．彼を知らず己を知らざれば，戦う毎に必ず殆し"である．この諺の意味は，"敵と味方の実情を熟知していれば，百回戦っても負けることはない．敵情を知らないで味方のことだけを知っているのでは，勝ったり負けたりして勝負がつかず，敵のことも味方のことも知らなければ必ず負ける"である．

ドキュメントを書く理由は，自分の考えや研究成果などの伝えたい情報を，ある相手に理解してもらうためである．ある相手は，君の伝えたがっている情報について，完全にわかっていることもあれば，途中までわかっていることもあれば，まったくわかっていないこともある．様々なタイプのある相手がいるわけである．

では，そもそも自分も相手も，どのようにして物事や情報を理解しているのだろうか．そのためには，我々がどのようにして理解しているのかについて足場となるような基本的な考え方があると便利である．そこで，ここでは認知心理学の知見 [1–4] から，スキーマ，先行オーガナイザーという用語を紹介し，相手が理解しやすいドキュメントを作るための基本的な考えについて理解する．

3.1.1 スキーマ

ドキュメントのコアである文書を書くときにも，ある意味での敵である読者がどのようにして，文章を理解するのかということを知って書くのと，知らないのとでは書き方が違ってくる．ここでは，敵である読者が，文章を読み，その文章をどのようにして理解していくのかという科学的知見を紹介する．なお紹介にあたっては，認知心理学に基づいた高校生向けの勉強方法について書かれたユニークな文献 [1] を参考にした．

読者が「文章を理解するということ」は，書かれた文書から，筋のとおった解釈を読者自身が作り上げることである．書かれた文書はあくまでも材料であって，解釈は読者自身の知識と推論能力に依存して作られてしまう．そのため，書かれた文書が，読者自身の知識と推論に依存しすぎるようなものであると，解釈に個人差が出てきてしまう．

解釈に個人差が出ないようにするためには，読者が次の3種類の知識を使って文章理解をしていることを知っておく必要がある．

言語的知識： 利用する言語の語彙や文法などに関する知識のこと．人間は思考するとき，言葉を用いる．その思考はその人間の所有する語彙の範囲を超えられるものではない．語彙が豊富であると，その語彙の概念も知っているということであり，その結果として，思考力，読解力，表現力も上がることになる．自分の語彙が豊富だからといって，相手も語彙が豊富であるとは限らないことに注意する必要がある．なお，専門的な文献を読む際には基本的な専門用語も語彙となるであろう．

内容にかかわる知識： いわゆる常識にあたるものから，政治，経済，科学，芸術など様々な分

野に関する知識のこと．専門分野の文献を読む際には，常識にはその分野の基礎課程で学ぶ専門基礎知識が含まれるであろう．学問が細分化しているため，自分の研究分野の仲間には通じる常識が，他の分野の人には通じづらくなる傾向がある．

社会経験的な知識： 文芸的な心情読み取りには，これが豊かである必要がある．

なお，これらの知識は読者によって違っていることにも注意する必要がある．ドキュメントを書く前に誰が読むのかを考えなくてはいけない理由は，読者の背景知識を意識するということである．つまり，読者の既知の知識を上手に活用して，自分の提案する未知の知識への道筋を作ることである．

読者はこれらの知識を利用し行間を補いながら，推論によって筋のとおった解釈を作り上げていく．読者の推論に依存しすぎないためには，読者が知らないような語彙（専門用語），文法，常識（専門基礎知識）を用いないことが大切になる．最後の社会経験的な知識は，今は直接的には情報科学に関するドキュメントには関係ないかもしれない．しかしながら，情報科学技術を活用する分野は増えることはあっても減ることはないであろう．そのことを考えると情報科学技術を学ぶものは，専門的知識だけでなく他分野に関係する知識も継続して吸収しておく必要があるであろう．

さらに，人間が新しい情報に取り組む場合，あらかじめ枠組みが必要になる．この枠組みのことをスキーマ (schema) と呼ぶ．スキーマは既有知識（すでに持っている知識）を体系化したものである．すなわち，上記の3種類の知識がどれほど読者に理解されているかも大切なことになる．

スキーマの概念をレストランの例を用いて説明しよう．私たちがレストランに行くとき，あらかじめ以下の筋書きが頭の中にある．

1. 席につく（席に案内される）
2. メニューを渡される
3. 注文にくる
4. 注文する
5. 注文の品がくる
6. 食事をする/食べ終わる
7. 食事代を払う
8. 必要に応じてチップを支払う

このような筋書き・枠組み（あるいは図式といってもいい）がスキーマである．このスキーマの知識があるので，私たちは迷うことなくレストランで食事ができる．このスキーマは先進国では，ほとんどの国において同じか少し違うくらいである．そのため，先進国でも食事に困らない．映画館で映画を観たという経験があれば，映画のみならずあらかじめチケットを購入して鑑賞するような演劇やコンサート，落語などの芸術も楽しむことができることになる．

このように，我々が生きていく中で，対象/状況を理解，記憶，再生するときに機能するのが

スキーマである．スキーマによって我々は，ある程度の予測を意識的あるいは無意識にしてから行動しており，また行動の計画を立てることができる．

スキーマをもたない人や，もっていてもスキーマを思い出すことができなかった人は，文章を理解することができなくなってしまう．したがって，特殊な人しかもっていないようなスキーマを，読者がもっていることを期待するといけない．ドキュメントを書く際に，読者がどんな人かを考えることの本質的な意味は，読者がもっている，スキーマ，3種類の知識を予測することになる．

3.1.2 先行オーガナイザー

君がある講義を受講しているものとする．ある回の講義において，教員から中間試験の出題範囲についてのアナウンスがあるものとする．このとき君はどのような出題範囲を望むであろうか．

多くの人は，試験範囲（学習範囲）が少なくなれば，この試験でよい点数をとることができると考えながら，アナウンスを聞くであろう．その理由は，範囲が狭ければ狭いほど，出題範囲のテキストやノートを見直すための時間が増えると考えるからである．この理由の背景には「何かを学習するときには，学習対象の量が少なければ少ないほどやさしい」，「繰り返し経験すればするほど，よくできるようになる」という学習論 [3, 2] があるからである．この学習論は機械的に学習対象を暗記するような場合に有効な学習論である．

一方，「学習対象が多くても（意味があれば）簡単に学習できる」，「（認知構造に合えば）繰り返しは必要ない」という学習論がある．有意味の学習論，有意味学習論と呼ばれている [3]．この学習のキーとなる役割をするものの1つに先行オーガナイザー (advance organizer) がある．先行オーガナイザーが何かを説明する前に，その役割を先駆者であるオースベルの実験により説明する．

この実験では，実験参加者（被験者）に対して，学習対象として「冶金学」（やきんがく）という学問分野を設定し，実験参加者が知らない「冶金学」についてどのようにして説明するのが効果的なのかを調べている．実験では，先行オーガナイザーを原因となる要因（独立変数）とし，先行オーガナイザーの有無により，被験者の「冶金学」の理解結果（従属変数）がどのようになるのかを調査している．具体的には，被験者を，先行オーガナイザーを与えない「統制群」と，先行オーガナイザーを与えられる「実験群」に振り分け，それぞれの群の反応を測定するといった方法である．なお先行オーガナイザーが有りの場合は，いつ与えるのが効果的なのかも調べている．

統制群には「冶金学」についての文章のみが与えられる．一方，実験群には，それに先行して，「冶金学」の本質について要約した文章が与えられている．この要約文書は「冶金学の本質」と名付けられている．要約文書には学習者の既知知識から，学習対象の「冶金学」を係留しやすいような内容（学習対象をより抽象化し一般化した内容である）が書かれている．この要約文書「冶金学の本質」が先行オーガナイザーに相当するものである．この実験結果は次のようになった．

- 先行オーガナイザーを与えられた実験群の方が，そうされなかった統制群よりも，学習が早く保持もよかった．
- 先行オーガナイザーは，後で与えるよりも，先行して与えた方が効果的である．

つまり，先行オーガナイザーとして，これから説明される話題の要約文書が与えられることにより，後から来る個別的な情報を係留する（受け取る）ための枠組みができていたのである．また，前もって先行オーガナイザーが与えられると，後からの学習で使えるようなものが，先行して認知構造につけ加えられ，後からの学習が容易になるということである．

ドキュメントにおける概要やイントロダクション（はじめに）はいわば先行オーガナイザーの役割を担っていることになる．特にイントロダクションでは，論文の章構成についても述べる．この章構成があることにより，イントロダクション以降に続く章について，読者は知っていることになり，読者の論文の理解は早められるのである．なお，逆説的に考えると，概要やイントロダクションで述べたことが，ドキュメントを読み始めても出てこなかったり，違うことが書かれていると，読者は戸惑う．読者に戸惑いを与えるようなドキュメントは，理解しずらいドキュメントになってしまうことになる．

テレビのニュース番組では，最初に，今日のニュースでは何をとりあげるかを説明する．最近は何時台にはこのニュースを放映するなどの情報を提供する．これもまた先行オーガナイザーの役目を果たしている．大学の講義においても，初回の講義では，次回以降の講義の内容，進め方などの情報を提供されることが多いであろう．初回の講義も先行オーガナイザーの役割を果たしていることになる．

3.2 わかるとは

卒業論文などの作文指導をしていると，多くの学生は自分は日本語が苦手だからわかりやすい文章を書くことができないのだと，自己分析をすることがある．しかし，実際には日本語が苦手だからではなく，自分が説明したいことを"わかっていない"ことが多い．あるいは書きたいことが整理されていないことが多い．つまり"本当にわかっている"のではなく"わかったつもり（わかったような状態）"を，"わかった"と勘違いしているのである．

ここで「わかったつもり」という状態は，後から考えて不十分だというわかり方のことである．後から考えてからでないと気がつかない面倒な状態である．この「わかったつもり」という状態は，本人は「わかった」と思い込んでいるため，「わからない部分が見つからない」という状態である．この状態は油断していると安定し定着してしまうことが多く，長く続くことがある．つまり，「わからない」場合には，すぐに調べようとすることができる．しかし，「わからない部分が見つからない」場合は検索することもできないのである．

我々は，読み手である場合も，書き手である場合も，「わからない」はともかく「わかったつもり」でいることが多い．文章やドキュメントを作るときには，「わかったつもり」はとても危険な状態である．この状態のままでドキュメントを作成してしまうと，読み手を「わかった」あ

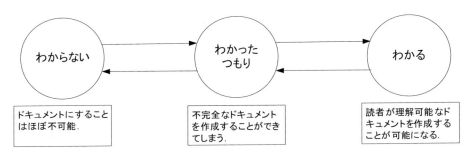

図 3.1　わからない・わかったつもり・わかるの遷移

るいは「よりわかる」という状態にすることができなくなってしまう．
　図 3.1 に「わからない」，「わかったつもり」，「わかる」の関係を示す．

わからない： ドキュメントにすることはほぼ不可能．"わからない"という状態であることがわかっていると，対処しやすい．どこまでわかっているのか説明できるとなおよい．

わかったつもり： ドキュメントを作成することができてしまうことがある．ただし，不完全なドキュメントである．本当にはわかっていないため，ドキュメントを書くと，言葉の定義が曖昧になるなどする．わかったつもりだったことがわかる．なお，説明や文章表現が上手な人は，この状態のときに，相手を納得させてしまう（相手を"わかったつもりにさせてしまう"）ことがあるので，この状態には注意を要する．

わかる： 文章表現が不適切なときもあるが，読者が理解可能なドキュメントを作成することが可能になる．なお，この本の読者の多くは，名文を書くのではなく，わかりやすい文章，明文を書くことを目的にしている．したがって文章表現を練習すれば，わかっていることをわかりやすい文章にすることができる．

　前章で，研究室のメンバーとできるだけ交流しようと述べた．その理由の1つは研究室メンバーと対話したり，研究室のメンバーに違った角度から質問されると，自分が「わかったつもり」だったということに気がついたりするからである．日本語を英語にする場合など，「わかったつもり」でいると，英語にしやすい表現がでてこないため，とても苦労する．
　ドキュメントの目的は相手を「わかった」あるいは「よくわかった」という状態にすることである．
　以下は「わからない」，「わかる」，「よりわかる」に関する知見である [4]．

(1) 文章や文において，その部分間に関連がないと，「わからない」という状態を生じる．
(2) 部分間に関連がつくと，「わかった」という状態を生じる．
(3) 部分間の関連が，以前より，より緻密なものになると，「わかった」，「よりわかった」，「よりよく読めた」という状態になる．
(4) 部分間の関連をつけるために，必ずしも文中に記述のないことがらに関する知識を，また読み手が作り上げた想定・仮説を，我々は（自然に/自動的に）持ち出して使っている．

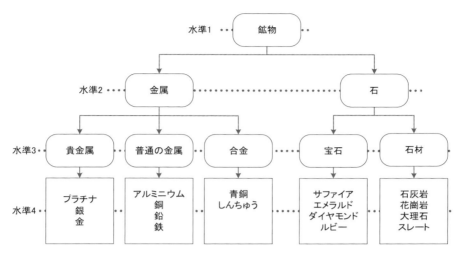

図 3.2 鉱物の樹形図

　(1) や (2) からいえることは，文章や文を関連づけるような文章やドキュメントにすることが大切であるということである．このことがあるから，一般的な研究発表会では，最初に発表の順番を述べてから，研究背景の説明へと進んでいくのである．始めに発表の順番を述べることにより，聴衆は発表の全体構造（発表の流れ）を理解するようになると考えることができる．つまり，研究背景において当該研究の位置づけを述べることで，わかるという状態にしようとしているのである．(3) や (4) は，その分野で広く使われている単語を適切に使うことが，読者をわかったという状態へ導くことを示唆している．

3.3　わかりやすくすることと構造化：樹形図による理解

　前章では論文の形式として IMRAD 形式を説明した．また論文を木構造化して捉えるアウトラインについて説明した．なぜ木構造で表現するとよいのであろうか．その理由は木構造は「わかる」という状態にしやすいからである．例えば，文献 [3] は鉱物資源の名前を記憶する方法を述べている．闇雲に暗記するのではなく，図 3.2 のように，鉱物の関係性を樹形図として表現した後，暗記した方がよいと述べている．このような樹形図にすると，意味もわからずに機械的に丸暗記するのではなく，意味を理解しながら暗記する意味暗記がしやすくなる．意味暗記は丸暗記に比較して，記憶が定着しやすいことが知られている．

　同じように，北アメリカのプロ野球リーグであるメジャーリーグの構成も図 3.3 に示すような形で整理をすると記憶しやすくなるであろう．水準 2 はアルファベット順で American を左に，National を右に配置している．水準 3 は地理的位置の順で配置している．水準 4 はカタカナで表記するとわかりづらいが，アルファベット順に上から表記されている．例えば，アメリカンリーグの東地区は Baltimore, Boston, New York, Tampa Bay, Toronto となっている．この順番がランダムであると記憶するのが難しくなるであろう．

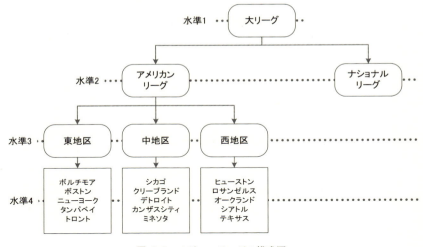

図 3.3　メジャーリーグの構成図

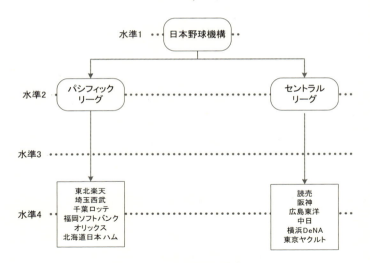

図 3.4　日本野球機構の構成図

　我が国のプロ野球（日本野球機構，http://www.npb.or.jp/）のオフィシャルページの球団インデックスを階層図として表現すると，図 3.4 となる（2014 年 9 月末のページを参照）．左側にパシフィックリーグ，右側にセントラルリーグがある．これは 2013 年のシーズンは，パシフィックリーグ代表の東北楽天が，セントラルリーグ代表の読売ジャイアンツに勝利し，日本一となったからであろう．大リーグと違いチーム数はパシフィックリーグもセントラルリーグも 6 球団であることから，地区は分けられていない．各リーグに所属する球団の掲載順は 2013 年シーズンの順位である．このように成績順というルールで記載すれば，意味があるため記憶がしやすくなる．
　他の記載する順番としてはアイウエオ順がある．この場合，左にセントラルリーグ，右にパ

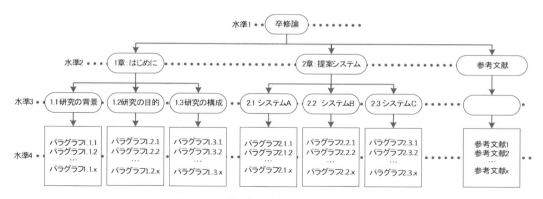

図 3.5 卒業・修士論文の典型的な構成

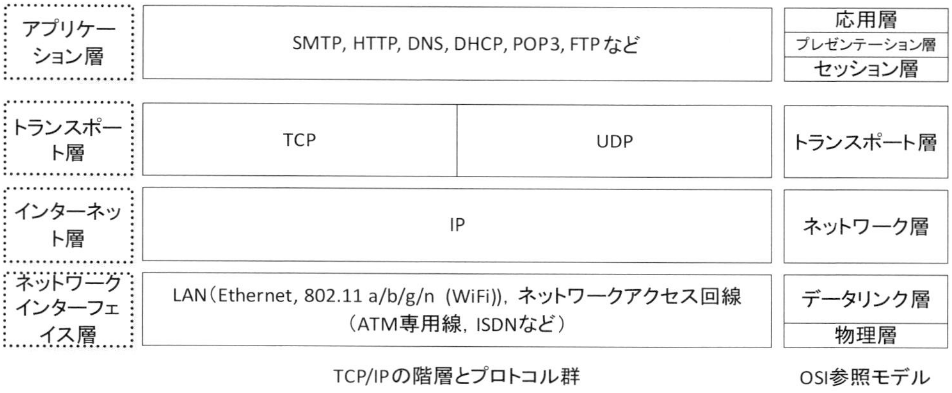

図 3.6 TCP/IP の 4 階層と OSI の 7 階層

シフィックリーグとする．各リーグの所属球団もアイウエオ順で表現することも考えられる．ただし，我が国の球団名は地域名や都市名から始まるものと，企業名からなるものがある．

　木構造にすることで，人はわかるという状態になりやすくなる．また記憶もしやすくなるのである．他者にわかるようなドキュメントを書くときには，木構造を意識した構造にするとよいということである．卒業・修士論文の構成も図 3.5 のような形をとっている．

　情報通信ネットワークで学習したプロトコルスタック構造，ネットワーク構造からも階層的に考えていくことの大切さがわかる．例えば，インターネットで利用されている通信プロトコルの TCP/IP も階層化されている．ここで TCP は transport control protocol，IP は Internet protocol を意味する．

　図 3.6 に，TCP/IP の階層構造と OSI 参照モデル (open system interconnection - basic reference model) を比較して示している [5]．このように階層的に整理することによりプロトコルの構造が理解しやすくなる．この図では，ネットワークインターフェイス層にはアイテムとして標準化された LAN やインターネットへのアクセス回線が含まれると理解できる．その上の階層にはインターネット層がありアイテムとして IP が含まれる．トランスポ-

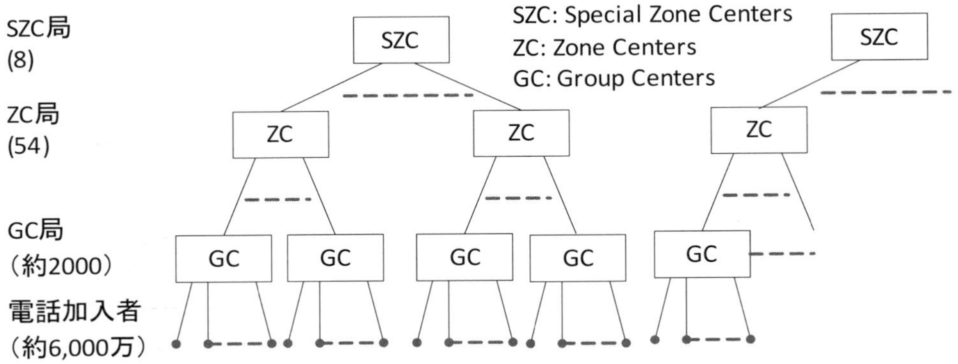

```
SZC局         ┌─────┐   SZC: Special Zone Centers   ┌─────┐
(8)           │ SZC │   ZC: Zone Centers            │ SZC │
              └─────┘   GC: Group Centers           └─────┘
ZC局      ┌─────┐   ┌─────┐          ┌─────┐
(54)      │ ZC  │   │ ZC  │          │ ZC  │
          └─────┘   └─────┘          └─────┘
GC局    ┌────┐ ┌────┐ ┌────┐ ┌────┐ ┌────┐
(約2000) │ GC │ │ GC │ │ GC │ │ GC │ │ GC │
        └────┘ └────┘ └────┘ └────┘ └────┘
電話加入者
(約6,000万)
```

図 **3.7** 日本の電話網の構成

ト層には，コネクション指向型の通信路を提供する TCP と，コネクションレス型の通信路を提供する UDP (user datagram protocol) がある．最上位のアプリケーション層にはアイテムとして SMTP (simple mail transfer protocol)，HTTP (Hyper text transfer protocol)，DNS (domain name system)，DHCP (dynamic host configuration protocol) などのプロトコルが含まれる．

現在の NTT の公衆電話網を図 3.7 に示す [6]．あるエリアの複数の電話加入者がそのエリアの GC 局に接続されている．その上の階層では，複数のあるエリアの GC 局がそのエリアの ZC 局に接続されている．同様にその上の階層では，SZC 局が複数の ZC 局を収容している．この図における加入者を小項目，GC 局を中項目，ZC 局を大項目と捉えれば，ドキュメント構造と同じような構成になっていることが理解できるであろう．

このように君たちが学んだことの多くは，あらかじめ階層化されたものとして示されていたのである．階層化されていたから理解できるのである．これからは君たちのアイディア，考え，主張などを，階層化，構造化していくという作業が必要になるのである．階層化，構造化することができれば，あとは階層化されたものを説明することに帰着するのである．

3.4 言語技術

前述したスキーマ，先行オーガナイザーを具体的に活用するためにどうすればよいのであろうか．それには，欧米の初等教育では必ず教えられている「言語技術」(Language arts) の考え方を知っているとよい．

さて，我々が母語でない英語を学習するとき，一般的にただ闇雲に英語の文法を学び，英語の構文の習得や語彙の暗記に時間を費やす．ところが言葉を本当の意味で使いこなすためには技術が必要とされている．欧米ではこの技術のことを「言語技術」あるいは「コミュニケーションスキル」と呼んでいる．言語技術は，国語ばかりではなく，外国語の授業にも応用されている．言語である以上，運用技術は不変だからと考えられているからである．この「言語技術」のルールに基づいて外国語を用いると，たとえ少ない語彙でもかなり相手に通じやすくなるとい

われている.

　この言語技術は思考と表現の方法論を具体的なスキルとして指導する総合的体系としても捉えられており，その最終的な目標は人間形成である [7,8]．具体的な最終目標は次のようになっている．

1. 自立してクリティカルシンキングができる．自分の力で物事を論理的，分析的，多角的に検討し，適正な判断を下す能力をもつ．
2. 自立して問題解決をする能力をもつ．
3. 考察したことを口頭・記述で自在に表現できる．
4. 自国の文化に誇りをもつ教養ある国民を育てる．ここでの教養には，人間味豊かな人格の意味も含まれる．

　言語技術の獲得により可能になることは次のとおりである [8]．

1. 言語能力そのものが向上する．
2. すべての教科の土台ができる．
3. 国際化に対応する基礎力を獲得する．

　言語技術は，情報の読み取り，考察，表現の方法を，人間の発達段階に合わせて，体系的，総合的にトレーニングするシステムである．トレーニングである以上，個人の才能に頼ることなく，ある程度の水準まで誰でも獲得可能である．つまり，学校教育の中で言語技術の訓練が実施されれば，個人差はあれ，誰でも情報を分析的，批判的に検討し，それに基づいて議論し，考えることを他人が理解できるように提示できるようになる．

　理系の読者は，言語技術と「数学」や「理科」とどんな関係があるのかと疑うかもしれない．例を以下にあげて説明しよう．

数学　：数学ではある事象を，数字と記号を用いて論理的に記述，証明する．証明では数字と記号を用いる．しかし，これらを用いて考えるためには言葉は不可欠である．この過程は，絵や文章のクリティカルリーディングの過程と非常に似ている．扱う材料こそ数式や図形であるが，基本的な思考過程は同一である．

理科　：理科では数式で記述する分野が多いため，上記の数学と同じことがいえる．さらに，理科では課題を発見し，仮説を立てて考察し，証明して結果を提示するためには，作文技術が不可欠である．

　なお日本サッカー協会は，サッカー代表の強化プログラムの一環として，言語技術教育を取り入れている [9]．具体的には，なぜそのようなパスをしたのか，なぜドリブルをしたのかを，説明する練習をしている．この練習により瞬時に要求される情報分析力 [10] を鍛えている．

　さて，グローバル化に対応するため，英語力の向上が叫ばれている．しかし，英語力は英文法と英単語を身につけ，英文をたくさん読み，英語でコミュニケーションをするだけでは身につかない．本当の意味で英語を使えるようにするには，英語という言語そのものの学習に必要な

基礎知識に並行して，言語技術を習得する必要がある [8]．例えば，後述する「空間配列」の手法に即して記述された英語の説明を半分理解できれば，あと2割程度は母語で身につけた空間配列のルールに則して推測でき，7割理解できれば全体像がおおよそわかるといわれている．

3.4.1 説明の原理原則

　説明の目的は，自分が知っていることや情報を，他者に対してわかりやすく伝達することである．本書で扱っているドキュメントは，自分の考えや研究結果を，自分自身がいない場で，相手にわかってもらうことを目的にして作るものである．その場に自分自身がいれば，口頭で補足することができる．しかし，いない場合は，補足説明をすることができないのである．つまり，ドキュメントが君のすべてとなるのだ．

　大切なポイントは，次の2点である．

- 読む人がそこまでに読んだことだけによって理解できるように書く．
- 人間の理解構造を意識する（次にこう来るだろうというパターンに合わせる）．

前者は書く場合だけでなく，プレゼンテーションでも同じである．後者について日本料理の会席料理にたとえて説明しよう．会席料理は，前菜（「先付け」「お通し」「突き出し」）→吸い物→刺し身→焼き物→煮物→揚げ物→蒸し物（茶碗蒸し，かぶら蒸し）→酢の物（「口直し」）→ご飯・みそ汁・お新香（食事の締め）→和菓子・果物・お茶，の順で料理が出てくる．この順番で出てこないと，食べる人は"え？"と驚いてしまう．

　物事を説明する場合，その方法は次の2種類に分類することができる．

1. 時系列
2. 空間配列

時系列と空間配列の説明に共通して求められるのは，情報の論理的な提示である．

　時系列は，時間の順序に従い，一般的には古いものから順に情報を並べる方法である．一方で，空間配列は，空間的に提示された情報を，大きい情報から小さい情報（全体から部分）に向かって並べる方法である．以下に，(1) 時系列のルール，(2) 空間配列のルールを説明する．次に (3) と (4) で空間配列ルールで国旗の説明をする．

(1)　時系列のルール

　時系列の説明は Chrono（ギリシャ語の「時間」）を論理的に示す．一般的には，つなぎの言葉として「始めに，最初に，次に，最後に」などを用いて，情報を時間の流れに沿って順番に整理する方法である．後述する空間配列の説明に比較して，時系列の説明では，どの情報が新しいのか古いのかは明確であることから，説明しやすい．

　余談であるが，ギリシャ語で時間を表す言葉には「クロノス」と「カイロス」の2種類がある．クロノスとは，ふつうに流れてゆく時間のことである．カイロスとは，ある決定的な事件が起こり，それ以前とそれ以後では同じものでも異なる意味をもつような「切断」を意味する．

(2) 空間配列のルール

　空間配列の説明は，空間的に広がっている情報を，論理的に提示する．ここでの論理的とは，提示すべき情報に優先順位をつけ，大きい情報から小さい情報へと入れ子状に情報を提示することである．空間配列のルールを表 3.1 にまとめておく．

　ただし，情報の伝達者がどれから説明するかを決めなくてはならないという点が，時系列の説明と異なる点である．我が国では時系列に比較して，空間配列の説明についてあまり教育がなされていない．一方，欧米では空間配列の訓練を受けているため，情報は空間配列の明確なルールに従って提示されることが前提で，会話がなされ，文章がまとめられている．したがって，このルールで説明されないと，欧米の人々は理解しづらくなる．文章を考える際には，この空間配列のルールを理解していることが重要になる．

表 3.1　空間配列のルール

大原則	小原則
概要から詳細	左から右（右から左）
全体から部分	上から下（下から上）
大きい情報から小さい情報	手前から奥（奥から手前）
	外から中（中から外）

　空間配列の説明の原理に基づいて，図 3.8 に示す 3 つの同心円を説明することを考えよう．この場合，一番内側の円 C から説明を始めるのではなく，次のように一番外側の円 A から説明をしていく．

1. 同心円の一番外側，半径が一番大きいのは A である．
2. 次は B である．
3. 次は C である．

　この説明は，ロシアの民芸品のマトリョーシカを思い出すとわかりやすい．マトリョーシカは胴体の部分で上下に分割でき，中には少し小さな人形が入っている．これが何回か繰り返され，人形の中からまた人形が出てくる入れ子構造になっている．通常は 6 重以上の入れ子となっている．これを説明するときは，最初は一番外にある大きな人形の説明をし，だんだんと中の小さな人形の説明をするであろう．

(3) 空間配列のルールに基づいたフランス共和国の国旗の説明

　ここではフランス共和国の国旗の説明をルールに基づいて行う [8]．

1. 国旗について説明するために必要な題目を整理する．フランス共和国の国旗を空間配列するために必要な項目を整理する．今回は国旗全体の形，模様，色，色の意味の 4 つの項目とする．
2. 上で決めた項目の優先順位を考える．4 つの項目を比較し，一番大きな情報，最優先の情

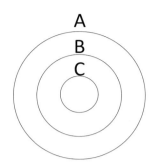

図 3.8　同軸円と空間配列の説明

報がどれかを検討する．具体的に次のような検討を行う．

(a) 色や模様は，全体の形に収まっている．したがって，最初に全体の形の情報を提示しないと，色や模様については記述できない．
(b) 色と模様ではどちらが優先項目か．この国旗では，模様の中に色が収まっているのだから，模様を決めないと，色を収める場所がない．
(c) 色と色の意味ではどちらが優先項目かを考える．色の意味は色の情報が提示されていないと説明することができない．

3. 項目ごとの説明方法を考える．

(a) 形の説明．横長の長方形で，その長さの比率は縦2，横3である．つまり，横長の長方形と提示することで，相手には縦に比較して横が長いという情報が提示できる．
(b) 模様は縦縞で，縞は3本，幅は均等である．
(c) 色は3色である．左端から青・白・赤（または右端から赤・白・青）である．
(d) 色の意味は，左端から青・白・赤と色を説明したのだから，聞き手は色がその順番で出てくると考えることから，青が自由，白が平等，赤が博愛と述べる．説明ではフェイントをかけないことが大切である．

以上をまとめると，フランスの国旗について説明すると次のパラグラフになる．

---フランスの国旗説明のよい例---

　フランス共和国の国旗は，次のような様子をしている．国旗の形は横長の長方形で，その長さの比率は，縦2，横3である．模様は縦縞で，3本の縞の幅は均等である．色は3色で，左から青，白，赤である．それはそれぞれ，自由，平等，博愛を象徴する．以上がフランス共和国の国旗である．

一方で，次のように思い込んでいる場合がある．

- 国旗の形は「常識的」に横長の長方形で，その形状は縦2，横3なので説明する必要はない．
- 色が目立つので，そこから説明するとわかりやすい．
- 色の配置をどちらから見るのも自由．しかし，色の意味は「自由・平等・博愛」が一般的なので，それを採用した方がよい．

このような場合，次のような説明になる．この説明でわかる人は，フランス国旗をあらかじめ知っていたり，国旗とはあのようなもの，と最初から思い込んでいたりした人である．説明で不足した部分や不明瞭な部分を，無意識に補っていたのである．

フランスの国旗説明の悪い例

フランス共和国の国旗の色は，赤と青と白の3色旗です．縦に3等分になっていて，その色には「自由・平等・博愛」という意味があります．

この説明の問題点は以下のとおりである．

- 「色は赤と青と白です」と説明が始まる．聞き手は，色が出てきてもその色の置き場所に関する情報がないため，色の情報を記憶していなければならない．
- 「縦に3等分になっている」という表現では，縦線の3分割なのか横線の3分割なのかを区別できない．横線の3分割だとオランダ王国の国旗となる．
- 具体的な色の提示とその意味の提示の間に模様の説明が割り込んでいる．
- 最後まで模様と色の置く場所の提示がない．

(4) 空間配列のルールに基づいた中国，米国，日本の国旗の説明

前節で説明したルールに基づいて中国，米国，日本の国旗の説明を考えよう．

中華人民共和国（中国）の国旗を説明する場合は，国旗を構成する情報として，

1. 形
2. 模様
3. 色
4. それらの意味

があり，その説明の順番は，

1. 形
2. 地の色
3. 模様より大きいから
4. 模様と色

となる．

アメリカ合衆国の国旗，星条旗を構成する情報は，

1. 形
2. 模様
3. 色
4. それらの意味

である．その説明の順番は，

1. 形
2. 星条旗は2種類の模様
3. 縞：大きい
4. 星の部分：小さい
5. それらの意味

となる．例えば，次のように説明する．

　　星条旗は横長の長方形で，縦横の比は1：1.9である．横縞が13本あり，各縞の幅は均等である．縞の色は赤白の2色で，上から赤，白の順になっている．
　　左端に旗全体の1/4程度の大きさとなる長方形の青い部分がある．この中に50個の白い星がバランスよく配置されている．13本の横縞は，英国からの独立時の州の数を表す．50個の星は，現在の州の数を示している．

　我が国の国旗は「日の丸の旗／日の丸（作詞：高野辰之，乙骨三郎，作曲：岡野貞一）」で次のように歌われている．

　　白地に赤く日の丸染めて，ああ美しや，日本の旗は．

この歌には形の説明がなく，感情が入っている．国旗を説明するのであれば，次の説明の原則，

1. 形
2. 地の色（模様より大きいから）
3. 模様と色

に従って，次のように説明するとよいであろう．

1. 形は縦横の比率が2：3の長方形である．
2. 地の色は白色である．
3. 中央に赤い丸がある．

3.4.2　言語技術と中間日本語

　ある大学で外国人講師による英語ライティングに関する研修が催された．この際，講師から講評された内容で，研修参加者に共通していることは次の2点であった [8]．

1. 「英語へ翻訳する能力の不足」は克服できるレベルにある．
2. 問題点は，「研究戦略の不足，分析・論証の不足，思考を言語に置き換える表現能力の不足」である．

これらの指摘は，「問題は，英語への翻訳能力にあるのではなく，母国語能力の不足にある」と同義である．これまで日本から外国への情報発信が少ない理由は，日本語と欧米語との間に言語的相違があるために日本人の外国語を操る能力が低いからと，一般的に考えられてきた．しかしながら，むしろその根底にある母国語の問題であるということである．

実際，様々な翻訳ツールが開発されてきたため，日本語から英語への翻訳は，比較的簡単になってきた．しかし，ツールの翻訳結果は，まだまだ機械的な翻訳であることが多い．機械的な訳とならないようにするためには，ツールに入力する日本語を，ツールが翻訳しやすいような日本語（中間日本語）にすることが重要になる．例えば"風邪にかかる"と入力するのではなく，"風邪をひいた"，"風邪を持っている"のような中間的な別の日本語表現を考えてから，入力することがよい．同じように，自分の考えていることを日本語で表現するときも，考えていることを，そのまま表現してわかりにくいような場合には，別のわかりやすいような表現がないかを考えることが重要になる．

演習問題

設問1　スキーマの役割について確認せよ．

設問2　テレビの報道番組における先行オーガナイザーの役割は何かを示せ．

設問3　卒業研究などのプレゼンテーションではタイトルを示した後，「発表構成」を説明することが多い．この「発表構成」はどんな役割を果たしているのか説明せよ．また仮にこの「発表構成」がない場合，わかりやすさはどのようになるか考えよ．

設問4　先行オーガナイザーの役割について確認せよ．

設問5　多くの新聞の第一面右端には「記事見出しと掲載ページ」がまとめられている．このまとめが果たしている役割について説明せよ．

設問6　パラオ共和国の国旗を言語技術に従って説明せよ．

設問7　日本の国旗の説明をした後，パラオ共和国の国旗とを連続して説明することを考えよ．

設問8　オリンピックのロゴを言語技術に従って説明せよ．

参考文献

[1] 市川伸一,『勉強法の科学——心理学から学習を探る』,岩波書店 (2013).
[2] アルベルト・オリヴェリオ,『メタ認知的アプローチによる学ぶ技術』,創元社 (2005).
[3] 西林克彦,『間違いだらけの学習論——なぜ勉強が身につかないか』,新曜社 (1994).
[4] 西林克彦,『わかったつもり 読解力がつかない本当の原因』,光文社 (2005).
[5] 村上泰司,『わかりやすい情報交換工学』,森北出版 (2009).
[6] 川島幸之助,増田悦夫,宮保憲治,『最新コンピュータネットワーク技術の基礎』,電気通信協会 (2003).
[7] 三森ゆりか,『外国語で発想するための日本語レッスン』,白水社 (2006).
[8] 三森ゆりか,『大学生・社会人のための言語技術トレーニング』,大修館書店 (2013).
[9] 田嶋幸三,『「言語技術」が日本のサッカーを変える』,光文社 (2007).
[10] 三森ゆりか,『絵本で育てる情報分析力——論理的に考える力を引き出す〈2〉』,一声社 (2002).

第4章
日本語作文技術

学習のポイント

　ここではこれまで述べてきたドキュメントを作るための日本語作文技術についてまとめる．日本語作文技術とは何のための技術かというと，読者にとって，わかりやすい文章（明文）を書くための技術である．そこでここでは明文を書くためにどのような点に注意すればよいのかをまとめる．この技術は小説などで問われる芸術的な文章（名文）を書くための技術ではない．したがって，理系の私には文才がないからと思っているような人でも，身につけることができる．安心してほしい．

　さて，日本語作文技術については，大学入学後，アカデミックスキルなどの初年次教育に関連する講義で学んだこともあるであろう．しかしながら，これからは，これまで君たちが書いてきた「レポート」とは性質が違うドキュメントを書く．新たな気分で日本語作文技術の学習に取り組んでほしい．

　本章では，冒頭で論理についてふれる．それから情報系学生に必要とされる日本語作文技術をまとめる．次に日本語作文技術の名著から，各著者の日本語作文に関する技術，書くときの心構えについて紹介する．続いて，推敲を適切にするための方法論をいくつか紹介する．

　この章を通して以下のことを理解し，日本語作文技術を洗練させてほしい．

- 日本語による論理展開を理解する．
- 名文と明文の違いを理解する．
- 日本語作文技術への関心を高めることで，わかりやすい日本語を書くための技術を理解する．
- 推敲の重要性を理解する．
- 図を利用した文章作成方法を理解する．

キーワード

　論理的思考，明文，アドバンストリテラシー，日本語作文技術，推敲

4.1　わかりやすい文——明文

　図を説明に用いると，説明がわかりやすくなったり，効果的になったりすることも多い．情報系や理工系の講義では，教員は白板に説明したいことを図として書き，それを用いて説明することが多い．同じように研究室では，研究室メンバーが図を白板で示しながら説明したりする．学会発表におけるパワーポイントによるプレゼンテーションでは，図を示し，それについて説明することがある．ここで大切なことは，わかりやすい理由は図があることに加えて，図

についての説明を言葉によって行っているからである．

このような図はドキュメントにおいても使う．しかし，図を挿入したからといって，図だけで理解できるわけではない．図で表したことでさえも，文章として説明しなくてはならない．あくまで図は説明のための補助手段である．まれに論文において「図〇に示すように・・・となる」や「・・・（図〇参照）」という文章をみるときがあるが，この文章では相手には実は伝えたいことが伝わっていないことが多いのである．他方，ドキュメント作成者は，図を利用することで研究の概念や過程，構造を整理，表現したから，読み手には，図の意味することが，そのまま直感的に伝わっていると思い込んでいる場合も多いかもしれない．困ったことである．

通常，図は2次元平面に描かれる面構造である．立体図，3Dグラフであっても，面として表現されている．対して文章は，線構造である．つまり面構造のものを，なんとかして線で表現する必要があることになる．そのためには日本語の技術が必要になる．

ここではまず明文について説明する．これはいわゆる文学作品の名文ではない．そのため少し注意をすれば誰でも書けるようになる．次に，なぜ明文が必要なのか，コミュニケーションの視点からまとめる．

4.1.1 明文（仕事の文書，理科系の文書）と名文

文章を構成する文には，その読み手である読者の視点で分類すると，次の2種類があるとされている [1]．

明文： 読者に書き手が伝えようとした情報を正しく伝える「伝わる文」
名文： 読者を感心させる「うまい文」

理工系の文章は明文で構成されていることが大切になる．ただし，明文であるという条件を満たすのであれば，名文であった方がよいのはいうまでもない．さて，明文はなぜ必要なのか，次のように整理することができる．

(1) 自分の伝えたい情報を，読み手にきちんと，誤りなく伝えられる．
(2) 読み手に不必要な労力や時間をかけない．

そもそも，日記やメモを除くと文章を書く目的は，君がその文書を書くことが目的ではない．あくまで，読者が君の書いたその文章を読むことであり，その文書を読んで，読者の理解が深まらないといけないのである．

まとめると明文を書くということは，(1) 自分の頭のもやもややネットワークの中にある，いま表現したいという情報を文章という形に記号化するということ，(2) 情報の受け手にできるだけ正しく受け入れられるような文章に記号化するということ，になる [1]．

4.1.2 コミュニケーションの基本ルール

ドキュメントを作成する理由は，送り手である君と，読み手である読者（指導教員，学術学会の会員）が，コミュニケーションをすることにある．文献 [1] ではコミュニケーションの基

本として以下のことをまとめている．これらの基本は第3章にて述べたスキーマ，先行オーガナイザー，言語技術で説明できることでもある．

(A) 送り手は，情報の受け手が自分と共有している文脈は何かを考えて，その文脈から出発して説明を組み立てなければならない．
(B) 受け手と共有している文脈に含まれない用語や概念を送り手が用いるときには，それより前にその説明がなされていなければならない．
(C) 送り手と受け手が共通にもっている情報（文脈）は省略することができる．
(D) 前提となる情報のうち，受け手がもっていない情報は省略してはならない．
(E) 伝送効率に注意し，それが高くなるような伝え方をすべきである．ここで，伝送効率とは「受け手が正しく受け取った情報量」を「送り手の送った情報量」で割ることで計算できる率である．送り手はたくさんの情報量を送りたがるが，伝送効率が100%でないと，相手に伝わるのはその一部となってしまう．
(F) トップダウン記述では，要点だけを簡潔に記述する．詳細はその後で述べる．これを上の階層から下の階層へ順に繰り返す．
(G) 明文を書くには，トップダウン記述や重点先行主義が適している．

なお，明文は急に書けるようになるわけではない．日頃から次のことに注意するとよいであろう．

本や論文をたくさん読むこと： 文章を書くためには，語彙や表現の具体的な例をたくさんもっていた方がよいはずである．ただし文を書くためには，その数十倍から数百倍の文を読んでいることがよいとされている．したがって，本どころか，新聞や週刊誌さえも読まないで，よい文を書きたいというのは，いささかむしがよすぎることになる．日頃から様々な本や論文を読む習慣を身につけ，その分野の知識を得るとともに，書くための語彙を増やし，表現方法のパターンを増やすようにしよう．

書くこと=考えること： 書くことは考えることである．日頃から考える習慣をつけるようにしよう．講義などで課されるレポートを書くことが，趣味であるという人はおそらくいないであろう．趣味でない以上，なかなか自発的にレポートを書くことに時間を割く人はいないであろう．しかしながら書かないと，文，文章はうまくならないはずである．レポートを書く機会を上手に利用して，書くこと，考えることを鍛えてほしい．考えることは後述するように明文を支える論理とも密接な関係がある．

他人への思いやり： 読者=他人に理解されやすい文を書くには，他人を思いやるという意識が必要である．自分勝手，独りよがりではよい文を書くことはできない．研究に関してのドキュメントだからと堅苦しく考えるのではなく，「読者を楽しませよう」，「読者に感動してもらおう」という感覚をもつことも大切であろう [2]．

4.2 明文と論理

　前節において我々は明文を書くことが大切であることを述べた．明文を書くためには日本語がうまくなくてはいけないと思いがちで，日本語文をどのようにするかという表現に関心が向きがちである．しかし，日本語の表現より大切なことは論理である [3]．

　本書で扱っているドキュメントは，デジタルの時代には，望んでいようがいまいと，消えずに残っていく．紙で保存する時代であれば，紙自体が劣化して消えていくようなこともあったかもしれない．しかしながら，現在のドキュメントはデジタル化されているため，劣化することなく，そのまま残ることになってしまう．ドキュメントが残るということは他人に読まれる可能性が高くなることでもある．それどころか，インターネットやSNSで拡散していくことも予想され，ドキュメントはこれまで以上に残り，さらに拡散していくという特性を手に入れてしまった．自分で書いたドキュメントの間違いに，人の多くは気がつかない．しかし，他人の書いたドキュメントの間違いや欠点については，はっきりとわかるということが多くある．その間違いや欠点だけがクローズアップされて，何度も読み返される可能性もある．

　どんな点に注意をしたらよいのだろうか．ドキュメントにおける日本語文章の表現的な問題ももちろん重要であるが，それ以上にドキュメントの論理的な部分には注意する必要がある．ドキュメント，文章は他人の目にふれる前に，読み直して修正することができるものであるからこそ，論理的な過ちが起こらないように努める必要がある．ドキュメントを構成する文をどのように表現するかを考えると，日本語表現をどのようにするかと考えがちである．しかし，繰り返しいうが日本語の表現より大切なことは論理である [3]．

　さて，論理とは他者意識が前提である．他者意識とは，たとえ親子であっても知人であっても，別個の肉体をもち，別個の体験をする限り（してきた限り），そう簡単にはわかり合えることができないという意識のことである．親子であってもわかり合えないのであるから，君のドキュメントを読むような他人はなおさら，わかるわけがないと考える必要がある．

　だからこそ，筋道を立てて，論理的に文章を書くように努めた方がよい．君の書いた文章を読んだ人が，どんな反応を示すのか，そういったことはなかなか確かめられない．どのように読まれるのかを想像しながら書かなくてはならない．だからこそ，文章を書くときには冷静さを失わず読者を想像しながら，文章のつながりを意識して，論理的に書かなければならない．

　以下に論理に着目して，日本語作文を行うポイントについて整理しておく．

1. 幼い子供でさえも論理力はあることが知られている．例えば幼い子供がおもちゃをねだるときである．「だって○○ちゃんが持っているよ」と他の子供を引き合いに出す．これも立派な論理力である．論理といっても，あまり難しく考えることではないのである．
2. 一度身についた論理力は失われることはない．身につけば，一生使うことができる．ドキュメントを書くことにより得られた論理力はより身につくことが予想される．在学中も卒業後も，論理力は様々な場面で利用することができるので是非とも身につけてほしい．
3. 文の論理を意識するときには，主語と述語以外は飾りに過ぎないので，一文を「主語」と

「述語」からなるものとして捉えるとよい．このようにして一文を捉えていくと，その文の論理性が明確になる．この捉え方は他人のドキュメントを読むときにも有効であるし，自分のドキュメントの論理性を確認する際にも有効である．なお，英語で書かれた文章についても，S（主語）とV（動詞）を意識するだけで，格段に文章が理解しやすくなる．

4. 言葉と言葉との間に「修飾〜被修飾」という論理があるように，文と文との間にも論理的な関係がある．文と文をつなぐものとして，接続語と指示語が重要な役割を果たしている．接続語と指示語を使いこなすことが，文と文との論理的関係を明確にする．文と文との論理的関係は，「等価関係（イコールの関係）」，「対立関係」，「因果関係と理由付け」の3種類である．これらの関係は図4.1のように表現することができる．ここで接続語には，「等価関係（イコールの関係）」を表すものとして「つまり」，「そして」，「例えば」などがある．「対立関係」の接続語には「しかし」，「だが」がある．「因果関係と理由付け」には「だから」，「なぜなら」などがある．「指示語」には「この」，「これらの」などがある．

5. 「等価関係（イコールの関係）」：自分の主張を論理的に説明しようとすれば，その裏付けとなる具体例を用いたり，自分と同じことを主張している文献を引用したりする．通常は，自分の主張が一般であるのに対して，具体例や文献引用などは具体と考える．以下，便宜上，A で筆者の主張（一般）を表現し，A' で具体例，引用（具体）とする．文書を読むときも，書くときも，それが一般なのか具体なのかをたえず意識しておくと論理が明確になる．この意識が「抽象」という能力を支える．

6. 「対立関係」：自分の主張を筋道を立てて論理的に説明するために，筆者はそれと反対のものを持ち出すことがある．これが「対立関係」である．理工系のドキュメントでは，例えば「提案手法の有効性について述べるときには，先行手法による結果と比較する」ことが該当する．自分の研究の有効性を述べるためには，このような「対立関係」とそれを表現する数値結果などの具体例が必要になる．いわば先行研究について調査する理由は，「対立関係」を先行研究という具体例を用いることで，自分の主張をより明確にするためである．

7. 「因果関係・理由付け」：筆者は A という主張をする．この主張を前提に B という結論を導き出すことがある．記号で表現すると $A \to B$ となる．この場合，A が B の理由（根拠）となる．この $A \to B$ の関係が「因果関係」である．つまり，筆者は A を前提に，筋道を立てて B を説明することができる．「理由付け」の場合は B であると主張し，その理由は A であると表現すればよいことになる．

8. 1つのまとまった文章のかたまりを「意味段落」（パラグラフ）という．意味段落には筆者の主張が必ず含まれている．1つの意味段落には筆者の主張は一般的には1つである．意味段落では，A という主張をするのか，A を前提に B を主張するのかのいずれかである．このパラグラフの性質を利用すると，論述型文章を理解することが容易になる．またパラグラフを書くときにはそのようにしていくと，文章が読みやすくなる．

9. 意味段落から文章全体の論理構造へ：上記で示したように，一文のなかには「主語〜述語」，語と語の間には「修飾〜被修飾」といった論理的関係がある．同様に文と文との間にも論理的関係があり，それが「意味段落」（パラグラフ）になっている．パラグラフが集まっ

て，ひとかたまりの節や章を作っていく．そこにも「等価関係（イコールの関係）」，「対立関係」，「因果関係」がある．

10. 4種類の論理構造パターン：論理の構造は文章の長い短いに関係なく，図4.2に示すような4種類のパターンになる．論理的な文章を読み慣れた人は，これらのパターンで論理展開をされることを前提として読み進んでいく．君たちの書くドキュメントを読む人たちは，論理的な文章を読むことに慣れた人である．だからこそ余計に論理にこだわる必要がある．

   (1) $A \to A' \to A$：このパターンは，まず主張 A を述べる．次に「等価関係（イコールの関係）」や「対立関係」を使って，具体例をあげることにより，理由付けする．最後にまた主張，結論で締めくくる．

   (2) $A' \to A$：このパターンは具体例である A' で始まる．その先では，具体例を抽象化，一般化して結論を導き出す．

   (3) $A \to A' \to A \to B$：このパターンは上記 (1) のパターンで A を主張し，それを前提として，最終的な結論 B へと展開している．

   (4) $A' \to A \to B$：このパターンは上記 (2) のパターンで A を主張し，それを前提として，最終的な結論 B へと展開している．

論理的な文章構造を考える際には，「接続詞」を意識的に利用して考えを整理するのがよい．なお，接続詞は個別の文をつなげる言葉である．接続詞は論理の構造を把握するための道標である．論理的でわかりやすい文章構造にするためには適切な「接続詞」や「接続詞に匹敵する文」を利用するのがよい．「接続詞」，「接続詞に匹敵する文」は以下の15種類にまとめられる [2,4]．この15種類に対応する「接続詞」，「接続詞に匹敵する文」の例を，表4.1にまとめておく．

(1) 帰結を表す
(2) 理由を表す
(3) 逆接または対照を表す
(4) 強調したいところに焦点を合わせる
(5) 情報の追加を表す
(6) 仮定を表す
(7) 動機・目的を表す
(8) 類似または相違を表す
(9) 例示を表す
(10) 言い換えや要約を表す
(11) 話の転換を表す
(12) 古い情報を確認する
(13) 有効範囲を表す
(14) 位置確認のため
(15) 列挙を表す

> **(1) 等価関係（イコールの関係）**
>
> A（自分の主張・結論）＝A'（具体例, エピソード, 引用）
>
> 自分の主張を具体例により証明, 補強する.

> **(2) 対立関係**
>
> A（自分の主張・結論）⇔B（自分の主張と対立する主張）
>
> 対立する考えを持ち出して, 自分の主張を差別化し, 際立たせる.

> **(3)-1 因果関係**
>
> 因果関係
> A（前提, 具体例）→＜だから＞B（結論）
> まずは具体例をあげ, そこから結論を導く.
>
> **(3)-2 理由付け**
>
> 理由付け
> A（結論）←＜なぜなら＞B（理由, 具体例）
> まずは自分の結論・主張を述べ, その後に理由付けをする.

図 4.1　3 種類の論理

> (1) $A \to A' \to A$
>
> (2) $A' \to A$
>
> (3) $A \to A' \to A \to B$
>
> (4) $A' \to A \to B$

図 4.2　論理の流れ

4.3　明文と図の関係

　第 3 章では, あることを人が理解するためには, 現象を構造化し, 樹形図の形で表現することがよいことを述べた. 書きたいことをいきなり文にすることが難しいときには, まずは書きたいことを, 図 4.2 の論理の流れ, あるいは樹形図の形として表現することが望ましい. 図 4.2

表 4.1 論理構築に利用する句・節や文

機能	接続詞や文
(1) 帰結を表す	したがって，それゆえ，その結果，だから，そのために，だからこそ，そんなわけだから 以上の理由から，次のことが導かれる
(2) 理由を表す	なぜなら，なぜかというと（注：この言葉の文末は「…だからである」などの締めくくりの言葉が必要である．） その理由は次のとおりである．なぜかというと，次のような事情があるからである．
(3) 逆接または対照を表す	しかし，それにもかかわらず，けれど，がしかし，というのに，逆に，一方，それに対して，反対に，もう一方では，それとは逆に，これまでとは異なり ところが，もう一方で次のような事実も観察された．
(4) 強調したいところに焦点を合わせる	特に，ここで注目したいのは，必要なことは，重要なことは，忘れてはならないのは，ことわっておくが ここで重要なのは次の点である．ここで忘れてはならないことがある．特に次の点に注目していただきたい．すなわち，…．
(5) 情報の追加を表す	その上，それに加えて，さらに，もまた それだけではない．
(6) 仮定を表す	もし…なら，仮に…だとしたら，…の場合には ここで…と仮定しよう．
(7) 動機・目的を表す	この（目的の）ために これを達成するためには，次の手順に従えばよい．
(8) 類似または相違を表す	同様に，同様にして，同じように，それと並行して，それとは違って，これと異なり 同じことは次の場面でも成り立つ．すなわち，…．
(9) 例示を表す	例えば，例をあげると，例で説明すると このことの典型的な例は次のとおりである．
(10) 言い換えや要約を表す	つまり，すなわち，要するに，まとめていうと，要は 以上の議論を要約すると次のようになる．
(11) 話の転換を表す	ところで，さて，ここで，次に，それはそうと，話を戻すと，余談であるが この問題の考察はこれぐらいにして，さきほどあげた第 2 の問題点の検討に移ろう．
(12) 古い情報を確認する	すでに見たとおり，これからもわかるように，上で示したように，これまで見てきたのは，前節で示したことであるが，思い出していただきたいのだが ここでこれまでの議論を振り返ってみよう．
(13) 有効範囲を表す	今までは，これ以前は，前の章では，この章では，これまでは，ここからは，これ以降では，この論文全体を通して，しばらくの間は，特に断らない限り この条件は本論文全体に渡って満たされるものとする．
(14) 位置確認のため	幸いなことに，残念ながら，一般に，通常は，もちろん，明らかに，確かに，自明に，一般性を失うことなく，この観点から，よく知られているように これは当然である．
(15) 列挙を表す	まず，次に，さらに，…，最後に，第 1 に，第 2 に，第 3 に，… この方法には次の 3 つの利点がある．第 1 の利点は …．第 2 の利点は …．第 3 の利点は …．

を拡張していく場合には，図 4.3 のように示すとよい．なお図の表現については文献 [5–7] に詳しく書かれている．

以下には，図（4.4～4.7）として表現した論理の流れを，具体的な文章にする方法をまとめる．

- 並列型（図 4.4）
- 直列型（図 4.5）
- 分析並列型（図 4.6）
- 分析直列型（図 4.7）

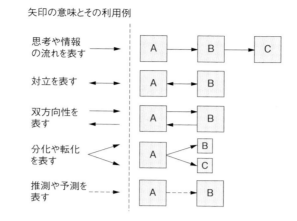

図 4.3 論理の流れの拡張・矢印の意味

図 4.4 並列型のパラグラフ　　図 4.5 直列型のパラグラフ

4.3.1 並列型

図 4.4（並列型のパラグラフ）のような構造をもつ場合は，次の構成のパラグラフとして表現することができる．

> A は a1，a2，a3 からなる．

4.3.2 直列型

図 4.5（直列型のパラグラフ）のような構造をもつ場合は，それぞれの主語が直前の文のキーワードから構成されるパターンである．このパターンは，あるものの働きや行動や，展開する過程を説明するのに有用である．次のような構成のパラグラフになる．

> A とは B である．B は C である．C は D である．D は E である．

4.3.3 分析並列型

図 4.6（分析並列型のパラグラフ）のような構造をもつ場合は，冒頭文中の述部にあるいくつかのキーワード（B，C，D）を各論で1つ1つ分析しながら説明していくパターンである．次のような構成のパラグラフになる．

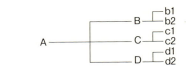

図 4.6 分析並列型のパラグラフ

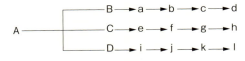

図 4.7 分析直列型のパラグラフ

> A は B, C, D である．B は b1 と b2 である．C は c1 と c2 である．D は d1 と d2 である．

4.3.4 分析直列型

図 4.7（分析直列型のパラグラフ）のような構造をもつ場合は，冒頭文中の述部にあるキーワード（B, C, D）を各論で 1 つ 1 つ説明していくパターンである．述部のキーワード（B, C, D）を順番に取り上げ，それぞれのキーワードをさらに直列的に説明していく．

> A は B, C, D である．B は a である．a は b である．b は c である．c は d である．C は e である．e は f である．f は g である．g は h である．D は i である．i は j である．j は k である．k は l である．

4.4 日本語作文技術について—名著から

ところで，わかりやすい日本語である明文をどのように書けばよいのだろうか．これはとても難しい問題である．日本語作文技術に関係する書籍はたくさんある．読者自身にとって読みやすいものを見つけてほしい．ここでは著者がよりどころとして参照してきた日本語作文技術に関する章末文献 [1]〜[19] のエッセンスを，明文を書くためのルールとして以下にまとめる．
なおルールは次の順番で述べていく．

- 文章を作成する過程のルール
- 日本語作文の全般のルール
- 数式表現のルール

4.4.1 文章を作成する過程のルール

デジタル技術の恩恵を存分に使う： 君たちはワープロを利用して文章を書くはずである．ワープロを利用するのであるから，何度でも修正が可能である．さらに書きやすいところから書き始めることができる．またノートパソコンを利用すれば，書きやすい場所で書くことができる．

（不親切な）読者が求める目的を明確にする： 君がこれから作る文書に対して，読み手が何を求めているのかを確認する．また想定される読み手の層，および，背景知識として読み手が知っていることと，知っていないことを確認する．

文章の構成を最初に十分に考えて書く： 短い文章の場合には，段落（パラグラフ）レベルでの構成案を作る．書こうとする内容の情報構造をつかみ，それに反映するように段落や章，節の構成を決めていく．このときに Word のアウトライン機能が役立つ．またノートや研究室にあるホワイトボードが役立つ．

1つの構成単位には1つの話題しか書かない： 一単位一義のことである．「1つの話題」は文章全体，章，節，段落，文という構成単位の大きさによって変わるが，どの構成単位にあっても，2つ以上の異なる話題を合わせたものを1つの単位に押し込めてはいけない．つまり，一文章一主題，一章（または節）一主題，一段落一話題，一文一義，一語一義となる．結果として文は短くなる．読み手が知らないと予想される言葉は，まずその意味を説明してから使う．

先行オーガナイザー，スキーマ，言語技術に従う： あることを理解するには，先に別のことを知っておかなければならないという，説明の順番に注意する．また説明をする際には，なんらかの規則に沿った順にする．規則には，概要から詳細へ（全体から部分へ），重要度（重点先行主義），論理的説明，時間的経過，空間的な並び方，あいうえお，ABC などがある．

ダブリ・モレ・ズレをなくす： ダブリ（同じ内容が重複して記述されていること，関連する内容があちこちに散らばっている状況），モレ（記述しなくてはならないことが洩れている状態），ズレ（ある事柄に対して，ある箇所の記述と別の箇所の記述が違っている状態）に注意する．これらのことはソフトウェア開発やロジカルシンキングで使われる MECE (Mutually Exclusive and Collectively Exhaustive)，ミッシーもしくはミーシーの「モレなし，ダブリなし」と同様の概念である．

推敲をする： 他人に見せる文章は，書き終わってから最低1回は読み返す．複数回見直してほしい．推敲については 4.5 節で詳しく述べる．

4.4.2 日本語作文の全般のルール

主語と述語を対応させる： 1つの文の途中で主語を変えない．また，主語と述語が一致しない文を書かない．

文は短くする： 短くすることで，1つの文の中に違った事項が複数ないようになる．短くするためには，(1) 前後の文章の論理的関係が曖昧にならないように連用形「・・・であり，・・・

し，・・・され，・・・であり」で文章をつなぐのをやめるようにする．(2) つなぎ言葉として「・・・が，」を使わないという方法がある．「が」を使いたいような場合は，いったん文章を終わらせる．そして，「しかし」，「にもかかわらず」，「ところで」，「さて」で始まる文にできないかを検討する．

修飾語と被修飾語とは隣り合わせる：修飾語と被修飾語とは隣り合っている（連続している）のが最もよい．隣り合わせるのが難しいときは，修飾語と被修飾語とは，なるべく近くにおくように配置する．また，修飾語が，直後の語を修飾しないことを明示するには，修飾語の後に読点（，）を打つようにする．

なくてもよい言葉は使わない：例えば「約，くらい，ほど，ばかり，等，など，のような，という，ということ，というもの」，「のである，わけである，であろう，と言えなくもない，ことになる，言うまでもない，ということは明らかである」，「大いに，非常に，大変，きわめて，はるかに，かなり」などである．

二重否定を使わない：二重否定とは，「・・・ができないわけではない」というような文である．これは「・・・ができる」と表現した方がよい．

「こと」，「もの」はできるだけ使わない：「こと」，「もの」は，具体的な言葉で置き換えることができるときには，置き換える．例えば，「この本の章の順序は，大きなことから小さなことへという順に配列しました」は「この本の章の順序は，大きな事項から小さな事項へという順に配列しました」とする．同様に「これ」や「それ」でなく，「このような・・・」や「この事態」と書き換えるとよい．代名詞を用いる代わりに，その指す名詞を別の言葉（代示）に置き換えるという方法もある．ただし，代示を使うことにより，一概念一単語の原則が守れないこともある．

原則として「の」は 2 つ以上は続けて使わない：助詞の「の」や「で」は文を曖昧にすることがあるため，より具体的な言葉に置き換えられるときは，置き換える．例えば，「において」，「によって」，「を用いて」，「という理由で」，「であって」などを使うとよい．

漢字とかなを適切に使う：原則として，文を形成する名詞，動詞，形容詞，形容動詞の主要な語を漢字で，その他の語をかなで書く．結果として次の表 4.2 のようになる [15]．学会によっては同様なことが執筆のルールとしてまとめられている．ワープロを使うと漢字が多くなる傾向があるので，漢字ばかりを続けない，ひらがなばかりを続けないようにするとよい．

読点を適切に使う：読点は誤解を避けたり，読みやすくするために打つ．一般的には「従属節と主節とのあいだ」，「長い主語の後」，「並列にならぶ語句のあいだ」，「接続詞・感嘆詞・呼びかけの後」，「すぐ後の語を修飾するのではないことを示す」，「漢字の熟語が続くとき」などで使う．

4.4.3 数式表記のルール

情報科学分野には数式の塊のような論文もある．このような論文を作成するには数学に関す

表 4.2 漢字とひらがなの使い方

あまり使わない	このように書く場合が多い
及び	および
並びに	ならびに
初めて	はじめて
再び	ふたたび
或る	ある
即ち	すなわち
但し	ただし
従って	したがって
然し	しかし
併し	しかし
各々	おのおの
普通	ふつう
沢山の	たくさんの
色々の	いろいろの
他の	ほかの
…の通り	…のとおり
…する時に	…するときに
…と言うことは	…ということは
出来る	できる
分かる	わかる
判る	わかる
行う	おこなう
始める	はじめる
覚える	おぼえる
私達	私たち
我々	われわれ

る論文作成についてのノウハウが必要になる．これらのノウハウは慣習や暗黙であることもある．これまでは，印刷する際には数学文書の印刷の専門家が，数学記号の表記のチェックをしてくれていた．ところが，最近は LaTeX や Word での入稿も増えたため，研究者自らが数学記号の使い方やその印刷に関するノウハウを知っている必要がある．

ここでは文献 [20,21] で述べられている，数学記号の表記方法についてまとめる．

略語由来の記号はローマン体（立体）： 数式はイタリック体 x や $f(x)$, $a \in S$ のように書く．x や f(x), a ∈ S のようにローマン体は使わない．しかしながら，略語に由来する複合数学記号の表記にはローマン体を用いる．複合数学記号の例には，$\dim$ (dimension), $\lim$ (limit), $\log$ (logarithm), $\sin$ (sine), $\min$ (minimum), $\max$ (maximum) などが該当する．これらの記号は dim, lim, log, sin, min, max のように書いてはいけない．なお，待ち行列理論で利用するケンドール記号も M/M/1 や GI/G/s, H_2/G/1 と表記する．イタリック体を用いて $M/M/1$ や $GI/G/s$, $H_2/G/1$ とは書かない．ただし，これらの表記については例外もあるので注意してほしい．

分数の表記： 文中や指数中の分数表記は $2/3$, df/dx, $a^{1/2}$, $3^{-1}S$ $(S/3)$ と書くのが望ましい．これらの分数表記を $\frac{2}{3}$, $\frac{df}{dx}$, $a^{\frac{1}{2}}$, $\frac{1}{3}S$ のように書くと，見づらくなる．

句読点とスペース： 半角ピリオドや半角コンマの後には，半角スペースが必要である．3点リーダー（...と…）の使い分けも注意してほしい．$x_1, x_2, \ldots, x_n$ と $x_1 + x_2 + \cdots + x_n$ のように用いる．

4.5 推敲作業

最後までドキュメントを書いたからといって，そのドキュメントは完成したとは限らない．ドキュメントにはタイプミスや誤字脱字などの誤りは必ずといって存在するものである．また，意味がわからない箇所が必ずある．これらの誤りを見つけ，より文章を洗練していくことを推敲と呼ぶ．指導教員が見てくれるからと，推敲をせずに提出するのではなく，初稿を指導教員に提出する前にも，必ず推敲を実施してほしい．なお，情報系の学生は，プログラミングの演習などでコンパイラの経験がある．タイプしたプログラムが1回でコンパイルをパスするのはまれであるし，パスしたとしても論理エラーが含まれていることもある．いわば推敲に相当する作業をプログラムでは経験しているのである．

以下の小節では，まず推敲作業のポイントを示す．次に『数学文章作法 推敲編』[22] に書かれている推敲の心構えについて説明する．最後に筆者の研究室学生の指導における，いくつかの誤りの例を紹介する．

4.5.1 推敲作業のポイント

ドキュメントを書いた後には，必ず推敲をするように心がけてほしい．そのドキュメントが指導教員と連名であって，指導教員に見てもらうものであっても，まずは第1著者の君自身で必ず推敲をしてほしい．"どうせ先生に修正されるのだから推敲もせずに提出してしまえ"と考えるのは簡単であるが，しつこく，推敲をしてほしい．推敲はまさに考えることである．「考える」とは頭の中で言葉を駆使して文章を書いては添削していくことである．初稿の考えでもって責了とせず，再校，三校へと深めていく必要がある．ただし，完璧を求めすぎて自分を必要以上に追い込むことはない．

推敲のときには，パソコンの画面だけを見るのではなく，ドキュメントを紙に印刷した原稿を見ながら進めてほしい．パソコンで推敲をするときには，ワープロソフトやエディターの検索や検索・置換機能を駆使して行ってほしい．検索機能，検索・置換機能を上手に利用すると，タイプミスや誤字脱字のミスをかなりの高い確率で減らすことができる．また，1ヵ所を修正したら，文章全体，最低限でも修正箇所前後の文やパラグラフにも目配りをしてほしい．このことを怠るとドキュメント全体の統一性や一貫性が失われることになる．

パソコンで推敲するにしても，紙で推敲するにしても，そのドキュメントを書いたときとは違う環境で行うとよい．例えば，原稿を研究室や下宿で書いていたのならば，推敲はカフェや図書館，通学の電車やバスの中で行うなど，場所という環境を変えてみることを勧める．また，深夜に書いたのであれば，起床してから推敲するなどである．

紙に印刷して推敲をするときには，電源などの問題もなくなる．推敲するための自由度が上

がるのである．その際には紙の次の特性を活かしてほしい．

1. 携帯に便利である．
2. 電源が必要ない．
3. 目の疲れがパソコンに比較して少ない．
4. 並べて一度に複数見ることができる．
5. 全体を把握しながら細かい部分も把握ができる．
6. 見る場所や置く場所に困ることが少ない．

なお，パソコンの画面で推敲をするときの問題点には，1つのページしか十分の大きさで表示できないことがある．また，大きいページは全体を小さく映し出すか，部分的に大きく映し出すことしかできない．

推敲の際には，次のことを意識しながらするとよい．

1. 論理展開の明確性
2. 曖昧な表現の有無
3. 読み手の立場で書いているか
4. 用語などの誤り

なお，自分なりのチェックリストなどを手元に置きながら進めるとよいであろう．チェックリストとしては，例えば表 4.3 などである [17]．さらに，研究室の指導教員から指導されたことをチェック項目に追加し，自分の文章の精度を高める工夫をしてほしい．

推敲の際には以下のことを行うとよいとされている [17]．

1. 時間を少しおいてから読み返す．いつもと違うところで読む．
2. 声を出して読んでみる．
3. 他人に読んでもらい，忌憚ないコメントをもらう．
4. 読み手の立場で読んでみる．
5. 推敲作業は細切れ時間でできる．さあ推敲するぞと取り組んでもよいし，気分転換として取り組んでもよいであろう．
6. 時間をかけたからよいと思い込まず．集中して推敲する．

4.5.2 具体的な推敲の方法

書いたドキュメントは，推敲することにより，その内容を洗練させなくてはならない．文献 [22] で紹介されている推敲の方法を以下にまとめよう．これらの方法を使い分けることで，違う視点で推敲できるという効果がある．これらはいわば第 5 章で述べる視点転換フレームワークの推敲版である．

ローラー・フェーズ・メリハリ作戦： 推敲のときにはローラー作戦（まんべんなく読む），フェーズ作戦（観点を変えて繰り返し読む），メリハリ作戦（修正箇所を念入りに読む）がある．

ローラー作戦はドキュメント全体をまんべんなく推敲することで，ドキュメント全体の品質を向上させるようなときに用いるとよい．フェーズ作戦は，ドキュメントを読む際の観点を切り替えていく方法である．具体的な観点には誤字脱字，用語，図表，図表の参照箇所，事実関係，主張の真偽，論理展開，見出しなどがある．例えば，最初の推敲では，誤字脱字だけに集中して行うといったことなどが該当する．メリハリはまんべんなく読むのではなく，特定の章や節などを重点的に推敲することである．

文章で表現できるのか再考する： 何度直しても文章で表現することが難しいときもある．そのようなときには，文章で表現することにこだわらず，図表，グラフ，関係図，数式などで表現することも考える．

意地悪な人や不親切な人になる： 推敲するときには，わざと意地悪で不親切な読み方をするようにする．これにより誤解を与えるような表現を改善することが可能になる．

音読する： 音読することにより，言葉のつなぎなどの問題点が明らかになることがある．音読は自分がするという方法だけでなく，音読ソフトウェアを利用したり，友人に音読してもらうなどの方法もある．

メディアを変える： 作成したドキュメントをディスプレイで読んだり，プリントして紙で読む．ディスプレイ上で推敲する際にも，ディスプレイのサイズを大きくしたり（プロジェクタで投影する），小さくしたり（タブレット端末に表示）することで，視点を変えることができる．

場所を変える： ドキュメントを書いた場所とは違う場所で推敲する．例えば，研究室以外の部屋や大学図書館で推敲するなどの方法がある．プリントアウトしたものを，電車の中，カフェなどで推敲するなどの方法がある．

疲れたときに読む： 疲れていないときに推敲することは大切である．しかし，判断力や集中力が鈍ってきたような疲れた状態で推敲することにより，誤った箇所や読みづらい箇所が見つかりやすくなることもある．疲れたときにした推敲だけで終わらせるのではなく，疲れていないときに改めて推敲することも大切である．

ランダムなページを読む： 一般的な推敲は，ドキュメントの最初のページから始めるであろう．しかし，あえて途中のページを適当に選びながら推敲するという方法もある．いわば，製品検査におけるランダムサンプリング検査である．

4.5.3 エム君の間違い例

学部 4 年生のエム君[1]は成績が悪いわけではない．成績評価指標 GPA（Grade Point Average，累積成績評価平均点，評定平均値）でクラスの中の順位を決めるとすると，むしろ上位に位置する．また，日本語作文能力が他の学生に比較して著しく劣っているわけでもない．しかし，彼は学会への原稿を投稿するたびに，他の学生以上に文章の修正に時間がかかる．他の

---

[1] これまでにたくさんの学生の文章を校正してきた．毎年，同じ台詞を言っている自分がいやになってくることがある．そこで想像上の学生として Mistake 星の M 君を考えることにする．SF 作家の星新一氏の著作にならい，M 君をエム君と称することにした．決して特定の学生の頭文字ではない．

表 4.3 推敲するときのチェックポイントの例

区分	チェック項目	結果
論理展開は正しいか	(1) 文章の中心になる考えはしっかりしているか.	
	(2) 説明の流れは自然で，矛盾や乱れはないか.	
	(3) 内容の抜けや重複はないか.	
	(4) 主題から外れたことを書いていないか.	
曖昧な表現はないか	(5) 意味が曖昧な表現はないか.	
	(6) 新しい用語や概念を十分に説明しているか.	
	(7) 説明内容に曖昧性はないか.	
	(8) 抽象的，曖昧な表現でなく，具体的な言葉，数字で書いているか.	
	(9) 1つの文が長すぎないか.	
読み手の立場で書いているか	(10) 表現はやさしく，簡潔か.	
	(11) 読者への指示は，肯定形になっているか.	
	(12) 項目の配列は利用者からみて適切か.	
用語などの使い方に誤りはないか	(13) 漢字，送りがなの誤りはないか.	
	(14) 一般的な用語の使い方は正しいか.	
	(15) 句読点の使い方は適切か.	
	(16) パラグラフは適切な長さになっているか.	
	(17) 不適切な言葉遣いはないか.	
自分の意見と他のものを区別しているか	(18) 事実と意見を区別できるように書いているか.	
	(19) 引用はそうであると明確にわかるようになっているか.	

学生の数倍の時間がかかることもざらである．なぜこれほどかかるのかを考えてみた．彼のミスのほとんどは「予防することができる失敗」である．実際に彼がよく起こす「予防することができる失敗」を整理してみる．以下に示したことを起こさないようにドキュメントを作成するだけで，読者のドキュメントの質は向上する．

英単語のスペルミスが多い： 英文アブストラクトの英単語，論文中で用いる英単語にスペルミスがある．このスペルミスは Word などのスペルチェック機能を使うというひと手間で，簡単に修正できることである．なおスペルチェック機能はあくまで英単語の綴りをチェックするだけであるから，適切な英単語が使われているかもチェックしてほしい．例えば but を bat と書いてしまったような場合は，注意を要する．

数式の変数を一貫性なく適当に使う： 数式の変数には小文字，大文字，ギリシャ文字を使う．その際，一貫性がなかったり，分野で常識的に使われている変数を使わず適当に使ったりするため，読者に混乱を与える．読者は変数をみた瞬間に，その変数が物理的にどんな意味があるのか，それまでの学習経験に基づいて予測しているはずである．例えば，小文字の t を使えば時刻を，大文字の T を使えば周期だと予測する．

形式的な誤りが多い： 参考文献として論文，書籍を引用していることを示すためには参考文献リストを，その書き方のルールに従って書く必要がある．しかし，デジタルファイルをコピーして使っていくと，最初に書いた参考文献リストの書き方が誤っていると，コピーしたものには誤りが残っている．そのため誤りが誤りが生んでしまうことになる．

見本を真似しない： 研究の新規性やオリジナリティは，研究内容で表現するものである．他人の研究を真似してはいけないが，研究内容の表現方法に関しては，自分の表現方法だけに

こだわり続けるのでなく，他人の論文や文章読本などの見本を参考にした方がよい．やはり日頃から，いろいろな本や論文を読み，日本語の書き方，論理的な思考の訓練をしてほしい．

フォルダーを使いこなしていない：ドキュメント用のフォルダーを作成せずにデスクトップに，たくさんのファイルをおいている．そのため該当ファイルを探すことに苦労している．ファイルには適切な名前をつけ，適切な名前のフォルダーに収める方が，探しやすいはずである．ファイルが少ないうちは問題ないのであるが，多くなると必要なファイルを探し出すのに苦労することになる．

ソフトウェアの基本機能を使いこなしていない：Word やエディターなどの論文作成に利用するソフトウェアを使いこなしていない．例えば，検索や置換などを使いこなせないため，誤りを一気に修正することができていない．

ファイル名を変更しない：修正した内容を上書き保存してしまい古い内容を残していない．古い内容は本人が作成した財産であるが，それを消してしまう．上書きをせずにファイルを残していれば，添削を例えば 10 回受けたのであれば，ファイルは 10 個以上あるはずである．これらのファイルは次のドキュメントを書くときの貴重な財産になりうる．

LaTeX のエラーを修正するのに時間がかかる 1：LaTeX で文章を書く際，コマンドを適切に使わないと，エラーと判定され，最終的なプリント可能ファイル（dvi や，ps，pdf）が作成されない．このエラーをなくすのに時間を要する．これを防止するためにも，段階的に作業を進めてほしい．まずは少し変更しエラーが出たような場合は，変更箇所がエラーの原因になっていることが多いのだから，変更箇所からエラーが出ないように修正・確認をする．それから次の作業に移ってほしい．確かめずに，大きな変更をすると，複数のエラーが出力され，エラーをなくすのに時間がかかってしまう．

LaTeX のエラーを修正するのに時間がかかる 2：LaTeX で文章を書く際，同じ学会に投稿するのであれば，ほとんどの場合，ヘッダー部分の変更は不要である．以前作成したソースファイルをコピーすれば，ドキュメント作成は開始できるはずである．しかし，ヘッダー部分を新たにタイプするときがある．こんなことをするから出るはずのないエラーが出てしまい，修正に時間がかかってしまう．

同じ誤りを繰り返す：ある箇所の間違いを指摘すると，そこだけしか修正しない．間違いを指摘されたのであれば，その箇所を修正するのはむろんである．さらに同じような間違いがドキュメントの他の部分にもないのかも調べ，修正をしてほしい．教員も間違いを見落とすことがあるからである．

取りかかりが遅い：文章作成には相当な時間がかかる．しかし，いつも締め切り直前にしか文章作成作業に取りかからない．結果として，焦りが生じ，ミスがミスを呼ぶような状況を自分で作っている．

きれいな図を書くことを目的にすることがある：ドキュメントで利用する概念図やモデル図を書くことに時間をかける．しかし，その図の説明を，文章として曖昧性なく説明することができないことがある．図だけが美しくてもその説明ができていないと，ドキュメントと

しては失敗である．

苦労した過程を書きたがる： 人はどうしても苦労した部分を長く書きたがる．しかしながら，苦労した部分が重要だとは限らない．苦労した部分については，場合によってはまったく書くことができないときもある．例えば，研究においてアンケート調査をすると，アンケート実施・集計処理には時間がかかる．しかし，論文では最終的に得られたアンケート集計結果だけを利用することが多いため，集計結果は数枚の図表だけで表現することもある．場合によっては図表も使わず，一文だけで説明することもある．

参考文献を活用しない： 参考文献欄に参考文献を書く．参考文献は先行研究について言及する際に使うこともあれば，参考文献の手法を使うこともある．ただあげているだけで参考文献欄を使うのであれば参考文献にする必要はない．

適切な参考文献を引用しない： 個人のブログなど背景の怪しい url や資料を引用することがある．

図 4.8　シャノンの通信系モデル [24]

図 4.9　通信系の抽象化されたモデル [23]

```
┌─ 演習問題 ─────────────────────────────────
│
│  設問 1   図 4.8 はシャノンの通信系モデルである．この図を用いて情報源から通信文が受
│          信目的へ届くまでについて説明せよ．また図を利用せずに説明せよ．
│  設問 2   図 4.9 は通信系の抽象化されたモデルである．この図を用いて情報源から通報が
│          受信目的へ届くまでについて説明せよ．また図を利用せずに説明せよ．
│  設問 3   研究室配属までに作成したレポートから悪文を見つけ，自分の悪文の傾向を明ら
│          かにせよ．またその防止策を考えよ．
│  設問 4   研究室配属までに作成したレポートを推敲し，推敲の結果，どのくらい改善され
│          たか友人と比較せよ．
│  設問 5   4.5.3 項「エム君の間違い例」で述べたことを防止するためにはどのような方法があ
│          るか考えよ．パソコン OS やソフトウェアの機能で防止できそうなことを考えよ．
│
└────────────────────────────────────────
```

参考文献

[1] 阿部圭一, 『明文術　伝わる日本語の書きかた』, NTT 出版 (2006).

[2] 杉原厚吉, 『どう書くか―理科系のための論文作法』, 共立出版 (2001).

[3] 出口汪, 『出口 汪の論理的に書く技術』, ソフトバンククリエイティブ (2012).

[4] 石黒圭, 『文章は接続詞で決まる』, 光文社 (2008).

[5] 久恒啓一, 『図で考える人は仕事ができる』, 日本経済新聞社 (2002).

[6] 久恒啓一, 『図で考えれば文章がうまくなる』, PHP 研究所 (2008).

[7] 久恒啓一, 『図解で身につく！ドラッカーの理論』, 中経出版 (2010).

[8] 輿水実, "明確に書くための 10 の原理", 『文章：書く技術・読む楽しみ　人生読本』, 河出書房新社, pp.119 (1978).

[9] 小山修三, 『梅棹忠夫　語る』, 日本経済新聞出版社 (2010).

[10] 梅棹忠夫, "自分で納得のいく文章をかくこと", 『文章：書く技術・読む楽しみ　人生読本』, 河出書房新社, pp.65–67 (1978).

[11] 野内良三, 『伝える！作文の練習問題』, NHK出版 (2011).

[12] 岩淵悦太郎, 『悪文　第3版』, 日本評論社 (1979).

[13] 佐竹秀雄, "悪文のパターンと出現のメカニズム", 公益社団法人日本広報協会・広報研究ノート・広報技術（月刊「広報」1997年5月号初出）, http://www.koho.or.jp/useful/notes/technical/technical01.html.

[14] 戸田山和久, 『論文の教室―レポートから卒論まで―』, 日本放送出版協会 (2002).

[15] 木下是雄, 『理科系の作文技術』, 中央公論社 (1981).

[16] 木下是雄, 『レポートの組み立て方』, 筑摩書房 (1994).

[17] 佐藤健, 『SEのための「構造化」文書作成の技術』, 技術評論社 (2008).

[18] 野口悠紀雄, 『「超」文章法』, 中央公論新社 (2002).

[19] 柳瀬和明, 『『日本語から考える英語表現』の技術　「言いたいことを伝えるための5つの処方箋」』, 講談社 (2005).

[20] 結城浩, 『数学文章作法　基礎編』, 筑摩書房 (2013).

[21] Victor O. K. Li, "Hints on writing technical papers and making presentations", *IEEE Transactions on Education*, Vol.42, No.2, pp.134–137 (1999).

[22] 結城浩, 『数学文章作法　推敲編』, 筑摩書房 (2014).

[23] 本多波雄, 『情報理論入門』, 日刊工業新聞社 (1960).

[24] 高橋秀俊, 『岩波講座　情報科学〈1〉情報科学の歩み』, 岩波書店 (1983).

第5章
アイディアを生み出す方法

□ 学習のポイント

アイディアとは，思いつき，新奇な/新規な工夫，着想などと訳される．研究には2種類のアイディア (idea) が欠かせない．1つは学術的な意味での新規性を支えるアイディアである．この新規性には，新しいアルゴリズムや手法を提案する，手法自体は新しくはないが新しい分野に適用例を示す，手法も対象も従来と同じであるが新しい解釈を与えた，が含まれる．

もう1つはドキュメントのまとめ方におけるアイディアである．これは新規性というよりも，自分のしてきた研究をどのようにして表現するかという着想，構想というアイディアである．このアイディアはこれまでも説明してきたアウトライン，目次を考えるときに重要な働きをする．

本章では，アイディアを生み出す方法をいくつか紹介する．最初にこれまでに提案されてきた情報収集，自由発想，視点転換，発想支援に関するフレームワークをまとめる．また，著名人の方法を紹介する．次に，読書の有用性について多角的な視点からまとめる．なおフレームワーク (framework) とは，何らかの「型」を意味する言葉である．つまり型破りなアイディアを出すためにも，まずは「型」を学ぼうというわけである．

この章を通して以下のことを知り，自分なりの方法や技法へと発展させていってほしい．なお，ここで述べた方法の多くは原稿推敲にも応用可能であろう．また前章でのエム君の間違い例で述べたようなミスを防ぐような場合にも利用できる．

- アイディアを生み出すためにはいろいろなフレームワークや方法が提案されている．しかし，万能な特効薬ではないことを理解する．
- アイディアを生み出す方法，ドキュメントを書く前に考えを整理するときにいろいろな方法があることを理解する．
- 情報収集のフレームワークについて知る．
- 自由発想のフレームワークについて知る．
- 視点転換のフレームワークについて知る．
- 発想支援のフレームワークについて知る．
- 著名人の発想法について知る．
- 読書でしか得られないことがあることを理解する．

□ キーワード

アイディア発想のためのフレームワーク，情報収集，自由発想，視点転換，発想支援，読書，視写

5.1 アイディア発想のためのフレームワークの紹介

　無責任なことを書いているのかもしれないが，ドキュメント作成のような知的生産をするための絶対的な方法論やノウハウは存在しない．また，ある人に適した方法論やノウハウが，自分にも適しているとは限らない．また，あるケースではよかった方法論やノウハウが，別のケースでは通用しないこともある．自分なりの方法をもつにしても，先人の方法を知っておくと，改良がしやすくなるであろう．

　ここではアイディアを出すためにはどのような方法があるのかをまとめていく．アイディアという言葉はいろいろな状況で使われる．大きく分けると2種類がある．

　1つは，アイディアとは，思いつき，新奇な工夫，着想などと訳されるものである．研究にはアイディア (idea) が欠かせない．学術論文では新規なアイディアとは何かという問いに，明確に回答できることが問われる．例えば，君の研究において新しいアルゴリズムを提案するのであれば，新規性が問われる．他人の論文で発表されたアイディアを発表しても新規性がないことになってしまい，学術論文としては採択されないことになってしまう．

　さらに別の意味でのもう1つのアイディアが必要になる．研究成果をドキュメントにまとめる段階でのアイディアである．これは新規性というよりも，自分のしてきた研究をどのようにして表現するかという着想，構想というアイディアである．これまで述べてきたようにドキュメントを書くためには，考えをまとめる段階が重要である．その際には，MECE (Mutually Exclusive and Collectively Exhaustive) というアプローチもまた重要であることにふれた．また，アウトライン，目次を考えるという点もまた重要である．MECE，アウトライン，目次を考える際にもアイディアは欠かせないものである．

　ただし後述するが，「今まで誰も思いついたことがないすごいことが，頭の上に電球がパッと灯るようにひらめくこと」（検索サイトで"idea"を画像検索すると表示されるような）というようなアイディアばかりではない．アイディアの多くは既存のものの組み合わせと考えた方がよい．例えば，カップ麺はインスタントラーメンとプラスチック容器を組み合わせたものであると考えることができる．他にも電気自動車は自動車とモータ，携帯電話は電話とカメラなどと考えることも可能であろう．新しい論文だからといってすべてが新しいわけではなく，すでに存在している参考文献の上に立っていると考えれば，やはり組み合わせと考えることができる．

　ところで，アイディアはどのようにすれば出てくるのであろうか．ここではいくつかの方法を紹介する．アイディアは既存の要素の新しい組み合わせであるといわれている．そのために次の要素が大切になる [1]．

- 情報収集のフレームワーク
- 自由発想のフレームワーク
- 視点転換のフレームワーク
- 発想支援のフレームワーク

ここでフレームワークとは，分析ツールや思考の枠組みのことを意味する．例えば情報収集のフレームワークは，情報収集を効率的に行うために注意することなどをまとめたもので，誰でも利用できるように整理されている．

ここでは以下の小節で情報収集，自由発想，視点転換，発想支援をすることを目的に開発された方法論を示す．また，3人の著名人の方法，演繹的アプローチ，帰納的アプローチについても述べる．

アイディアをなかなか出せないとき，研究に煮詰まったときには，局面を打開するために，ここで紹介するいろいろな方法を試してほしい．ここで紹介する方法の一部は，それだけで書籍になっているものもある．関心のある読者は，いろいろと調べてほしい．書店ではビジネス書のコーナーにおかれていることが多い．

なお，便宜上，紹介する方法論，開発目的を分類しているが，用途を限定するものではない．また，我々は日頃から名前こそ知らないかもしれないが，これらの方法を利用していたりすることが多い．

5.1.1 情報収集のフレームワーク

新しい情報を幅広く入手したいとき，ある製品やプロトタイプに関する本音を開発者から引き出したいとき，環境の構造や変化を読み解きたいときの方法論として以下の3種類の方法を紹介する [1, 2]．

- カラーバス
- 変化と兆し
- ロールプレイング

カラーバス

人は特定のテーマを意識すると，今まで気がつかなかったことに気がついたり，関連する情報に無意識に気がつくようになる．このような現象を，まるで色を浴びるという意味でカラーバス (Color bath) という．

人はいつも客観的に物事を見てはいない．見たいものを主観的に見ている．知覚の選択性である．つまり，見たいものを選択しているのである．情報収集のときには，漠然と対象を見るのではなく，課題，目標，関心といったテーマについて問題意識をもって見ることである．問題意識をもった状態で，論文を読んだり，講義を聞いたり，散歩をしたりすると，それまでは気がつくことがなかった情報に気がつくことがある．情報収集を目的として散歩をするようなときには，五感（視覚，聴覚，嗅覚，味覚，触覚）を駆使するとよい．

カラーバスはいろいろな場面で体験しているはずである．例えば，数ヵ月前には図書館や書店を歩いても目に飛び込んでこなかった書籍が，テーマや課題を意識して歩いていると，関連する情報に関する書籍として見つけ出すことがある．このことはまさにカラーバスである．さらにカラーバスの積極的な活用シーンとしては，論文などのドキュメントの推敲がある．闇雲に推敲をするのではなく，推敲をする前にあらかじめチェックリストを

作り，推敲のたびに「今回はリストの○○についてチェックする」と意識するだけでも，誤りを発見する確率が高くなる．

変化と兆し

直接現場に足を運び調査するフィールドワーク（またはエスノグラフィー）をすると世の「変化や兆し」を見つけることができ，発想のヒントになることが多い．「変化や兆し」に気がつきやすくするためには，表 5.1 に示すようなマトリクスの各項目を埋めていくとよいとされている．同様に目にするものに「驚きと疑問」をもつように意識したりすることもよいであろう．また，現時点では非常識，特殊例であると捉えられているような現象を，実は未来や変化を先取りした現象と捉えることも大切である．例えばインターネット通販サービスである．そのサービスが始まったころは，実際の商品を見ないでネットで商品を買うなんてという否定的な意見も多かった．しかし，今では商品によってはネットで買うのが当たり前になっているものもでてきている．

人には知覚の選択性がある．そのため，先入観で「○○のはずだ」と決め込んでしまうと，その先入観を肯定する情報ばかりに目が行き，変化や兆し，あるいは否定する材料が見えなくなってしまう．グループやチームのメンバー全員が最初から肯定的な意見をいっているような場合は，変化や兆しを見逃していることもあるので，むしろ注意した方がよい．

ロールプレイング

いつもと違う立場の役割を実際に演じて，その役割対象者が体験していることを感じることで，普段は見過ごしがちな情報を得る方法である．日本語では役割演技と呼ぶ場合もある．例えば，君が子供向けのゲームなどのアプリケーションを開発しているのであれば，腰を屈めるなどして実際に子供と同じ身長になるようにして，子供のような振る舞いでアプリケーションを操作し，その問題点や改善点を体感的に気がつくような状態にすることがある．

ロールプレイングを実践するとき，慣れないうちは役になりきることができない人も出てくる．そこで，表 5.2 に示すような PDCA (Plan → Do → Check → Action) サイクルに沿って進めていくとよい．なお，PDCA はあらゆる組織で目標を達成するためによく用いられる．

ロールプレイングは情報収集だけでなく，発想やアイディア表現でも利用できる．例えばインプロ法やアズイフ（視点転換のフレームワークとして後述する）へ応用されている．ここで，インプロ法のインプロとは即興 (improvisation) という意味である．この方法では，台本やシナリオもなく，リハーサルすることなく，メンバーでスキット（寸劇）を創作していく．例えば新しい図書館の運用ルールを考えるような場合に，いろいろな利用者

表 5.1 変化と兆しのためのマトリクス

	過去にあったもの	過去になかったもの
現在もあるもの	変わらずあるもの	新しく現れたもの
現在はない	なくなってしまったもの	まだ現れないもの

を即興で作りながら，ルール作りにつながるような様々な事例やハプニングを発見していくことができる．

表 5.2 ロールプレイングにおける PDCA のサイクル

サイクル	内容
P (Plan), 企画する	場面設定を決める．登場する配役を決める．配役の役割シートを用意する．配役には例えば，顧客／企業，上司／部下，開発／営業，先生／生徒，保守／革新など相反する立場の職業を考えるとよい．
D (Do), 演技をする	演技者と観察者に分かれる．設定に従って演技をする．観察シートに記録を取る．
C (Check), 振り返る	演技者からの立場での思いや感想を発表する．観察者からのフィードバックを演技者にする．双方で対話を深める．
A (Action), 改善をする	気がついたことをどう活用するか考える．一連のプロセスを振り返る．ロールプレイを改善する．

5.1.2 自由発想のフレームワーク

アイディアをとにかくたくさん出したいとき，枠を外してアイディアを膨らませたいとき，多くのメンバーで対話を膨らませたいときの方法として以下の 4 つの方法を紹介する [1, 2]．

- ブレインストーミング
- しりとり法
- マインドマップ法
- マンダラート法

ブレインストーミング

　ブレインストーミングは連想する言葉をつなげていくことによりアイディアを創出する方法である．そのためアイディアの連鎖を途切れさせないことが重要となる．連鎖を途切れさせないために，次の 4 つのルールがある．これらのルールを守りながら，多人数で意見交換をしていきながらアイディアを創出する．なお 1 人ですることも可能である．

(1) 批判厳禁 (Defer judgement)：すべてのアイディアは何かの役に立つと考える．そのためアイディアが出された時点では評価も批判もしない．

(2) 自由模倣 (Encourage wild ideas)：突拍子もないアイディアを歓迎することで，発想を広げていく．また，自由闊達なリラックスした場にしていく．

(3) 質より量 (Go for quantity)：たくさん出せば発想の枠が外せ，その中に面白いアイディアがあると考える．量があれば，それを整理していくなどで新たな知見や切り口は後で作ることができるからである．

(4) 便乗歓迎 (Build on the ideas of others)：他人が述べたアイディアと重なっても構わない．他人が述べたアイディアをヒントにして追加的なアイディアを述べたり，切り口を変えたり，表現を変えたりするのもよい．他人のアイディアをよりよくしていく

という発想も大切である．

しりとり法

子供の頃，誰もが遊んだ「しりとり」を，アイディアを発想するために活用する．「しりとり」は，最初に適当に述べた単語（語尾が"ん"とならないような）の語尾の音から始まる単語を，2番目の人が述べる．続く3番目の人は，2番目の人が述べた単語の語尾の音から始まる単語を述べる．このことを繰り返していく．「しりとり」が終わるのは，語尾が"ん"で終わる単語が出たとき，あるいはそれまでに述べられた単語が再び述べられたときである．なお，"ん"とは違う音を終わる音にするとか，単語の分野を制限するなどしてもよい．

「しりとり」は，ただひたすら語尾の音から始まる言葉を機械的に続けていく．音だけに着目するだけなので，意味や関連性とは無関係となる．そのため，先入観に偏らない方法で新しいアイディアの創出につなげていくことができるといわれている．

マインドマップ法

樹木は太い幹から枝へ，枝から細い枝へと枝を広げていく．このような樹木が枝を広げていくように，頭にあるアイディアをどんどん周辺へと拡散させていく方法がマインドマップである．図5.1に，卒業論文の構成を考えた際のマインドマップを一例として示す．マインドマップの作成の仕方は以下のとおりである．なおマインドマップ作成を支援するようなソフトウェアもある．

1. 検討したいテーマを中央におく．
2. 中央から太い幹上に線を伸ばしテーマと関連するキーワードやアイディア，短い文章を書く．
3. 太い幹から枝上の線へは派生して出てきたキーワードやアイディアを書く．
4. 全く違うカテゴリーのアイディアが出てきたときは，太い幹上の線を追加するとともに，アイディアを書く．
5. これを繰り返していくと頭の中が整理されていく．

マンダラート法

マンダラートと呼ばれる9個 (3×3) のマスが書かれた紙を用意する．まずマンダラートの中央のマスに，考えたいテーマを書く．次にそのテーマから，連想できること，関連すること，構成する要素，思いついたことを言葉として，周りの8マスに入れていく．次に，この8マスから気に入った言葉を新しい考えたいテーマとして取り出し，同じことを繰り返す．この繰り返しによりアイディアを整理していく．

5.1.3 視点転換のフレームワーク

強制的にでもアイディアを発想したいとき，アイディアにひねりを加えて発展させたいとき，そもそもの課題や前提を捉え直したいときの方法として以下の7つの方法を紹介する．

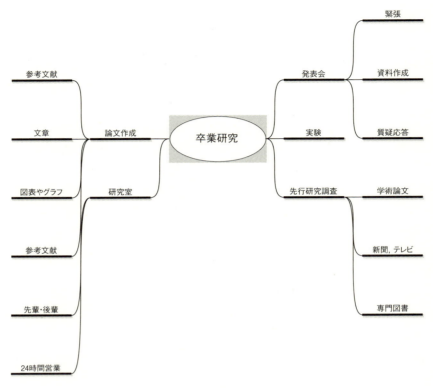

図 5.1　マインドマップの一例

- シックスハット法
- 「なぜなぜ」5 回法
- オズボーンのチェックリスト法
- 加減乗除
- カタルタ
- アイスブレーク
- アズイフ

シックスハット法

　　アイディアを検討していくときには，多角的に検討した方がよい．この方法ではアイディアを 6 つの異なる視点から意識的に検討するために，6 種類の仮想的な帽子をメンバーが順番にかぶりながら議論することを提案している．6 種類の帽子とその役割を以下に示す．

(1) 白の帽子：客観的にものごとを考える人で，事実や情報を提供する役割を担う．赤の帽子の人と対極に位置する役割である．

(2) 赤の帽子：直感的にものごとを捉える人で，感情や直感を提供する役割を担う．白の帽子の人と対極に位置する役割である．

(3) 青の帽子：肯定的にものごとを捉える人で，検討案のメリットを述べる役割を担う．黒の帽子の人と対極に位置する役割である．

(4) 黒の帽子：否定的にものごとを捉える人で，検討案のデメリットを述べる役割を担う．青の帽子の人と対極に位置する役割である．

(5) 黄の帽子：創造的にものごとを捉える人で，新しいアイディアを追加する役割を担う．緑の帽子の人と対極に位置する役割である．

(6) 緑の帽子：管理的にものごとを捉える人で，検討案の手順やプロセスを述べる役割を担う．黄の帽子の人と対極に位置する役割である．

これらの帽子のかぶり方を述べる．最初に全員が白の帽子をかぶり客観的にものごとを考える人に全員がなりきる．白の帽子をかぶった状態でアイディアを，客観的な角度から検討する．次に全員が赤の帽子をかぶり直感的にものごとを考える人に全員がなりきり，直感的角度からアイディアを検討する．その後も，同様に青，黒，黄，緑の帽子をかぶり，肯定的，否定的，創造的，管理的な視点からアイディアを検討していく．

一般的にグループでの議論では，上記の赤・黒・緑の帽子をかぶった人での議論に偏ることが多い．議論の偏りを防止するために，この方法では意識的に白，青，黄の視点を加え，確実に6種類の視点から検討していくようにしている．

「なぜなぜ」5回法

「なぜ○○なのか」と質問し，「なぜなら××である」という自問自答を少なくとも5回繰り返すことで，問題の原因を見つけていく．なお，自問自答の回数は5回以上であれば何回でもよいであろう．また，自問自答だけでなくグループで他者からの質問に回答していくという方法もある．

オズボーンのチェックリスト法

オズボーンのチェックリストと呼ばれる9つのチェックリスト（転用・応用・変更・拡大・縮小・代用・置換・逆転・結合）を利用して，視点を強制的に変えてアイディアを生み出す方法である．具体的には今，○○という元のアイディア（考え，商品，サービスなど）があるとする．それを9つのチェックリストにある語を用いて，○○を「転用」したら何に使えるか，○○を「応用」したら何ができそうかなどと，視点を変えながら連想を広げていく方法である．なお，オズボーンのチェックリストは我が国では上記の9個がよく利用されるが，実際は73個ある [1]．表5.3に9個と73個[1]の質問を示す．

この手法を活用して，3M社のポストイットを分析してみよう．ポストイットは，最初は弱粘着性糊のついたメモ用紙であった．その後，「縮小」されて付箋紙になり，「拡大」されて大型メモやフリップチャートになった．さらに「逆転」されて定食屋の食券（自分が書いて貼るのではなく，書いて貼ってあるメニューを取る）に利用されたりもしている．現在では強粘着性糊のついたものもあり，あらゆるラベル類を「代用」しつつある．

オズボーンのチェックリストと同様，視点を強制的に変えるという目的で開発された発

---

[1] 73個と名前が付けられているが，実際は71個しかない．

想支援のチェックリストには ECRS や SQVID，ファンタジアがある．各チェックリストを表 5.4, 表 5.5, 表 5.6 に示す．これらのチェックリストはテーマによって使い分けていくとよいであろう．また，グループやチームで各チェックリストを使い分けたり，各チェックリストの一部を組み合わせて使ったり，独自のものへと改良したりすると，新しいアイディアが出やすくなっていくのだと思う．

加減乗除

今あるアイディアに新しい要素を結合する（加算），余分な要素を取り除く（減算），他の原理を応用する（乗算），背景を入れ替える（除算）がある．

現存するいくつかの商品を例にして加減乗除を示してみよう．加算から生まれたものの一例には「カメラ付き携帯電話」がある．これは「携帯電話」に「カメラ」を結合したものである．減算の一例には，「携帯電話」から高齢者が利用しないような機能を取り除いた「高齢者向け携帯電話」がある．乗算の一例には，「回転寿司」がある．工場で使われていたベルトコンベアーを「寿司店」に応用したと考えることができる．さらに，「回転寿司」はそれまでは，特別の食事であった「寿司」を，ファミリーの食事の選択肢の 1 つへと変えたことになる．いわば特別からファミリーへと背景を変えたことになる．

カタルタ

話をつなぐ言葉（しかし，そもそも，もちろん，偶然にも，実は，だからこそ，さすがに，など）の書かれたカードセットを用意する．チームの中でそのカードを引いた人は，書かれた言葉を受けて，無理にでも話を続けなくてはならない．これにより，強制的に視点を転換させることで，秘められた発想力を引き出し，コミュニケーションを促進する．視点転換の効果を促進する方法として，アイディアカード（目的，着眼点，変更）や TRIZ の考え方（トゥリーズ，発明的問題解決理論のロシア語訳）を利用した智慧カードがある．TRIZ については後述する．

アイスブレーク

根を詰めて考え続けたからといって新しいアイディアが出るとは限らない．緊張を緩めたときにひらめくときも多い．チームやグループでアイディアを出すときも同じで，適度に場がほぐれていないとよいアイディアは出てこない．場がほぐれていない原因は，メンバーが過度に緊張していること，長時間のアイディア創出作業で各メンバーが疲れてしまっていることなどがある．これらの原因を取り除くために，頭や心，体をほぐすことが大切である．このほぐす活動のことをアイスブレークという．「緊張や疲れという氷を溶かす」という意味でアイスブレークと命名されている．

頭をほぐすためにはクイズやゲーム，心をほぐすには自己紹介や近況報告，体をほぐすためにはストレッチや体操がよいとされている．参加者同士が和気藹々になり意見交換しやすくなるような雰囲気を形成するためにも，アイスブレークをしっかりと取ろう．アイスブレーク自体をリラックスして実施すると，参加者の心身をほぐす効果も高いであろう．

なお，多くの大学研究室では，新入生歓迎コンパ，追い出しコンパや暑気払い，忘年会などの懇談会をしたり，メンバーでスポーツをしたりする．これも日頃の研究で疲れた頭や

心，体をときほぐし，メンバー間の懇親により互いのかかわり方をよくするアイスブレークの一種だと考えられる．

アズイフ

ロールプレイングの一種である．アズイフ (as if)，つまり「まるで○○のように」や「もし，○○だったら」と，他人や動物，物などになりきることにより，視点を強引に変換する方法である．他にも場所や時間を架空の状況においてみることなどもありうる．さらに，これらを組み合わせることも可能である．例えば「英国が大英帝国といわれた頃のイギリス人が，米国に行ったとしたら・・・」と架空の状況を作ることができる．

同じような方法に「等価交換法」がある．これは取り組む対象となるテーマに対して，それを「等価なモノ」へと置き換えていく方法である．

表 5.3　オズボーンのアイディア創出のための 9 つの分類と 73 の質問

	分類	Idea Spurring Questions
A	転用	(1) Put it other users? (2) New ways to use as is? (3) Other users if modified?
B	応用	(4) Adapt? (5) What else is like this? (6) What other idea does this suggest? (7) Does past offer parallel? (8) What could I copy? (9) Whom could I emulate?
C	変更	(10) Modify? (11) New twist? (12) Change meaning, color, motion, sound, odor, form shape? (13) Other changes?
D	拡大	(14) Magnify? (15) What to add? (16) More time? (17) Greater frequency? (18) Stronger? (19) Higher? (20) Longer? (21) Thicker? (22) Extra value? (23) Pulse ingredient? (24) Duplicate? (25) Multiply? (26) Exaggerate?
E	縮小	(27) Minify? (28) What to subtract? (29) Smaller? (30) Condensed? (31) Miniature? (32) Lower? (33) Shorter? (34) Lighter? (35) Omit? (36) Streamline? (37) Split up? (38) Understate?
F	代用	(39) Substitute? (40) Who else instead? (41) What else instead? (42) Other ingredient? (43) Other material? (44) Other process? (45) Other power? (46) Other place? (47) Other approach? (48) Other tone of voice?
G	置換	(49) Rearrange? (50) Interchange components? (51) Other pattern? (52) Other layout? (53) Other sequencer? (54) Transpose cause and effect? (55) Change pace? (56) Change schedule?
H	逆転	(57) Reverse? (58) Transpose positive and negative? (59) How about opposites? (60) Turn it backward? (61) Turn it upside down? (62) Reverse roles? (63) Change shoes? (64) Turn tables? (65) Turn other cheek?
I	結合	(66) Combine? (67) How about a blend, an alloy, an assortment, an ensemble? (68) Combine units? (69) Combine purposes? (70) Combine appeals? (71) Combine ideas?

表 5.4　ECRS のチェックリスト

分類	視点
E	Eliminate，排除
C	Combine，結合
R	Rearrange，交換
S	Simplify，簡素

表 5.5 SQVID のチェックリスト

分類	視点
S	Simple,「簡素」とその対義語の「精巧」の両視点から考える
Q	Quality,「質」とその対義語の「量」の両視点から考える
V	Vision,「(将来)構想」とその対義語の「現実」の両視点から考える
I	Individual attributes,「個性」とその対義語の「比較」の両視点から考える
D	Delta,「変化」とその対義語の「現状」の両視点から考える

表 5.6 ファンタジアのチェックリスト

	質問		質問		質問
1	逆転	5	素材の交換	9	ディメンジョン(次元)の交換
2	増殖	6	場所の交換	10	異なる要素の融合
3	視覚的な類似関係	7	機能の交換	11	重さの変更
4	色彩の交換	8	動きの交換	12	関係の中の関係づくり

5.1.4 発想支援のフレームワーク

アイディアを整理していく方法として,

- KJ 法
- NM 法
- TRIZ

を以下に示す.

これらの方法は,数値計算のアルゴリズムのように順番が明確に定義されているわけではないが,一度は提唱された順番に基づいて発想していくことを体験してほしい.なお,文献 [3] では,主語と動詞を含む文章にすることを推奨している.日本語は主語がなくても文章が成立するが,主語と動詞を入れた文章にすることで曖昧さが解消されるからである.

KJ 法

考案者・川喜多二郎氏 [4,5] の頭文字 KJ をつけた方法で,親和図法などと呼ばれる.たくさんの断片的なアイディアから特徴を抽出していきながら,解決すべき問題の全体像を描き出したりするとともに,解決するためのアイディアの方向性を導き出す方法である.具体的には,次のように進めていく.

(1) 断片的でバラバラで構わないから,思いつくままにアイディアや情報を付箋などに書き出す.
(2) 内容が近い付箋を集める(グルーピングする).
(3) 上記でグルーピングしたグループの内容を要約し,グループの特徴を的確に表現するラベル(表札)をつける.
(4) これらの作業を小項目グループ,その上の中項目グループ,最上位の大項目グループへと階層を上げながら繰り返し,全体の内容や結論を文章化する.

このプロセスにより，断面的なバラバラな情報が統合化，体系化され，全体として何を述べたいのかが俯瞰できていく．ドキュメントのアウトラインを作成するとき，我々は Word のアウトライン機能や LaTeX の目次作成機能を利用しているのであるが，結果的にはこの KJ 法を利用していることが多い．KJ 法については本シリーズ 23 巻 [6] にも詳しく書かれている．

NM 法

発案者・中山正和氏の頭文字 NM をつけた方法で，類比技法や類推技法などとも呼ばれる．類比や類推から，新しい発想を生み出していく．具体的には，次のように進めていく．

(1) テーマ（TM, Theme）を決める．
(2) TM の本質や機能から複数のキーワード（KW, Keyword）を設定する．
(3) 各キーワードに対して，アナロジー（類比）として使える事例（QA, Question analogy）を探し出す．
(4) 上で探した QA の中で何が起きているか，QA はどんな働きをしているのかを考え，その背景や原理，構造（QB, Question background）を明らかにする．
(5) QB を活用して本来の TM を考える上でのヒント（QC, Question conception）を明らかにする．

NM 法を活用しながら，「誰もが楽しめる公園をデザインする」というテーマから徐々にアイディアを具現化していく事例を図 5.2 に示す．図に示すように「誰もが楽しめる公園をデザインする」とするために，"みんなで手入れをする"，"イベントを催す" などのアイディアが出てくる．

TRIZ

NM 法においては，類比したものからアイディアを導き出していくのであるが，「まるで○○のように」とたとえていくことで簡単に類比するものが見つかる場合もある．TRIZ の考え方（トゥリーズ，発明的問題解決理論のロシア語訳）も同様に類推していく．ただし，TRIZ の考え方によれば，社会における発明のパターンは，表 5.7 に示すような 40 種類になる．例えば冷蔵庫に「1 の分割原理」を当てはめると，スペースを分割して野菜専用の冷蔵スペース（室）を作る．さらに野菜専用スペースをより細かく分けて種類別野菜スペースを設けるなどのアイディアにつながる．

5.1.5 著名人の方法

ここでは著名人（外山滋比古氏，村上憲郎氏，大前研一氏）が実践されている方法をまとめる．3 氏ともアイディアを創出する経験の中で，試行錯誤の上，体系化されてきた実践的方法である．なお，3 氏が実践されている方法のいくつかは，これまでに述べたフレームワークと似ている箇所もある．

アイディアは，アイディア自体が大切であり，どの方法でアイディアを出したのかはあまり

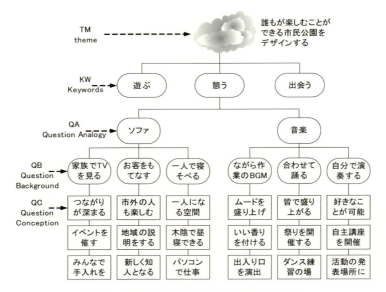

図 5.2　NM 法によるアイディア発想支援の一例

表 5.7　TRIZ で示された 40 の発明原理

1	分割	11	事前保護	21	超高速作業	31	多孔質利用
2	分離	12	等位性	22	害益転換	32	変色
3	局所性	13	逆転	23	フィードバック	33	均質性
4	非対称	14	曲面	24	仲介	34	放棄再生
5	組み合わせ	15	ダイナミック	25	セルフサービス	35	状態変位
6	汎用性	16	アバウト	26	模造品代替	36	位相転換
7	入れ子	17	他次元転換	27	安価短寿命	37	熱膨張
8	つりあい	18	機械的振動	28	機械代替	38	高酸化利用
9	予備対応	19	周期的作用	29	液体利用	39	不活性利用
10	先取り	20	連続性	30	薄膜利用	40	複合材料

問題ではない．ここで紹介する著名人の方法，これまでに述べてきた情報収集・自由発想・視点転換・発想支援フレームワークを上手に利用して，斬新なアイディアを生み出してほしい．

(1) 外山滋比古氏の方法

　大学生協において定期的にベストセラーとなる書籍が 2 冊ある．いわゆる定番の本である．1 つは外山滋比古氏の書かれた『思考の整理学』[7] であり，もう 1 つは作文技術について書かれている文献 [8] である．この外山氏の書籍ではアイディアを出しより優れたものにするためには，アイディアを熟成するために寝かすこと，人と話すこと，アイディアをほめることなどが大切であると指摘している．氏のアイディアに関しての考え方は，文献 [9] にもまとめられている．

　また外山氏はセレンディピティ (Serendipity) を大切にしている．"あてにしない偶然の発見" などと訳される概念である [10]．研究室に配属されたらできるだけ研究室に行き，研究室の指導教員とメンバーとふれあい，セレンディピティに出会う確率を高めてほしい．

ドキュメントを自宅や下宿の勉強部屋にこもりきりなって進める人がいる．一方で，研究室で仲間とともに書き進める人がいる．どちらが効率がよいのかわからないが，卒業論文に取り組むのは初めての経験である．こもりきりになって一人で孤立して取り組むことも必要であろうが，研究室の仲間と過ごしながら書いてみたらどうだろうか．仲間も行き詰まっていることにも気がつき，自分だけが苦労しているわけではないことに気がつく．先輩も同じような苦労をしていたということにも気がつき安心する．

(2) 村上憲郎氏の方法

ここでは村上憲郎氏（元 Google 日本法人社長）の紹介する方法 [11, 12] を取り上げる．

文献 [11] の第一部では，村上式・仕事における 7 つの原理として以下のことを説明している．

原理その 1　会社のしくみを知る
原理その 2　財務・簿記の基本知識を身につける
原理その 3　疑問はその日に解決する
原理その 4　仕事の目的は顧客満足にある
原理その 5　仕事にプライオリティ（優先度）をつける
原理その 6　アイデアは頭で考えない
原理その 7　デール・カーネギーに学ぶ

この中の「アイデアは頭で考えない」で書かれていることを以下に紹介する．

文として書く

単語やキーワードだけを書くのはよくない場合が多い．できるだけ "○○は××を△△する" というのが基本書式である．ここで○○には「私」が，入る方がよい．なぜならば，オリジナリティのある新しいものは集団作業からは生まれない，かなり個人技になっているからである．

できれば 5W1H がそろっている文として書く

5W1H がそろっている完成した文にするのがベスト．完成した文にすることで，アイディアが実際に実行可能な施策として表現できる．なお 5W1H とは，情報伝達のポイントの「いつ (When)，どこで (Where)，だれが (Who)，なにを (What)，なぜ (Why)，どのように (How)」という 6 つの要素のことである．

思考を排除する

思いついたアイディアはすべてがものになるわけでない．また，思いついたアイディアを具現化するためには，そのアイディアを基にして考えなくてはならない．これらのことを考慮すると，思考を排除して，直感と感覚だけでできるだけ多くのアウトプットをした方がよい．

コンピュータサイエンスの特別さ

コンピュータサイエンスはある種の特別なサイエンスである．ひょっとすると理科系なのかどうかというのも怪しい．例えば自然言語処理あたりだと言語学の領域である．コン

ピュータサイエンスには広がりがありすぎる．つまり，ICTや情報科学，情報学，コンピュータサイエンスを専門とする人間は，これらのことだけに知識が偏っていてはいけない．政治経済や社会科学的な知識，リベラルアーツ（人文科学，自然科学，社会科学を横断する教養学）が必要になる．アイディアを出すためには文系や理系と分けるのではなく，森羅万象の広範な知識，教養が必要である．

集団のガヤガヤを大切にせよ

大規模なシステムは集団でガヤガヤしながら作るのがよい．集団でガヤガヤする可能性を高めるためにも，研究室で過ごす時間はとても大切になる．

(3) 大前研一氏の方法

大前研一氏は企業経営の問題解決のみならず，様々な社会問題の問題解決のアイディアを提案する．ここでは大前研一氏のアイディア整理法 [13] を紹介する．

A2の方眼紙を用意する

A2サイズは縦420 mm，横590 mmの大きさで，A3サイズの2倍，A4サイズの4倍もある．この大きな面積の紙を利用することにより，思考の制限をかけないように意識するという効果もある．方眼紙にしているのは，定規を使わなくても図や線を書くことができるからである．なお，研究室や講義室のホワイトボードは，A2以上の大きさであるから，同様に思考の制限から離れることが期待される．ホワイトボードの前で集団で議論することができる．ホワイトボードに書いたものはカメラで撮影し画像ファイルとして保存しておくとよい．

左下のハコから書き始め右上を目指す

次のようにしてハコを埋めていく．

(1) 自分が解決したい具体的な問題を思い浮かべ，左から「ハコ」を書き始める．「ハコ」とは統一したサイズの長方形で，その大きさは20文字以内の文を書くことができる程度である．筆者の経験では，具体的な問題を浮かべるときには，「自分が困ったことは何だ」と絶えず頭の中でいいながら，文を書いて進めていくのがよいと思う．

(2) 上記(1)ではハコをいくつか書き出したら，見比べ，共通する問題を考えて，上の「ハコ」に文を書く．共通する問題を考えるときには，「要するに」とか「要は」とか「要はこんなこと」などと自分の頭の中でまとめながらするとよい．

(3) 上記の(1)，(2)を繰り返し書いていく．最終的には図5.3のように，小項目—中項目—大項目の流れでボトムアップ的に階層化されていく．この図における項目を利用すれば，アウトラインの構築，さらには文章化することも比較的しやすくなる．

ここで紹介したハコに文字を入れていく流れは下から上である．逆に上から下への流れでハコに文字を入れていけばトップダウン的に階層化されていくことになる．

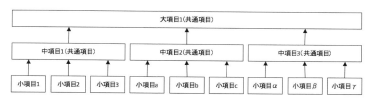

図 5.3 大前式のアイディア整理方法

5.1.6 演繹的アプローチと帰納的アプローチ

アイディアを思いつかせる，あるいは，物事を整理する方法は大別すると

- 演繹的アプローチ
- 帰納的アプローチ

がある．

演繹的アプローチは，あるテーマを構成要素に分割していく方法で，幹から枝へと進めていく方法である．図 5.4 に，「利益アップ」というテーマ/目的を達成するためにどのような具体的な手段をとるべきかを導き出すプロセスを示す．このことをまとめると次のようになる．

(1) あるテーマを複数の大きな構成要素に分割する．図 5.4 の例では，「利益アップ」というテーマ/目的を達成するために「売上げ向上」，「利益率向上」，「経費削減」という 3 つの手段/構成要素を導いている．
(2) 上で得た大きな構成要素を，より具体的な要素に分割する．図 5.4 の例では，「売上げ向上」という手段を「販売数増大」と「単価向上」，「利益率向上」を「回転率向上」と「購買

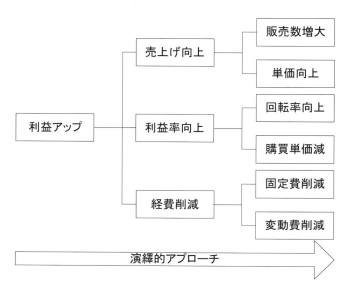

図 5.4 演繹的アプローチの例

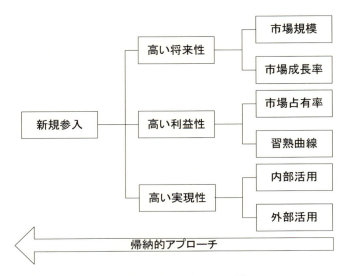

図 5.5 帰納的アプローチの例

単価減」へ,「経費削減」を「固定費削減」と「変動費削減」へと分割している.
(3) これを繰り返していけば,より具体的な作業が出てくるであろう.

帰納的アプローチは,演繹的アプローチとは逆で,枝から幹へと進めていく方法である.つまりあらゆる要素を網羅的に列挙し,それをグルーピングしながら,最終的な手段や結論を導き出す方法である.図 5.5 の例では,「市場規模」,「市場成長率」,「市場占有率」,「習熟曲線」,「内部(資源)活用」,「外部(資源)活用」という要素から,最終的に「新規参入」という結論を導いている.このことをまとめると次のようになる.

(1) 情報収集した要素やキーワードを関連するもの同士で並べる.図 5.5 の例では,右端の「市場規模」,「市場成長率」,「市場占有率」,「習熟曲線」,「内部(資源)活用」,「外部(資源)活用」である.
(2) 上で並べた要素を類似度の高い項目でグルーピングしてラベルをつける.図 5.5 の例では,「高い将来性」,「高い利益率」,「高い実現性」というラベルをつけている.
(3) これを繰り返していけば,最終的な手段や結論を導き出すことができる.図 5.5 の例では,上記で導いた「高い将来性」,「高い利益率」,「高い実現性」をグルーピングして,「新規参入」という結論を導いている.

演繹的アプローチと帰納的アプローチはどちらも使えるようにしておくとよいアプローチである.例えばドキュメントを書くときのアウトラインを考えるには,演繹的アプローチで小節までは考えられるが,小小節レベルでは逆に帰納的アプローチをとった方がよいかもしれない.

5.2 アイディア発想と本を読むことの重要性

前節ではアイディアを発想するためのいくつかのフレームワークについて述べてきた．これらのフレームワークを利用し，物事を創造的に考えるためには，身体に染み込んだ膨大な知識が出発点になる．さらにはできるだけ多くの語彙があった方が発想が広がる．いくらフレームワークを知っていたとしても，もとになる知識や語彙が不可欠なのである．

ところで，膨大な知識，語彙を身体に染み込ませるにはどうしたらよいだろうか．本を読むことは，このための基礎となる重要な習慣の1つである．ここでは，以下に読書をすることの意義についてまとめる．

5.2.1 読書の効用

文献 [14–16] には様々な識者により，読書に関する効用が述べられている．以下にその一部を紹介しよう．

著者との対話： 読書の楽しみは，（仮想的に）対話する相手となる友人を，いくらでも広げていけることである．君が読もうとしている本の著者は，君が会ったことがない人でもよいし，見たこともない社会や時代の人でもよいことになる．彼らと，彼らの著作を通して対話をすることができる．読書では書物を通して大思想家，大学者，大文豪でも対等に語りかけることができる．

読書をプラットフォームとする会話： 友人と同じ本を読み，それについて討論や話すことを想像してほしい．君はまず著者と対話をすることができる．さらに友人とも対話をすることができるのである．二重の対話により，友人同士が相互啓発することができるのである．

英語をあえて読む効用： 英語の専門書を読むことの目的は，新しいことを学んだり，最先端の情報を収集したりすることである．さらに，原文の意味を理解しようとすることで，一語一語に注意が届きやすくなる．一方，日本文を読む場合には，日本文になれているが故に，紙面を速いスピードで読んでしまうことが多くなる．

5.2.2 本でしか得られないこと

本などの活字メディアを読むことにより，得られることとして，知識，情報，教養，楽しみ，興奮，感動などがある [17]．これらのうちで「本でなければ得られないものは？」というと，**知識の獲得の過程を通じて，じっくりと考える機会を得ること，つまり，考える力を養うための情報や知識との格闘を与えてくれることである** [17]．

他のメディアとは異なり，紙に書かれた活字メディアでは，受け手のペースに合わせて，書き手のメッセージを追っていくことができる．例えば，「ここは後で読むことにして他の章を読もう」とか，「この数式が最初に出てきたところを読み直そう」とかが，自分のペースで可能となる．単なる知識や情報を得るだけでなく，読み方によっては「行間を読んだり」，「論の進め方をたどったり」することもできる．

この本の読者の多くは，日頃からインターネットから知識や情報を得ることが多いであろう．上記の格闘は，電子書籍やPCやインターネット上の活字でも可能であろう．他方で，「メディアはメッセージである」という言葉 [18] があるように，メディアはそれが伝えるメッセージとは関係なく，メディアの形式そのものが多大な心理的・社会的インパクトを与えることが知られている．例えば，紙にメモを記入することと，電子メディアにメモすることは心理的に何か異なる感じがするのではないだろうか．ケースバイケースでメディアを選択するとよいと思う．

5.2.3　本を批判的に読む

本を読むときには，鵜呑みするのではなく，次のことに注意しながら本を読むとよい [17]．

- なるほど
- ここは鋭い
- 納得がいかない
- どこか無理があるな
- その意見に賛成だ
- その意見に反対．自分の考えとは違うな
- 著者の意見は不明確（あるいは，曖昧）だ
- 同じような例を知っている
- 自分の身の回りの例だとこんなことかな（実際に思いついて例を書いておく）
- 例外はないか
- 見逃されている事実や例がないか
- これは他の人に伝えたいエピソードやデータだ
- もっと，こういう資料が使われていれば議論の説得力が増すのに
- なぜ，こんなことがいえるのか
- 自分ならこういう言葉を使って表現するな（実際にその言葉をメモしておく）

5.2.4　視写

「視写」とは文字として書かれたものを見て，そのとおりに書き写すことである [19, 20]．主に学校教育で用いられ，文章の構成・表現技法の理解や，速記力・集中力を身につけることができるとされている．例えば，新聞のコラム全文を視写するなどの教育が小中学校でとりいれられている．

視写の全般的効果は，次のとおりである．

- 集中力をつける．
- 字が上手になる．
- 文章表現の技法を覚える．
- 表記のルールを覚える．
- 暗誦や記憶に役立つ．

さらに，毎日視写することで，以下の効果があるとされている [20]．

- 毎日続ける「根気」
- 勉強時間の中に割り振る「計画性」
- 準備や片付けをする「整理整頓」
- 手本や文章を正確に読み取る「注意力」
- 丁寧に書き続ける「集中力・持続力」
- 書き終えてから点検する「自己省察（せいさつ）力」

大学生に対する視写として，次のようなことが提唱されている [21]．

- 句読点に気をつけながら，筆者の思考のリズムを感じるつもりで写す．
- 「自分だったらこう書くか？」と考えながら写す．
- 全文が長い場合は，部分的に写す．これだけでも頭の働きどころや文への注意力が変わってくる．
- 小さい範囲の中に読み取りえるものは，たくさんある．

すでに述べたように学術学会の全国・地方大会の予稿は 1 枚ないし 2 枚である．この分量であれば，予稿全体に目が行き届くため，推敲もしやすい．またここで述べたような「視写」もしやすい分量である．これは読みやすいと思うような他人が書いた予稿があれば，一度視写をしてみるとよい．

演習問題

設問 1　この章で説明した情報収集のフレームワークを試してみなさい．

設問 2　この章で説明した自由発想のフレームワークを試してみなさい．

設問 3　この章で説明した視点転換のフレームワークを試してみなさい．

設問 4　この章で説明した発想支援のフレームワークを試してみなさい．

設問 5　研究室メンバーで共通の書籍を読み，意見交換してみなさい．

設問 6　研究室メンバーで同じテーマで異なる書籍を読み，意見交換してみなさい．

参考文献

[1] 三谷宏治, 『超図解 全思考法カタログ』, ディスカバー・トゥエンティワン (2014).
[2] 安達元一（著）, 藤本貴之（監修）, 『アイデアを脳に思いつかせる技術』, 講談社 (2013).
[3] 安宅和人, 『イシューからはじめよ―知的生産の「シンプルな本質」』, 英治出版 (2010).
[4] 川喜田二郎, 『発想法―創造性開発のために』, 中央公論社 (1967).
[5] 川喜田二郎, 『続・発想法』, 中央公論社 (1967).
[6] 宗森純, 由井薗隆也, 井上智雄, 『アイデア発想法と協同作業支援』, 未来へつなぐデジタルシリーズ 23 巻, 共立出版 (2014).
[7] 外山滋比古, 『思考の整理学』, 筑摩書房 (1986).
[8] 木下是雄, 『理科系の作文技術』, 中央公論社 (1981).
[9] 外山滋比古, 『アイディアのレッスン』, 筑摩書房 (2010).
[10] 澤泉重一, 片井修, 『セレンディピティの探求―その活用と重層性思考』, 角川学芸出版 (2007).
[11] 村上憲郎, 『村上式シンプル仕事術―厳しい時代を生き抜く 14 の原理原則』, ダイヤモンド社 (2009).
[12] Tehu, 村上憲郎, 『スーパー IT 高校生 "Tehu" と考える 創造力のつくり方』, 角川書店 (2013).
[13] 斉藤顕一, "問題解決の大御所は「巨大方眼紙」を使う", 日経ビジネスアソシエ, pp.38–39, 2014 年 12 月号.
[14] 岩波文庫編集部（編）, 『読書のすすめ』, 岩波書店 (1997).
[15] 岩波文庫編集部（編）, 『読書という体験』, 岩波書店 (2007).
[16] 岩波文庫編集部（編）, 『読書のとびら』, 岩波書店 (2011).
[17] 狩谷剛彦, 『知的複眼思考法 誰でも持っている創造力のスイッチ』, 講談社 (2002).
[18] マーシャル・マクルーハン, エドマンド・カーペンター, 『マクルーハン理論―電子メディアの可能性』, 平凡社 (2003).
[19] 池田久美子, 『視写の教育―"からだ" に読み書きさせる』, 東信堂 (2011).
[20] 文部科学省, "補習授業校教師のためのワンポイントアドバイス集（9）視写", http://www.mext.go.jp/a_menu/shotou/clarinet/002/003/002/009.htm
[21] 宇佐美寛, 『私の作文教育』, さくら社 (2014).

第6章
インターネット上の道具

□ 学習のポイント

　"馬鹿と鋏（ハサミ）は使いよう" という諺がある．その意味は，愚かな者であっても，切れないハサミという道具であっても，使う側の使い方によっては何かの役に立つということである．決して能力のない者をばかにしていった言葉ではなく，使う側の力量や能力に関しての諺である．同じような諺に "宝の持ち腐れ" がある．これは宝（価値のあるもの，道具）を所有していても，その使い道を知らないと，少しも役立てずに腐らせてしまうという意味である．道具というものは，道具自体の能力だけでなく，使う側の能力もまた重要なことを意味している．2つの諺は現代風に書くと "パソコン/ソフトウェア/インターネットは使いよう" あるいは "パソコン/ソフトウェア/インターネットの持ち腐れ" ということであろうか．

　道具といわれて連想するものは日曜大工で用いられるような金槌やドライバーなどのハードウェアが多かった．しかし，ドキュメントを作成するには，ハードウェアとしてのパソコンと，それに実装されている様々なソフトウェアを道具として利用する．例えば，ドキュメントを作成するためにはWordやLaTeXなどのソフトウェアがインストールされたパソコンを道具として使っている．これらのソフトウェアは清書のための道具として考えられることもあった．しかし，本書でこれまで述べてきたように，ドキュメントのアウトラインを構想したりする，発想を支援する道具であるとしても認識されてきた．いわば知的生産の道具である．忘れがちなことであるが，これらのソフトウェアを利用する際には，パソコンに実装されている日本語入力システム（日本語入力フロントエンドプロセッサ，インプットメソッドエディタ (IME)）を利用している．この日本語入力システムにより，日本語を入力する手間は削減され，考えることに集中できるようになってきた．このようなパソコンは今ではインターネットに常時接続できるため，知的生産を支える道具としてのパソコンの機能はますます充実してきている．

　本章ではドキュメント作成を効率的に行うために用いるインターネット上の道具について説明する．

- 暗黙知と形式知の違い，一般的な検索，学術情報の検索について理解する．また道具としてのソフトウェアを，検索することについて述べる．
- ドキュメントを作成するうえでデータをどのように保存していくか，また保存したデータをどのように共有するかが大切になる．ここではデータの保存・共有をするための道具を紹介する．
- イベントの管理などは，ドキュメントを作成することにも有効である．ここではこれらを支える道具を紹介する．

■ キーワード

検索の道具，データ保存・共有，キーワード，イベントの管理

6.1 検索

ここではドキュメントを作成する際に不可欠な検索，調べることについて述べる．具体的には次のことを述べる．

- 検索できる情報と検索できない情報
- 先行研究について調べる
- 調べたことを整理すること
- 利用するために整理すること
- ソフトウェアの検索

6.1.1 検索できる情報と検索できない情報：形式知と暗黙知

今，我々はインターネット機器を所有し，あらゆる知識や情報を検索している．検索対象としての情報は膨大な量があるが，あくまでこれらの情報はインターネット上にデータとして保存されているものだけである．つまり，現代社会の情報には「検索できる情報と検索できない情報」があるということになる．ここでは検索について述べる前に，「検索できる情報と検索できない情報」とはどのようなものなのかを示す．読者には膨大な情報の中から，必要な情報を探し出すとはどんなことなのかを考えてもらいたい．

さて，一般的に知識は「形式知」と「暗黙知」の組合せから成立する [1]．「形式知」は紙や電子媒体に蓄積保存されている．例えば，紙の書籍であっても電子書籍であっても書籍に書かれている知識は「形式知」になる．インターネットのブラウザーに表示される情報も形式知である．現代社会では「形式知」となった情報はほぼデジタル化されていると考えてよいだろう．

我々が作成するドキュメントは，我々が思考した末に得たノウハウや知識，知見，情報などを，文字や図を使って表現した「形式知」になる．「形式知」は紙や電子媒体に蓄積保存されているため，「形式知」はすでに，多くの人に伝えるための力を有していることになる．ただし，わかりやすいドキュメントでなければ，その内容までは相手には伝わらないことになる．だからこそわかりやすいドキュメントを作るというリテラシーが重要になるのである．ドキュメント以外にも，我々が日常的に書くメール文書，メモの文書や図も「形式知」になる．

一方で，人の頭脳にはあるものの「形式知」になっていない知識は「暗黙知」と呼ばれる．つまり，膨大な「暗黙知」の一部を，我々はドキュメントを作成することで，多くの人が読み，そして理解することができる「形式知」へと変換していることになる．ドキュメントの文章や図を書いたり，メールの文章を書いたりするときも，頭の中にはそれ以上の知識や情報を「暗黙知」として思い浮かべながら，「暗黙知」の一部のみを「形式知」として書いているはずである．そ

のため，「形式知」化された情報にはその背景にあったコンテキスト（知識や情報，ノウハウの関連性や文脈）を表現しきれないこともある．さらに，自分がもっている知識や情報，ノウハウの中には言語化が不可能なものもある．例えば，スポーツのコツや職人の高度な技などは「暗黙知」というよりも「身体知」と呼ばれ，言葉や図などの「形式知」として表現することはできないことが多い．現在のところ，「身体知」は身体で表現する以外に方法はないとされている．

その他の「暗黙知」として，「無意識の知」と「聞かれれば答えられる知」がある．「無意識の知」は文字通り，言語化することができない知であり，これ以上の説明は難しい．「聞かれれば答えられる知」は，本人は無意識に知っているのであるが，本人は知っていることに気がついていないため言語化（形式知化）することができない暗黙知である．ただし，「聞かれれば答えられる知」は他人からの質問，他人との議論，他人の講演聴講中など何かの刺激がきっかけとなり「形式知」化することが可能になる．「聞かれれば答えられる知」を聞き出すことが，いわゆる質問力 [2] や聞く力 [3] と考えられる．また，「聞かれれば答えられる知」は，すでに第5章で紹介したアイディア発想法などにより，自らの力で「形式知」化できることもある．

ところで，指導教員や先輩など研究室のメンバーは「形式知」はむろん，「聞かれれば答えられる知」もたくさんもっている．だからこそ，研究室に配属されたらメンバーと意見交換し，交流し，メンバーからの「聞かれれば答えられる知」を聞き出したりすることができる．逆に研究室メンバーにいろいろなことを聞かれることにより，読者側の「聞かれれば答えられる知」を取り出すこともできる．

「形式知」と「暗黙知」（コンテキスト，身体知，無意識の知，聞かれれば答えられる知）の関係を図 6.1 にまとめる．

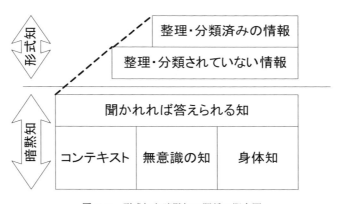

図 6.1　形式知と暗黙知の関係の概念図

この図で理解してほしいことは以下のことである．

- 「形式知」の背景には膨大な「暗黙知」がある．「暗黙知」には「聞かれれば答えられるもの」とそれ以外のものがある．それ以外のものにはコンテキスト，無意識の知，身体知などが含まれる．

- 「形式知」になっているのは「暗黙知」のごく一部である．
- 「形式知」には「整理・分類済みのもの」と「整理・分類されていないもの」がある．

インターネットが出現する以前は図書館などで閲覧できるのは「整理・分類済みのもの」であった．ところがデジタルツール（パソコン，カメラなど）やインターネットの大衆化により，「整理・分類されていないもの」が膨大に増えている．この「整理・分類されていないもの」には次の特徴がある．

- 存在するのであるが，検索がしづらいこともあり見つからない．
- 閲覧性が悪い．
- 情報やデータ間の関連性が理解しづらい．

これらの特徴を理解して「整理・分類されていないもの」を探したり，利用してほしい．また，読者が発信する情報やドキュメントは「整理・分類済みのもの」あるいはそれに近いものになるようにして，多くの人が利用しやすいものとしてほしい．

さて，検索するための時間を減らすにはどのようにしたらよいであろうか．パソコンに向かって，闇雲に検索を始めるのではなく，検索したいことに対して今自分はどのような状況にいるのか（シーン）を判断した上で，実際の検索という行動を始める方がよい．文献 [1] では，検索目的が明確か曖昧かどうか，探す場所，方法が明確か不明確かどうかで，検索シーンを，

- 既知情報検索/再入手
- 探求探索
- 巡回/捜索
- 散策

に分類している．図 6.2 にこの 4 種類のシーンを示す．この図で横軸は検索目的が明確か曖昧かを示している．縦軸は探す場所，方法が明確か不明確かを表している．検索する前に，自分がどのシーンにいるのかを考えてから，検索を開始した方がよいであろう．

6.1.2 先行研究について調べる

ドキュメントをまとめる上で，先行研究や先行事例について調べることは重要である．ここではインターネットを活用する以下の検索についてまとめる．

(1) 一般的な検索：Google の使い方
(2) 学術情報の検索

(1) 一般的な検索：Google の使い方

研究を進めるためにはあらゆる場面でインターネットを検索をする．例えば，先行研究の調査，学会のスケジュール確認，研究会の開催場所までの経路調査などがある．

これらを検索するときには Google (http://www.google.co.jp) を利用することが多いであ

図 6.2 検索シーンの4分類とそのツール

ろう．Google の機能を使いこなすためには調べたいことに関する適切なキーワードの入力が大切になる．その際，第一に重要なことはキーワードを知っていることである．そのためにも日頃から本や論文などを読み，キーワードや語彙を増やすようにしてほしい．

以下に，Google で検索する際の，検索キーワード入力窓へのキーワード入力のコツをまとめておく．なお，下記ではキーワードは「A」，「B」，「C」，「D E」とする．

AND 検索：「A」と「B」の両方を含んだサイトを検索　A␣B と入力する．キーワード間に1文字分のスペース（半角，全角どちらでも可）を入れる．結果はキーワードのすべてを含んだページのみが表示される．キーワードの順番は結果に影響があり，左側に書かれたキーワードほど重視される．

OR 検索：「A」，「B」のいずれかを含んだサイトを検索　A␣OR␣B と入力する．キーワード間に OR と半角大文字を入力する．ただし，OR の前後には1文字分のスペース（半角，全角どちらでも可）を入れる (A␣OR␣B)．結果は複数のキーワードのうち，いずれかのキーワードが含まれるページが表示される．キーワードすべてが含まれるサイトも表示される．

除外検索：「A」を含み「B」を含まないサイトを検索　A␣-B と入力する．ここで，「-」は半角で入力し，「-」の前にスペース（半角，全角どちらでも可）を入れる．「-」がついているキーワード B が含まれないページが表示される．

組み合わせ検索：「A」か「B」のいずれかを含み，かつ「C」を含むサイトを検索　OR 検索と AND 検索を組み合わせて，(A␣OR␣B)␣AND␣C と入力する．OR 検索の部分は半角括弧で囲む．キーワードすべてが含まれるサイトも表示される．

フレーズ検索：検索したいキーワードが複合語「D E」で構成されている場合　キーワードを

ダブルクォーテーション（半角でも全角でも可）で囲み，"D␣E"と入力すると，ダブルクォーテーションで囲まれたキーワードそのままの形で検索することができる．ダブルクォーテーションがないと「D」と「E」の AND 検索になる．この検索は，英語の論文を書くときなど，書いている表現が論文等で使われている表現なのかどうかなどの検証に利用できる．

ワイルドカード検索：検索したいキーワードの一部が解らないときの検索 例えば Ben Affleck を検索したいのであるが，Affleck の綴りの A が思い出せないようなときには，思い出せない部分にワイルドカード「*」を入力して Ben␣*ffleck と検索する．

タイトル検索：「A」をタイトル名に含むサイトの検索 「intitle:」の後にキーワードを入れ intitle:␣A と入力する．複数のキーワードを指定する場合は allintitle:␣A␣B␣C と入力する．

URL 検索：「A」を URL に含むサイトの検索 「inurl:」の後にキーワードを入れ inurl:␣A と入力する．複数のキーワードを指定する場合は allinurl:␣A␣B␣C と入力する．

本文検索：「A」を本文に含むサイトの検索 「intext:」の後にキーワードを入れ intext:␣A と入力する．複数のキーワードを指定する場合は allintext:␣A␣B␣C と入力する．

キーワード「A」を特定のサイト内で検索する キーワード「A」を特定のサイト（例えば http://www.kyoritsu-pub.co.jp）から検索するには A␣site://www.kyoritsu-pub.co.jp と入力する．

なお，Google はとても優れた便利なツールである．そのため，まずは Google 先生に聞いてみるかと，いきなり Google を使うことも多いであろう．しかしながら，文献 [4] では，検索結果の精度，検索時間の節約の観点から，以下のようなステップを奨励している．

1. 辞典を調べる．
2. 図書を探す．
3. 雑誌記事・学術雑誌論文を探す．
4. 新聞記事などを探す．
5. その他の情報を網羅的にチェックする．

また，以下のことは，検索の際に注意することである．

- 1 回の検索で見つかることばかりではない．キーワードさえ入れれば検索できるのであるから，調べたいことが見つからない場合はキーワードを変えるなどして何度も検索する．
- Google の最初に出てくることが君にとって有用であるかはわからない．
- 検索するためには語彙を工夫する必要がある．読書量が多いと語彙も多くなる．

(2) 学術情報の検索

インターネット上の無料で利用できる学術情報の検索サイトとして，次の 2 つがある．

CiNii 国立情報学研究所の運営している CiNii（サイニー，http://ci.nii.ac.jp）．
Google scholar Google の運営している学術論文検索サイト Google scholar（https://

scholar.google.co.jp/).

どちらの検索サイトも基本的な利用法は前述の (1) で紹介した方法を使うことができる．詳細な使い方については，CiNii は https://support.nii.ac.jp/ja/cia/quickguide，Google scholar は https://scholar.google.co.jp/intl/ja/scholar/help.html にそれぞれ記載されている．

　CiNii では検索した論文，図書・雑誌や博士論文などの本文すべてが無料で読めるわけではない．しかし，一部の論文本文などの有料部分については「機関定額制（法人単位の利用登録）」や ID（個人単位の利用登録）を取得すると読むことができる．「機関定額制（法人単位の利用登録）」などは大学内の PC から利用できる場合が多くなっている．

　検索した論文の論文情報を様々な参考文献管理ソフトウェアで利用できる形に書き出すことができる．なお，対応している参考文献管理ソフトウェアは，**EndNote** や **Mendeley**，**BiBTeX** などがある．さらに，検索した論文について，参考文献と被引用文献が表示されるため，論文間の引用関係をたどることが可能である．

6.1.3 調べたことを整理すること

　自分が収集した情報や知識は体系化することで，理解するようにしてほしい．その理由は第 3 章で述べた．さらに調べた情報は，もう一度調べなくてもよいように，デジタル化したメモとして記録しておくとよい．デジタル化したメモはテキストファイル，Word ファイル，LaTeX ファイルの形でもよいし，自分宛にメールを送るという方法でも構わない．デジタル化したメモの作成については 6.1.4 項にまとめる．

　体系化し理解し保存しておくことで，自分の研究，ひいてはドキュメント作成に役立つことになる．なお，今の自分の研究やドキュメント作成に役立たなかったとしても，体系化し理解しデジタルメモとして保存しておくことで，何か新しいことを考えたりするときに役立つことになる．いわば，「先を見通して点をつなぐことはできない．振り返ってつなぐことしかできない．だから将来何らかの形で点がつながると信じることだ．」ということである．

　理解するためには体系化することが望ましい．体系化には 5.1.4 節で紹介した KJ 法を利用するとよい．

6.1.4 整理したことを利用するために保存すること：デジタル技術の活用

　収集した情報やデータの整理は，パソコンが一般化する前は，紙のカードやノートに清書をしていた．しかし，パソコンの普及とその後のインターネットの普及，クラウドサービスの普及により，次の方法が一般的になってきた．

- 収集した情報やデータは整理し，デジタルファイルとして残す．ファイル名は自分なりのルールでつけておくと活用しやすくなる．筆者はファイル名だけでおおよその収集時期や中味がわかるように，日付を含めた可能な限り長いファイル名にするようにしている．
- デジタルファイルの検索やその中身の検索はコンピュータに任せる．そのためにも検索し

やすいようなファイル名にしておくことを推奨する．
- デジタルファイルを再利用し，新しいデジタルファイル（含むドキュメント）を構築していく．その際，保存容量の問題がなければ，古いデジタルファイルも残しておく
- これらのデジタルファイルはクラウドサービス（Dropbox（ドロップボックス），Evernote（エバーノート））を活用して一元的に管理し，どこからでもアクセスできるようにしておく．

なお，紙ノートを併用する人もたくさんいる．例えば，文献 [5] で佐藤優氏が紹介した方法を採用している人は多いと思われる．この方法のポイントは以下のとおりである．

ノート一冊主義： 大学ノート（サイズは A4 または B5）一冊をいつも携帯し，気になったことはすべて書いておく．一冊にまとめることにより，どこに情報があるのかを探さなくてもいいことになる．書く情報は，仕事に関することだけでなく，面会した人の氏名や電話番号，気になる本の書名，昼食で訪れたレストランの電話番号などあらゆることである．なお，これらのノートの表紙には，通し番号や記載期間（開始年月日～終了年月日）を書いておき，保管しておく．この表紙の情報は，野口悠紀雄氏の著書 [6] において着目していた「人はあのころ調べたことやあのころ書いたこと」の「あのころ」を覚えていることを利用しているといえる．「あのころ」さえわかれば，「あのころ」のことは一冊のノートのいずれかに書かれているのであるから，見つけ出すことが可能になる．

クラウドサービスの活用： インターネット上で閲覧したサイトの画面は pdf ファイルなどに出力する．これらのファイルもまたクラウドサービスを利用して一元的に保管しておく．この作業はインターネットの環境とモバイル機器（ノートパソコン，スマートフォン）がありさえすれば，職場や自宅，外出先などどこにいてもできる．この一元化により，インターネットの環境とモバイル機器さえあれば，どこからでも，これらの情報を利用することができる．

6.1.5　ソフトウェアの検索

これまで何度も述べたように研究を進めるためには様々な準備が重要になる．例えば，研究室に配属された後には，研究のためにパソコンを使うための準備をしなくてはならない．具体的には，研究室の教員やメンバーと相談しながら，研究に必要なソフトウェアをインストールする必要がある．インストールするソフトウェアは，研究室で準備されていることもあれば，インターネットでしかるべきサイトへアクセスしダウンロードすることもある．また，その後の作業として，ソフトウェアを自分の利用するパソコンへインストールする必要がでてくる．これらのプロセスでは，以下のことを調べながら進めていくことになる．

1. ある作業をするためにはどのようなソフトウェアを使うのがよいのか
2. どこからソフトウェアをダウンロードするのか
3. ダウンロードしたソフトウェアをどのようにインストールするのか
4. インストールしたソフトウェアをどのように使うのか

さて，情報科学系の学生はプログラミングの学習をする．そのため，何かをするためのプログラムを作成したがる傾向がある．この傾向はとてもよいことであるが，一方でわざわざ作らなくてもあるものは使った方がよいというときもある．そのため，ソフトウェアの検索について，以下にまとめておく．

研究を進める上で，すでにツールとして評価されているソフトウェアを適切に活用することは重要である．どのソフトウェアを用いるかを選択するための紹介サイトを，表 6.1 にまとめる．なお，これらのサイトから直接または間接的（リンク先）にダウンロードするソフトウェアの利用は，あくまで利用者個人の責任において活用することになっている．

「研究のツールボックス」は，人工知能学会 (http://www.ai-gakkai.or.jp/) の会誌のシリーズ特集「研究のツールボックス」で取り上げられたオープンソースソフトウェアが紹介されている．「SourceForge.JP」では，ソフトウェアが用途別にソフトウェアダウンロードマップ (http://sourceforge.jp/softwaremap/trove_list.php) として示されている．

「Vector」ではインターネット上でダウンロードの形式によってソフトウェアが提供されている．フリーウェア，あるいはシェアウェアとして，企業が開発した製品から，個人が作成したプログラムまで，多種多様な形態のソフトウェアが提供されている．各ソフトウェアについては紹介記事が参照できたりする．

「窓の杜」はニュースや記事を紹介するサイトとダウンロードサービスを行うサイトにより構成されている．ダウンロードサイトには編集部により選ばれたソフトウェアが登録されている．

表 6.1 ソフトウェアの紹介サイト

サイト名，URL	特徴
研究のツールボックス， http://www.ai-gakkai.or.jp/toolbox/	人工知能学会学会誌のシリーズ特集「研究のツールボックス」とリンクしており，研究・開発に役立つオープンソースソフトを紹介している．
SourceForge.JP (ソースフォージ・ジェイピー)， http://sourceforge.jp/	SourceForge.net の日本語版サイトとして運営されている日本のオープンソースソフトウェアプロジェクト向けのホスティングサイトである．
Vector（ベクター）， http://www.vector.co.jp/	株式会社ベクターが運営しているソフト登録数国内最大規模のオンラインソフトウェア流通サイトである．
窓の杜（まどのもり，WINDOWS FOREST）， http://www.forest.impress.co.jp/	Impress Watch 社が運営する Microsoft Windows 用のオンラインソフトウェアを紹介するウェブサイトである．

6.2 データ保存・共有

パソコンを研究室，自宅，出先で使うことが日常的になってきた．1 台のノートパソコンを持ち歩く場合はともかく，複数のパソコンを場所ごとに使い分けることを想像してほしい．後者の場合，データを USB メモリーなどのデバイスに保存し，デバイスを持ち歩くという方法があった．しかし，データをデバイスに保存し忘れたり，データを同期し忘れたりするという問題や，デバイスを忘れたり紛失したりするという問題がある．

これらの問題を回避する方法として，クラウドサービスを利用してデータを一元管理するという方法がある．このクラウドサービスを用いれば，インターネットにパソコン（OS は問わない）やスマートフォンなどが接続できる環境下であれば，いつでもどこでもデータへのアクセスが可能になる [7, 8]．つまり，マルチデバイス（パソコン，スマートフォン），マルチプラットフォーム (Windows, Mac) の環境下でデータの一元管理を行うことができる．

ここではユーザーが多い以下のサービスについてまとめる．

- Dropbox（ドロップボックス，Dropbox, Inc.）
- Evernote（エバーノート，Evernote, Inc.）

6.2.1 Dropbox

Dropbox はインターネット上にあるサーバにファイルを保存できる，マルチプラットフォームのオンラインストレージサービスとして，後述する「Evernote」と対比されることが多い．なお，Dropbox と同様のサービスとしては，SugarSync や Windows Live Mesh などがある．

Dropbox は専用アプリケーションを利用して，クラウド上のストレージとローカルマシン上の専用フォルダとの間で同期を取る．専用フォルダに文書をドラッグ & ドロップするだけでファイルをアップロードすることができる．また，アプリケーションをインストールして共有設定を行った複数のマシン間で自動的にファイルが共有・更新できるという点が大きな特徴となっている．

Dropbox のその他の優れた機能は以下のとおりである．

(1) 複数デバイス間での共有
(2) 複数のユーザーとの共有
(3) アップデート通知機能
(4) 競合ファイルの自動バックアップ
(5) バックアップ機能
(6) 同期の一時停止

(1) の機能により個人は複数拠点（自宅，研究室）でのファイル共有サーバとして，Dropbox を利用できる．(2) の機能により複数の仲間とファイルやフォルダを共有して，共同作業を進めることが可能になる．(3) の機能は自分または仲間がファイルを更新したり，新しくアップロードすると通知が届く．(4) は複数ユーザーで同じファイルを利用している場合，同時に編集してしまうことがあっても，別ファイルとして保存してくれる機能である．(5) の機能により保存ごとに作成されるバージョンをさかのぼって，ファイルやフォルダを復元することができる．(6) により，同期自体をストップすることができる．

6.2.2 Evernote

Evernote（エバーノート）はエバーノート社 (https://evernote.com/) が開発・提供してい

るノートを取るように情報を蓄積するためのソフトウェアないしウェブサービスである．パソコンやスマートフォン向けの個人用ドキュメント管理システムとも称される．Evernote を利用すると以下のような利便性がある．

- 場所をとらない．
- 検索が容易になる．
- タグ付けにより複数のテーマにまたがっての整理が可能になる．
- ノートを他のユーザーと共有し，一緒に編集できるようになる．
- ローカル（手元のパソコン）とクラウドで情報が同期される．

なお，紙に書いたメモ，アイディアやスケッチをデジタル化して，Evernote にスマートフォンやスキャナーなどで取り込むためにデザインされた紙のノートも販売されている．

6.3 その他

プレゼンテーションというとプレゼンテーションソフトウェアを使いこなすことに熱心になってしまうことがある．そのような状況になりすぎないためには，いつもと違うソフトウェアで自分のプレゼンテーションを客観視することが有効な場合がある．ここでは新しいコンセプトで開発されたプレゼンテーションの道具として，

- Prezi

を紹介する．また，他者のプレゼンテーションを学ぶために有用である TED トークと iTunes U を紹介する．

次に，研究室のイベントなどの日程調整を効率的に行うことができる

- イベント管理（日程調整）アプリケーション

について紹介する．

6.3.1 Prezi

研究室の生活の中で，ドキュメント作成とその内容の説明をするプレゼンテーションはセットになっていることが多い．時系列的にはまずドキュメントを作成し，次にプレゼンテーションが設定されている．例えば学会発表ではプレゼンテーションや口頭発表の日の，数箇月前にドキュメントを提出している．

研究に関する発表会でのプレゼンテーションである学会発表や卒業研究発表では，現在はパソコンをプロジェクターにつなぎ，プレゼンテーションソフトウェアを活用する．プレゼンテーションソフトウェアに関しては Microsoft 社の PowerPoint（パワーポイント，パワポ）や Apple 社の Keynote（キーノート）を活用するのがほとんどである．これらのプレゼンテーションソフトウェアの基本的なコンセプトは，プレゼンテーションを複数のスライド（ページ）で構成

するということである．余談であるが，スライドという単語を今でも用いる理由は，プレゼンテーションソフト普及前のプレゼンテーションではスライドを投影して行っていたからである．

ここで注意してほしいことがある．プレゼンテーションの目的はプレゼンテーションソフトを利用することではないことである [9]．あくまでプレゼンテーションの本来の目的は，予稿集や卒業論文に書いた研究成果をわかりやすく伝えることであり，書いたことだけでは伝えられないことを伝えることでもある．したがって，わかりやすく伝えられるのであれば，現在では現実的ではないがホワイトボードを使ってもよいし，口頭だけの発表も可能になる．

さて，上記の複数のスライドを作成することとは異なるコンセプトのソフトウェアとして，Prezi（プレジー）がある．Prezi にはスライドやページの概念がなく，1 枚のシートを利用する．1 枚の大きなシートに複数の文字や画像，リンク先をおき，必要に応じてそれらの一部を拡大したりする．なお，Prezi は Prezi Inc.(http://prezi.com/) が開発しており，クラウドサービスを利用するものやスタンドアローンの Prezi Desktop といった製品がある．Prezi を用いるとスライド型プレゼンテーションとは少し違ったプレゼンテーションができるであろう．また，違うソフトウェアを利用してみると，プレゼンテーションを見直すきっかけになるかもしれない．また，Prezi は複数人数でのブレインストーミングやマインドマップにも利用する例も紹介されている [9]．

本書であえて本節を設けた理由は，"オフィスに蔓延 "パワポ"の害毒" という記事を読んだからである [10]．筆者にとってもいささか耳が痛い指摘であった．筆者は講義でも全時間でスライド型プレゼンテーションソフトウェアを用いていたが，この記事を読んでからは講義でパワポを使う時間は減少した．講義や講演でプレゼンテーションソフトウェアを使う目的は何か，よく考えて，有効に使いたいものである．以下に "パワポ" の害毒の内容をまとめる．いわば文章でいうところの悪文である．プレゼンテーションソフトウェアを利用してプレゼンテーションスライドの準備をするとき，またプレゼンテーションする際，聴衆としてプレゼンテーションを聞く際には，このような状況になっていないか注意しよう．

プレゼンテーションから論理性が消える： 見た目のよいスライドを作ることが目的になる．また「次のスライドをご覧下さい」のひと言で安易に話題を転じることができるため，プレゼンテーションからストーリー性が消える．さらに安易に箇条書きにするので，プレゼンのポイントが不明確になり，プレゼンから論理性も消えていく．さらに，苦労して作ったスライドを大切にして，あちこちで使いまわすため，再利用するときには統一性がなくなるなど無理が出てくる．

聴衆は話し手ではなくスクリーンをみる： 発表者もスクリーンを向いている時間が長くなる．スクリーンをみているため発表も独りよがりの語り口になっていく傾向がある．

パワポの配布資料を手にした聴衆は心置きなく寝息をたてる： 講義で同じことが起きていないだろうか．後で見直せばいいという感覚に陥りやすいため，発表者が話していることを聞かなくなる．

途中で目が覚めたときも，いつでも話題に戻れる： かくして聞き手の緊張感はどんどん薄れて

いく．
パワポの作成は社員の実力を引きあげてくれない：プレゼンの見た目をキレイに処理することだけが達者な社員が社内の人気者となる．
情報の引き算（精査）ができなくなる：「本当に重要なことは何か」を考えず，ただページ数を増やせばよいと考える．「報告書は A4 に 1 枚，ポイントは 3 つ」と教えていた時代の方がよかったかもしれない．

6.3.2　TED トークと iTunes U

プレゼンテーションをよりよくする方法として，上手なプレゼンテーションをみることがある．ここでは TED（テド，Technology Entertainment Design，http://www.ted.com/）という米国ニューヨークに本拠地を置く非営利団体の「TED トーク」を紹介する．

TED は「Ideas worth spreading（広める価値のあるアイディア）」を活動目標としている．具体的には，テクノロジー (T)，エンターテインメント (E)，デザイン (D) を中心とした，人類の様々な活動の中から，幅広く世界に広めるべきと思われるアイディアを紹介する場として，その活動を行っている人に対してプレゼンテーションの場（TED カンファレンス）を提供する．さらにインターネットを通じてそのプレゼンテーション映像（TED トーク）を世界に広める活動を無料で行っている．

「TED トーク」は Apple 社の運営する iTunes の Podcast を利用しても視聴することが可能である．Podcast には「iTunes U」という教育に特化したものもあり，日本を含む世界各国の大学の講義・講義資料を無料で閲覧することができる．他者のプレゼンテーションを学ぶ，よい機会になると思われる．

6.3.3　イベント管理（日程調整）アプリケーション

研究を始めるといろいろなイベントの日程調整（スケジュール調整）が必要になる．これまでのイベントは，先輩など年長者から紹介されたとか，指導教員の指示に従っていたことが多かったと思うが，君たちが自ら企画していいのである．意外と思うかもしれないが，メンバーは誘いを待っている．遠慮することなく自ら企画しよう．

だが企画には注意を要する．友人同士のイベントであれば「このくらいの時間で」とか「あの辺りで」などと曖昧な約束で問題はなかった．しかし，研究室は友人同士の集まりではない．イベントの 5W1H

- Who（誰が）
- What（何を）
- When（いつ）
- Where（どこで）
- Why（なぜ）
- How（どのように）

を明確に決める必要がある．

これらを決める人のことを「幹事」や「とりまとめ役」などと称する．是非，「幹事」や「とりまとめ役」を率先して引き受けてみよう．そのときに有効なアプリケーションをここでは紹介する．表 6.2 に一例をまとめる．また，グループウェアを利用している研究室では，その中のスケジュール調整機能を利用してもよい．

いずれのアプリケーションも次のような流れで利用する．

(1) 「幹事」や「とりまとめ役」が最初に利用するサイトへアクセスし，イベントに関する必要事項を入力すると，イベント日程調整用の URL が決まる．
(2) URL をメールなどで参加予定者に送る．参加予定者はその URL にアクセスし，スケジュールを入力する．
(3) 「幹事」や「とりまとめ役」は参加状況を確認し，最終的な日程を決定する．必要に応じて再調整をする．

表 6.2　イベントの日程調整用のアプリケーション

サイト名	URL	会員登録	携帯対応	一言コメント
調整さん	https://chouseisan.com/	不要	対応	あり
ちょー助	http://chosuke.rumix.jp/	不要	対応	あり
こくちーず（告知's）	http://kokucheese.com/	不要	対応	あり
	イベントやセミナーの告知・案内ページを目的としている			

なお，日程調整はこれらのアプリケーションを使わない方法もある．例えば，都合を尋ねる方法にはメールや電話でやりとりすることもある．やりとりの結果は，ノートや Microsoft 社の Excel ファイルにまとめることが多い．それ自体も苦労するし，最新の状態への更新を忘れてしまうことがあったりする．この方法はアプリケーションがなかった時代の方法である．いろいろと試してほしい．

また，会合などの周知をするポスターを作成するときには，会合の連絡先などのメールアドレスや URL を QR コード（2 次元バーコード）で表現することも検討するとよい．QR コードは携帯電話やスマートフォンで読み取ることができるからである．なお，QR コードはフリーのソフトウェア，例えば http://www.cman.jp/QRcode/ などで生成することができる．

演習問題

設問 1 　図書館で運営している所蔵図書データベースを検索し，自分の関心のある本を探してみなさい．

設問 2 　図書館に導入されているデータベースを利用し，研究に必要な文献を探してみなさい．

設問 3 　Google で可能な検索を試して，検索結果（検索ヒット数，検索順位など）がどのように異なってくるか考えてみなさい．

設問 4 　Dropbox などのクラウドサービスを使い，知人とデータを共有してみなさい．

設問 5 　日程調整アプリケーションを使ってイベントを企画してみなさい．

設問 6 　日程調整を電子メールで行うのと，日程調整アプリケーションを使って行うことを比較してみなさい．

参考文献

[1] 吉川日出行，『サーチアーキテクチャ 「さがす」の情報科学』，ソフトバンククリエイティブ (2007).

[2] 斎藤孝，『質問力』，筑摩書房 (2006).

[3] 阿川佐和子，『聞く力―心をひらく 35 のヒント』，文藝春秋 (2012).

[4] 佐藤望，湯川武，横山千晶，近藤明彦，『アカデミック・スキルズ（第 2 版）―大学生のための知的技法入門』，慶應義塾大学出版会 (2012).

[5] 池上彰，佐藤優，『新・戦争論　僕らのインテリジェンスの磨き方』，文藝春秋 (2014).

[6] 野口悠紀雄，『「超」整理法』，中央公論新社 (1993).

[7] 堀正岳，『理系のためのクラウド知的生産術―メール処理から論文執筆まで』，講談社 (2012).

[8] 堀公俊，『アイディア発想フレームワーク』，日本経済新聞出版社 (2014).

[9] 筏井哲治，『PREZI で始めるズーミングプレゼンテーション』，日経 BP 社 (2011).

[10] "Column-「ミスター WHO」の少数異見――オフィスに蔓延 "パワポ" の害毒"，週刊東洋経済，2007 年 5 月 12 日.

第7章
英語で読み書きする

□ 学習のポイント

　前章では，日本語で書かれた論文を理解するための知識や日本語での論文作成について学んだ．本章では，理工学の分野で今や不可欠となっている英語で書かれた文章を読み，英語で文章を書くためのコツや方策を学ぶ．特に，英語で書かれた論文を楽に読めるようになるためのトレーニングや，英語で論文の一部を書く際に必要な知識や方法を学ぶ．

　最近の理工系分野では，発表される論文の非常に多くが英語で書かれており，日本語の論文を書く場合においてもタイトルや概要を英語で書く必要がある．理工系で研究をするためには，英語で読み書きする力が非常に重要といわれる所以である．論文を英語で読み書きするこうした力は，論文に限らず普段の英語での会話や将来の仕事でも大いに役に立つ．本章では，その基礎力を付けるための注意点を以下の項目に絞ってまとめた．日本人にとって難しいと思われる文法項目についても，解説や演習問題を付けた．章末の演習を解いて理解を深め，こうしたコツや方策を体得してほしい．

- 英語で書かれた論文を読む力を養成する
- 英語で論文のタイトルとアブストラクトを書く
- 論理的な英文の組み立て方
- インターネットを利用した英文読解と英文作成
- 理工系英語での文法注意点

□ キーワード

　単語力，オンライン英語辞書，スラッシュ・リーディング，音読，英語論文タイトル，英語アブストラクト，英文構成，英語フレーズ，アクティブ・ライティング，主語，英語時制，加算名詞，不加算名詞，冠詞

7.1 理工系分野の英語

　理工学分野では，研究や企業のグローバル化が加速している．グローバル化は英語化ではないが，異なった言葉を第一言語とする人たちとよいコミュニケーションをするには，国際的な共通語（リンガフランカという）となった英語を用いるのが最も簡単な方法である．ここでいう理工学系における「コミュニケーション」とは，単にネイティブに近い発音で英語が流暢に

話せる，日常会話ができるということではない．理工学という専門分野において，英語で論理的かつ明快に発信できるということである．また，英語の論文や専門に関連する英文記事などを読みこなし，正しく理解する力が大切であるということでもある．理工学分野における英語での論理的なコミュニケーション力の必要性は，近年に始まったことではない．理工学系の研究者や技術者にとって英語力は，従来からの重要なスキルである．さらに，技術や研究分野での英語による情報の取得，共有，発信の増加に従って，英語を読み書きする力の重要性は益々大きくなってきている．つまり，理工系の学生である限り，研究のみならず就職という観点からも英語から逃れることはできない現状がある．しかし，理工系学生の多くが，「英語が苦手だから理工系を選択した」などという間違った認識をもっているのである．英語は論理的な言語であるといわれる．後述するように理工系で用いられる英語には，あるパターンがある．理工系においては，英語は単にコミュニケーションのためのツールであり，パターンを体得して使いこなせるようになればよいのである．こうしたコツがわかれば，理工系の英語は怖くない．

7.2 英語論文を読む

　理工系大学生の多くは，ゼミや研究室に配属になるまでは，英語の論文を読むことは少ない．それまでは，英語の論文を見たことさえない学生も少なからずいるはずである．しかし，3年生の後期や4年生になり研究室でのゼミが始まり，卒業研究のテーマが決まると，研究室の先生から読むように渡される論文が英語で書かれていて驚くことがある．研究室の先生や先輩が研究成果を発表する場として，国内の学会ではなく国際学会や国際誌を選ぶことが年々増えているため，自分の卒研に関連した先行研究論文は英語の論文のみということもある．また，日本の多くの理工系学会が，英語で書かれた論文のみを掲載する英文論文誌といわれる学会誌を発行している．本文が日本語で書かれた論文でも，アブストラクトと呼ばれる概要は，英語で書かれているものがほとんどであるため，理工系で研究活動をするには，少なくとも論文の一部は英語で読まなくてはならないのである．

　研究室の先生から卒業研究を行うにあたって渡されるマニュアルなどの資料が，英語である場合もある．理工系で研究を行うためには，研究手順や内容を英語で理解しなくてはならなくなっている．大学院のみならず，理工系学部生が卒業研究を行う上で，英語の文献を読むことは今や必然のことになっている．英語を読む力が必要なのは，研究だけではない．企業のグローバル化により，技術系の企業では日本人以外の人達と英語を介して仕事をする機会が非常に増えており，英語で書かれた技術文書や電子メールを理解することは仕事をする上で必須となっている．

7.2.1　英語論文を読む力の付け方

　英語の論文を読みこなす力を付けるには，いくつかの方法がある．大切なのは，語彙力と英文構造が即座にわかる力を養うトレーニングを継続して行うことである．理工系論文の英文には，比喩的な表現や例外的な文法が比較的少ないため，中学や高校までで学んだ文法が習得さ

れていれば，容易に文構成が理解できる場合が多い．決まった表現も大変多いため，論文特有の決まり文句が頭に入っていると楽に読めるようになってくる．また，理工系の論文では図や表を使って説明がなされるので，図表をヒントに読み進めることもできる．以下に，語彙力を養うヒントと，英語の長文を日本語に全訳しないで読んでいくトレーニング方法をまとめた．

7.2.2 単語力の養成

英語の論文を読む際に必ず必要なものは，専門用語や論文でよく使われる語彙力である．論文でよく用いられる英単語はある程度限定されるので，その意味を理解していると論文が読みやすくなる．専門用語は，通常の英和辞典に正しい日本語訳が載っていない場合もある．また，論文で使われる英単語の中には，限られた意味で使われ，一般的な辞書に載っている日本語訳ではわかりにくいものも多くある．日本語の専門用語の意味が，通常の意味と異なることがあるのと同じである．似たテーマの論文を読む経験を積むと，論文を読むのは相当速くなる．よく似た分野の論文では，専門用語やよく使われる語句の意味が共通しており，語句の使われ方も類似しているためである．慣れてくると，専門用語やそれに近い言葉の具体的な意味が確定しやすくなるので，誤解もしにくくなり，楽になってくる．つまり，たくさんの論文にふれることが何よりも大切で，「習うより慣れろ」である．

7.2.3 理工系専門用語が調べられるサイト

市販の辞書では専門用語を調べることが難しいが，オンラインの辞書は常に改訂されているので，新しい言葉も多く収録されている．インターネット上の例文を取り入れているものも多く，また発音が確認できる音声付きのものもあり便利である．英語論文を読む際に，専門用語や例文を調べることができるオンラインの辞書サイトをいくつか紹介する．

(1) **JST 科学技術用語日英対訳辞書**

```
http://ejje.weblio.jp/cat/academic/jstkg
```

論文などの専門用語を調べる際に役に立つのは，JST 科学技術用語日英対訳辞書である．この辞書は，ウェブリオ株式会社が運営する Weblio 辞書というオンライン辞書に組み込まれている．Weblio 辞書は，複数の辞書をまとめて検索する無料のオンライン辞書検索サービスで，76 種類の辞書を一度に検索して日本語の意味，例文，同意語などの結果を返してくる．単語によっては音声が付いていて，発音がわからない場合にも便利である．一般的な英語の辞書も検索の対象になっているので，専門単語ではない基本単語にも対応している．一般的なオンライン英英辞典には収録されていない専門用語などにも対応している．例えば，apoptosis（アポトーシス：細胞の自然死という意味）という単語は，Weblio 辞書には載っているが，以下に紹介するオンライン英英辞典には現時点では収録されていない．

(2) **英辞郎 on the Web**

```
http://www.alc.co.jp/
```

アルク教育社が運営するオンライン英和・和英辞書である．専門単語ではない基本単語が中心であるが，理工系の専門用語や関連の単語も豊富に収録されている（例えば，apoptosis も収録されている）．例文が付いている単語も多い．現在は，音声は付いていない．どちらかといえば，新しい語彙が必要な研究者や翻訳者向けである．

(3) 翻訳と辞書：翻訳のためのインターネットリソース

http://www.kotoba.ne.jp/

翻訳者だけでなく，研究者や実務についている人たちを対象にしたインターネット上のWebサイト情報を収集して集約している．専門的な辞書へのリンクが豊富で，分野ごとに専門語彙を載せているサイトを紹介している．紹介されているサイトには個人のページもある．上記のオンライン辞書などに収録されていない非常に専門的な単語の場合には，役に立つ．

7.2.4 例文や発音が確認できるオンライン英英辞典

(1) **Cambridge Free English Dictionary and Thesaurus**

http://dictionary.cambridge.org/

ケンブリッジ大学出版局が運営するオンライン英英辞典で，例文や同義語の例は豊富である．オンラインの英英辞典の中では，専門用語が最も豊富であるといわれている．例文の単語にリンクが付いていて，単語検索ができるので便利である．単語によっては，アメリカ発音とイギリス発音が聞けるようになっているほか，シソーラス（類語）にも強い．このサイトには英和辞典もあるので参照して使うことができるが，日本語訳はまだ少ないので基本的には英英辞典として使ったほうがよい．

(2) **Oxford Learner's Dictionaries**

http://www.oxfordlearnersdictionaries.com/

オックスフォード大学出版局が運営するオンライン英英辞典である．単語の用法や用例がたくさん載っていて，特に動詞の使い方がわかりやすい．また，表現の仕方や説明が丁寧で充実している．Learner's Dictionaries（学習者用辞典）ではあるが，説明は英語なので初心者には少し難しい．音声はイギリス発音とアメリカ発音がある．Synonym（同意語）や idiom（慣用句）が意味の後に付けてあり，英語ではあるが説明が付いている．専門用語の収録は，上述の Cambridge のものと比べると少ない．

7.2.5 スラッシュ・リーディング

英文の構造を理解するために役立つのが，スラッシュ・リーディングという方法である．長い英文を読む際に，英文一文をいくつかのかたまりに分けて読み進めていくやり方である．スラッシュ・リーディングは，英文を即座に理解して訳出する能力を鍛えるために，同時通訳の訓練でも使われている．英文和訳の授業では，英語の文を最後まで読み終えてから文全体の意

味を理解したり，全文を和訳することが多い．これとは異なり，スラッシュ・リーディングは，英文の語順のままで意味を理解するやり方である．英語と日本語は語順がほぼ逆だが，そのため文を最後まで読み終えてから全体の意味を訳出すると，英文の意味をつかむのに時間がかかる．英語を書いたり話したりするためにも，英文の構造を理解する上でも，全文の訳出はよい方法とはいえない．スラッシュ・リーディングでは，英文の最初から短い意味のかたまりごとに区切り，出てきた順に英文のかたまりの意味を理解していく．英文の最後までいくと同時に，英文全体の意味が把握できるようになる．英語の読解力向上に効果があるといわれており，論文のように文法がしっかりした文が多い英文を理解するには，よい方法である．スラッシュ・リーディングの練習を積むと，英文を早く読むことができるようになる．

　スラッシュ・リーディングでは，中学校や高校で学んだ文法の知識が役に立つ．論文の英語は例外的な文法や表現が少ないため，中高での文法の基礎知識は大切な助けとなる．スラッシュ・リーディングで役に立つ文法の知識は，中学校で学んだ文構造（S+V+O など），動詞が目的語をとるか（他動詞か，自動詞か），補語をとるかどうか，複文か（複数の節からなるか）どうか，どこまでが1つの節か，節と節の関係などである．最も大切なのは，主語と述語（その節の主語に対応するメインの動詞）がどれなのかを，しっかり把握することである．

　スラッシュ・リーディングの方法は，簡単である．英文を初めからフレーズの「かたまり」ごとにスラッシュ（/）を入れ区切っていく．この「かたまり」ごとの意味を理解しながら文末までいき，文の終わりにスラッシュを2本入れる．文中のスラッシュの入れ方に厳密なルールはないが，以下のような文構造にスラッシュを入れるとよい．

- カンマ（ , ）やコロン（ : ），セミコロン（ ; ）の後
- 前置詞（by, in, at, on など）の前
- 関係詞（which, that など）の前
- 疑問詞（what, when, where, how, whether など）の前
- to 不定詞（to + 動詞）の前
- 現在分詞の前
- 過去分詞の前
- 接続詞（before, after, when など）の前
- 節（that 節, if 節など）の前
- 長い主語の後
- 長い目的語や補語の前

あまり細かく区切ると，かえってわからなくなるので，自分の構文解析力に応じて区切りの大きさを変える．文の始めから，スラッシュを入れた「かたまり」ごとに日本語に置き換えていき，文末で文全体の意味を把握する．全文の意味を理解することが目的なので，「かたまり」ごとの日本語や文全体の日本語が，不自然になっていても気にすることはない．意味がわかれば，それでよいのである．スラッシュ・リーディングの英語の「かたまり」は，英文を書く際の英語フレーズとしても利用することができる．

スラッシュを入れて英文を理解する例をみてみよう．次の英文には，以下のようにスラッシュを入れることができる．

---
①The authors performed an experiment /②by using a simple pendulum /
③to determine /④if the acceleration can be changed /⑤due to gravity //.

スラッシュを入れた「かたまり」ごとに日本語へ置き換えて，文の最初から日本語に訳していくと，次のような日本文となる．

---
①著者らは実験を行った /②簡単な振り子を用いて /③判断するために /
④その加速度が変えられるかどうか /⑤重力により //

この英文の全訳である「著者らは簡単な振り子を用いて，重力によりその加速度が変えられるかどうか判断するために実験を行った．」と比べてみよう．スラッシュ・リーディングで英語フレーズごとに作られた上の訳は，日本語としては不自然だが，文の意味は十分理解できることがわかる．なお，スラッシュ・リーディングについては，[1] と [2] の参考文献が詳しい．

7.2.6 音読のすすめ

英語の論文が読めるようになるには，毎日少しずつ英語で論文や教科書を読むくせをつけることが大切である．論文は英語に一定の形式があるので，何よりも多くの英語論文にふれ，そのパターンに慣れることがカギである．その際に，声を出して音読することを勧める．音読は，英語に慣れるためにも，英語の文章構造を自然と頭に入れるためにも効果がある．音読するためには，スラッシュした「かたまり」が長すぎると読めない．また，「かたまり」の意味を，大まかに把握していないと読みにくい．つまり，意味が取れる「かたまり」が，自分にとって読みやすいフレーズなのである．発音がわからない単語は，先に紹介したオンライン辞書の発音を聞いて，まねをして自分で声を出すとよい．英語でプレゼンテーションをする際にも，こうした練習が大いに役に立つ．

7.3 英語で論文タイトルとアブストラクトを書く

日本語で論文を発表する際に，まず必要となってくるのがタイトルの英語版である．このセクションでは，タイトルを英語で書く際の注意点などを，例を示してまとめた．英語で次に書かなくてはならないのは，タイトルの後に続く論文の概要（アブストラクト）である．論文をすべて英語で書くのは容易なことではないので，まずはアブストラクトを英語で書いて，論文英語執筆のコツをつかんでほしいとの思いから，アブストラクトの書き方のみに絞って解説し，章末に演習問題を付けた．

7.3.1 英語で論文タイトルを書く

日本語の論文作成のところで述べたように，論文のタイトルは論文構成要素の中で最も大切

である．読者の目に最初にふれる部分であり，研究者の多くが論文のタイトルから内容を判断するため，自分の論文を読んでもらえるかどうかは，まずタイトルの善し悪しにかかっているといっていいだろう．理工系の論文を発表する場合には，投稿するジャーナルが日本国内の論文誌で，論文本文が日本語であっても，日本語タイトルとともに英語版を付けることが求められる．日本の学会の年次大会や研究会レベルでの発表論文集についても，英語タイトルを付けることが近年は増えている．また，国内で国際学会を開催し，英文誌を発行している日本の学会も多い．つまり，論文を書くということは，英語で論文のタイトルも書かなくてはならないということである．

論文のタイトルは，学会や論文誌を出している出版社のウェブサイト，学会の年次大会ホームページなどを通じて公開される場合が非常に多く，英語のタイトルは自分の名前とともに世界中の人の目にふれることになる．世界中に読者がいることを想定して，論文の内容が伝わるタイトルを付けることが重要である．英語のタイトルを決める際には，よく考え何度も読み直して，必要であれば変更することが大切である．論文を書き終えた後で再度見直して，必要と感じたら変更をする．学会発表や研究会発表の論文では，発表の申込み終了後にタイトルの変更ができないこともあるため，論文を書き始める前にタイトルを決めなくてはならない場合には，細心の注意を払うことが必要である．また，日本語のタイトルがある場合には，単に日本語のタイトルを直訳するのではなく，英語として不自然でない表現を用いて英語タイトルを付ける．英語の論文タイトルを付ける際の注意点を以下にまとめた．

1. 論文の投稿規定に必ず従う．フォントの大きさや大文字か小文字かなどの体裁については特に注意する．
2. 投稿予定の学会誌や国際学会論文集で規定されている最大語数を超えない．20語以内で，2行以内であることが多い．
3. タイトルが短すぎないようにする．5語以下では短すぎる．
4. タイトルは論文の内容を反映しているものにする．
5. タイトルにキーワードが含まれていることが望ましい．
6. 読者の興味を引くタイトルであるかを考える．
7. 同じタイトルの論文がないかを確認する．有名な論文とタイトルが非常に似ている場合は変更が必要である．
8. スペリングが正しいかを確認する．
9. 専門用語が正しく使われているかを確認する．
10. タイトル内の略語が，同じ研究分野でよく知られているかを確認する．
11. 表題で使用した用語と同じ用語を論文の本文で使う．
12. タイトルは文ではないので終わりにピリオドは付けない．
13. 語順と語の位置を置き換えて，タイトルの意味がわかりやすいようにする．
14. 名詞の羅列を避ける．名詞と前置詞や形容詞などをバランスよく並べる．
15. タイトルの表現は文法的に正しいかを確認する．前置詞や形容詞の使い方や名詞の前に

冠詞が必要かなどをチェックする．

英語の論文タイトルで，よく使われる表現には次のようなものがある．

- A study of / Study of 名詞・名詞句　　　～の研究
- An investigation / Investigation of 名詞・名詞句　　　～の調査・研究
- An analysis of / Analysis of 名詞・名詞句　　　～の解析
- An evaluation of / Evaluation of 名詞・名詞句　　　～の評価
- An effect of 名詞・名詞句　　　～の効果
  または Effects of 名詞・名詞句
- A method of 名詞・名詞句　　　～の方法
- Development of 名詞・名詞句　　　～の開発
- Measurement of 名詞・名詞句　　　～の測定
- using ～ 名詞・名詞句　　　～使った
- with 名詞・名詞句　　　～を使った・ともなった
- in 名詞・名詞句　　　～における
- for 名詞・名詞句　　　～のための
- to 動詞句　　　～するための

上記の表現を使ったタイトルの例を以下に示す．

- **Development of** a new imaging device to measure XYZ properties
  （XYZ特質測定のための新しい画像装置の開発）
- **An analysis of** geomagnetic activity in Japan **using** an XYZ system
  （XYZシステムを使った日本の地磁気活動の分析）
- **Investigation** of information systems **with** the XYZ theory
  （XYZ理論を用いた情報システムの検討）

英語での論文の書き方に関する書籍の多くは，「A study of / Study of」や「An investigation of / Investigation of」は，研究論文なので「研究」や「調査」あたる単語は無駄であり，字数が限られたタイトルでは避けるべきであるとしている．これらの指摘は，英語だけで書かれた論文の場合である．日本語のタイトルが「～の研究」や「～の調査」となる場合も多く，その英語訳は上記の例のようになるため，あえて表現の一例として記載した．日本語でのタイトルを考える際に，英語訳も考慮にいれる必要があるということであるが，実際には「A study of / Study of」や「An investigation / Investigation of」で始まる英語論文も数多くあるので，絶対にいけないということではない．また，タイトルの始めのa, anについても字数を無駄にするので意味がないとする指摘もあるが，これについても同様である．大学院生以上向けの書籍であるが，参考文献 [3], [4] がこうした指摘について説明している．また，参考文献 [5] では，タイトルの付け方が平易に説明されている．

7.3.2 英語で論文アブストラクトを書く

前の章で述べたように，アブストラクト（abstract，論文要旨）は，読者が論文のタイトルの次に目にする部分である．また，読者は論文の重要な点について情報を得るために，まず目を通す箇所である．そのため，アブストラクトを読んでから論文を読み進めるかどうかを判断する読者も多い．アブストラクトに重要なポイントがわかりやすく，かつ明確に書かれているかが，論文を読んでもらえるかどうかのカギとなる．日本語で書かれた論文のみを掲載している学会誌であっても，タイトルの英語版と英語で書いたアブストラクトを投稿論文に載せることが必須である場合がほとんどである．アブストラクトが英語のみである日本の学会論文誌も大変多い．発表を日本語で行う学会の年次大会や研究会での発表論文集についても，近年は英語のタイトルと同時に英語のアブストラクトを付けることが増えている．

英語のタイトル同様に，英語で書かれたアブストラクトはインターネット上に公開されることも多く，非常に多くの人の目にふれることになる．論文本文が公開されない場合でも，インターネット上に英語のアブストラクトのみが掲載されることも増えている．世界中の研究者が，インターネットで公開されている英語アブストラクトを参考にして，その論文を読むかどうかを判断している．つまり，英語で書くアブストラクトの完成度を上げることは，研究を発表する上で非常に重要なのである．

英語のアブストラクトについても，投稿誌や発表する学会によって長さが決まっている．英単語で 150 から 250 語までを，語数の制限とする論文誌や論文集が多い．この制限語数内で，実験の目的，方法，結果，分析や考察，そして結論などをまとめなくてはならない．短すぎるアブストラクトでは，論文の内容をよく伝えることはできない．制限語数にできるだけ近い語数で，論文の重要点を表現する工夫が必要である．前項でも述べたように，アブストラクトは論文要旨であり，論文の他の部分を書き終わってから，最後に書くべきものである．内容の正確さはもちろんのこと，論文の英文には詳細な記述が要求されるため，英文の主語にあたるものは何か，目的語が何なのかを理解しておくことが必要である．また，英語表現では単数と複数は区別して扱われるため，研究で用いたサンプルが 1 つなのか複数なのか，テストは 1 回なのか 2 回以上なのかなどを明確にしないとよい英文を書くことはできない．論文本体をしっかりと完成していて，かつ研究内容を詳細に把握していないと，英語でアブストラクトは書けないということである．

同じ論文に日本語でのアブストラクトがある場合，英語アブストラクトが日本語版の正確な英語訳である必要はない．日本語のアブストラクトを単に和文英訳するのではなく，英語として自然で読みやすい文章で，かつ論文の重要な内容をまとめることを心がけるべきである．日本語の文章に比べて，英語での表現には正確さがより求められる．例えば，日本語では主語を省略することができるが，英語では主語が必要であるため，「何が」または「誰が」を書く必要がある．日本語の時制が，そのまま英語の時制に当てはまらない場合も多い．英語の前置詞に関しても同様で，日本語の「～の」が英語前置詞の of にならない場合も多々ある．

以下のセクションでは，英語のアブストラクトの構成とそれぞれの構成要素で用いられる英

語表現について説明し，単なる和文英訳ではない英文作成の方法を紹介する．章末に演習問題があるので，問題を解いてアブストラクト作成方法を体得してほしい．アブストラクトの構成や英語表現について，より詳しく知りたい場合には，参考文献の [3], [4], [5] を勧める．

7.3.3 英語アブストラクトの基本的構成

アブストラクトの基本的な構成は，論文のものとほぼ同じである．最も典型的なアブストラクト構成は，以下のような順になる．

1. 研究の目的など，論文の主題を述べる．
2. 研究の背景や今までの研究成果のまとめを非常に短く書く．背景は，研究の目的に関連して必要な場合のみ簡潔に書く．先行研究については，制限語数に余裕がある場合でも，重要な場合のみを書くようにする．
3. 研究内容について概略を述べる．本文中で説明した研究方法，実験や分析などについて，最も伝えたい部分のみを簡潔にまとめて書く．特に，他の研究や関連の先行研究とは異なっている点を強調する．
4. 結果や結論の中で，最も重要と思われる点を簡潔に書く．本文中で記述した実験結果や分析結果の中から，最も伝えたい部分のみを短くまとめて書く．特に，他の研究や先行研究とは異なっている点は必ず書く．
5. 短い結語を最後に書く．

アブストラクト作成での注意点は，上記の 1 と 2 は短くして，研究内容に関する 3 と 4 に最も多くの字数を割くことである．では，アブストラクトの例を見てみよう．

[1]This paper introduces jumping robots as a means to traverse rough terrain. A series of existing jumping robots are presented, and their performance is summarized. [2]The authors present two new biologically inspired jumping robots, both of which incorporate locomotion techniques of rolling and gliding as well as control algorithms. [3]The jumping performance of the robots is discussed and compared against several specialized jumping animals. [4]We describe performance-limiting factors in jumping robot designs, such as, in particular, their low power output. [5]To solve the problem of low power output, the optimization of the robots and careful selection of materials for the robots are explored in this paper.

この英文は，ジャンプロボットについての論文のアブストラクトである．文頭の数字は前述のアブストラクト構成の 1〜5 に対応している．括弧内は，各英文の日本語訳である．

1. 論文の**主題**が書かれている．
   （この論文では，荒れ地を縦走するためのジャンプロボットの紹介をする．）
2. 論文に**何が書いて**あるかを簡単に紹介している．

（著者らは，生物に触発された2つの新しいジャンプロボットの回転と滑走を取り入れた移動技術とともに，そのアルゴリズムを示す．）
3. 論文の本文中に書いてある**重要点を要約**している．
（ジャンプロボットの性能をジャンプする動物と比較して議論する．）
4. 論文で指摘した**重要点を簡潔**に伝えている．
（ロボット設計における性能を限定する要素，特に低い出力について説明する．）
5. 結語が書かれている．この場合は論文で指摘した**問題解決への提案**．
（ロボットの素材選択と最適化が，この出力の問題への解決となるだろう．）

章末の演習問題（設問1）を解いて，アブストラクトの基本構成が理解できたか確認してみよう．

7.3.4 アブストラクトの英語表現

アブストラクトの構成に従って，それぞれの部分でよく用いられる英語表現を，例文とともに見てみよう．

1. 研究や論文の目的によく使われる表現

    - The purpose of this study is to 動詞句
      （この研究の目的は〜することである）
    - This study aims 名詞句
      （この研究は〜を目的としている）
    - This paper examines 名詞句
      （この論文は〜を検証する）
    - This paper describes 名詞句
      （この論文は〜を説明する）
    - In this study, the authors 動詞句（過去形）
      （この研究で著者らは〜をした）
    - In this paper, the authors present 名詞句
      （この論文で著者らは〜を発表する）

    例文　**The purpose of this study is to** investigate the effectiveness of the ABC Theory.
    （この論文の目的はABC論の有効性を調べることである）

2. 研究の内容のまとめによく使われる表現

- This paper provides 名詞句
  （この論文は/では~を伝える）
- This paper presents 名詞句
  （この論文は/では~を発表する）
- This paper considers 名詞句
  （この論文は/では~を考察する）
- The authors investigated / examined 名詞句
  （著者らは~を調べた）
- The authors surveyed 名詞句
  （著者らは~を調査した）
- The authors compared 名詞句
  （著者らは~を比較した）
- The authors developed 名詞句
  （著者らは~を開発した）
- 主語 was / were analyzed 名詞句
  （~が分析された）
- 主語 was / were investigated 名詞句
  （~が調べられた）

例文　In this study, **the authors compared** several methods to reduce noise.
（この研究で著者らはノイズを減らすための方法をいくつか比較した）

3. 研究の結果や考察によく使われる表現

- This study / result revealed 名詞句 / that + 文
  （この研究 / 結果は~を明らかにした）
- The result showed 名詞句 / that + 文
  （結果は~を示した）
- The result indicated 名詞句 / that + 文
  （結果は~を示唆した）
- The authors found 名詞句 / that + 文
  （著者らは~を発見した）
- The analysis / result pointed out 名詞句 / that + 文
  （分析 / 結果は~を指摘した）

例文　**The results** of this study **showed** that the ABC method can be used effectively.
（この研究の結果はABC法が有効に使用できることを示した）

4. 結論によく使われる表現

- The study concludes that 文
  （研究から〜ということが結論づけられる）
- The authors conclude that 文
  （著者らは〜ということを結論づける）

例文　**The authors conclude that** the ABC method can be used effectively.
（著者らは ABC 法が有効に使用できると結論づける）

5. 提案・提言によく使われる表現

- The authors suggest that 文
  （著者らは〜ということを提案する）
- The result suggests that 文
  （結果は〜ということを示唆している）

例文　**The authors suggest that** the technique should be improved further.
（その技術はさらに改良すべきであると著者らは提案する）

7.3.5　英文を組み立てる

　よい英文を書くには，日本語の文を単に英訳するのではなく，英語で考えながら英文を作るトレーニングが必要である．その第一歩となるのは，日本文を英文のような日本語の文に置き換えることである．この方法では，まず日本文をいくつかのかたまりに分解し，英語の語順に従って並べ替えることで，英語的な日本文に作り変えることから始める．日本語の文としては不自然であっても，英文の文型に従って日本語の語句を入れ替え，同じ意味をもった日本文に「訳す」のである．この「和訳」した和文の語句を1つずつ英語に訳し，次に英語の語順に従って組み合わせていく．この方法は，フレーズという英語のブロック（意味のかたまり）をいくつか作って，それらを組み立てていく作業である．この意味のかたまりである英語ブロックをいくつも貯めておくと，別の英文を作る場合にも役に立つ．英語ブロックをいくつか組み合わせたり，ブロックの単語を入れ替えたりして，英文を作成することができる．同じような表現が多用される理工系の論文では，有効な方法である．以下に，その5つのステップを示す．

- Step 1. 英文を書き始める前に，内容を省略しない日本語の文を考える．
  「何が/誰が」，「何を」，「何をして」，「いつ」，「どこで」，「どうやって」，「どんな」，「何のため」になど，詳細をつめる．日本語で書いた場合に生じる曖昧さをなくし，きちんとした英文を作成するためには，重要なステップである．通常，論文の英文では主語と動詞は省略できない．「何が/誰が」「何をした」を，日本語で明確にすることが英文作成の第一歩である．

- Step 2. 英文の文型（S+V+O など）に従って，それぞれに対応する日本語のフレーズを

作る．
　まずは，主語＋動詞（S+V）を考えて，SとVそれぞれに対応する日本語フレーズを作る．次に，動詞の後に続く述語の日本語フレーズを別に作る．論文英文の基本はS+V+Oなので，この文型を意識して日本語の文を組み立てる．意味が通っていれば，日本語として不自然でもよい．

- Step 3. 日本語の各フレーズを，対応する英語のフレーズに訳す．
  日本語のフレーズから，短い英語フレーズのブロックを作る．必要ならば形容詞，副詞などをそのフレーズの中に加えて，いくつかの英語ブロックを作る．

- Step 4. 英文の文型に従って，フレーズのブロックをつないで英文にする．
  最初にSのフレーズ，Vのフレーズを次にというように，英語の文型（S+V+Oなど）の通りに並べ替えながら，1つの英文を作成する．

- Step 5. 出来上がった英文を読み，文法が大丈夫か，さらに加えるブロックが必要ないかをチェックする．必要ならば変更を加える．

　では，以下の例を見てみよう．この例は，AとBという試料について実験を2回行い，2番目の実験結果を統計的にみたところ，2つの試料には「違いがなかった」ということを英語で表現する場合である．こうした結果を表す日本人の英文で，よく見られるのは以下のような直訳表現である．

　　　In the result of the experiment, there was no difference.
　　　（実験結果には，違いがなかった）

この英文は英語として不自然であるとともに，何と何での間で違いがなかったのかなどを明確に表していない．そこで，この「実験結果には，違いがなかった」の日本文に詳細を加えて，伝えるべきことを加えた日本文をStep 1として作成する．

- Step 1:　日本語に詳細を入れて日本文を書き換える（または，頭の中で置き換える）．
  「実験結果では違いがなかった」
  　　　　　↓
  「実験からの <u>結果</u> は，AとBの間に違いがないことを <u>示した</u>」

省略せず書き換えた日本文は，「実験からの結果は，AとBの間に違いがないことを示した」であり，主語（結果）と述語（示した）を明快に表した「和訳」文である．

- Step 2 & 3:　英語の文型をもとに，Step1の日本文を短いフレーズに分解する．
  「結果は〜を示した」（S + V）
  　　The result showed　　（注意：結果が2つ以上なら，resultは複数形に）

「違いがないことを」（O）

no difference

「AとBの間に」（述語のフレーズ）

(difference) between A and B

「実験からの（結果）」

(the result) from the experiment

- Step 4: 分解してできた英語フレーズのブロックを，英語の文型に従って，組み立てる．

- Step 5: さらに，必要と思われる形容詞や副詞を挿入する．

「統計的に顕著な」という副詞を加えて，この結果がどのようなものであったかをさらに明らかにする．

「統計的に顕著な（違い）」

statistically significant (difference)

また，2回目の実験だったので「2番目の」という形容詞をさらに加える．

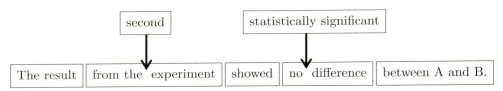

結果として，英文として自然な次の表現が完成する．

The result from the second experiment showed no statistically significant difference between A and B.

（2回目の実験結果は，AとBの間に統計的に顕著な違いがないことを示した）

英語のフレーズブロックを作り，それを組み立てて英文を作る方法を用いて，章末の演習問題（設問2）の英文作成をやってみよう．

7.3.6 英語フレーズを借りる

論文に使われる英語表現は決まった表現やフレーズが多用されるため，頻繁に使われるフレーズを先行論文などから学んで，英語フレーズのブロックを貯めることができる．英語のフレー

ズブロックを組み上げて英文を作る方法は前述したが，英語フレーズブロックをたくさん蓄えておくと，英文作成が楽になる．このフレーズブロックを電子化された実際の論文から抽出する方法を，次に説明する．特に，コロケーションと呼ばれる単語と単語の組み合わせや自然な語のつながりを論文の英文から見つけ出したり，自分が書いた英語のフレーズが論文で用いられる表現なのかを確かめることができる．7.2.5項で紹介したスラッシュ・リーディングは，英語論文を書く際にも役立つことを説明した．英語論文を読む際に，フレーズごとに理解するよう心がけることで，英文を書く際に必要な論文で多用されるフレーズを自分の英語力として蓄積できるからである．デジタル化された論文を使って，論文でよく用いられる表現を確かめる際に，盗用いわゆるコピペをしないように注意を払うことは非常に大切である．一文を全部借りるのは盗用にあたり，絶対にやってはいけない．英語フレーズを借りる方法は，あくまでも自分で作った英文が適切な英語フレーズであるかを確かめるためものであることを肝に銘じて使ってほしい．

7.3.7　Googleで英語フレーズを確かめる

英文の文法や語と語のつながり（コロケーション）を確かめる方法の1つとして，Googleのフレーズ検索とワイルドカード検索を用いるやり方がある．Googleが提供する無料検索サービスの1つに，Google Scholar（グーグル・スカラー）というものがあり，このウェブでは発表された論文，書籍，要約，記事などが検索できる．Google Scholarのサイトで，ダブルクオテーションとワイルドカードを用いて，英語論文でよく用いられるフレーズを確かめる方法を説明する．

- ダブルクオテーションを用いたフレーズ検索

検索したい語句が「conducted an experiment」(実験を行った) である場合，Google Scholarに conducted an experiment と入力し検索すると，Google は「conducted」「an」「experiment」の3つのキーワードで検索し，この3語が独立して含まれるサイトが現れる．そこで，語句をダブルクオテーション（" "）で括り，"conducted an experiment" と入力して Google 検索する．すると，「conducted an experiment」というフレーズを含むサイトが現れる．この方法を用いると，論文でよく使われている語句なのかを確かめることができる．

例えば，「著者らはその方法について考えた」を直訳すると，英文は「the authors thought about the method」になるが，これは文法的には正しいが不自然な英文である．ダブルクオテーションでのフレーズ検索で，英文が適切かを確かめることができる．Google Scholar で "the authors thought about the method" と入力して検索すると，この語句を含む論文は1件もないことがわかる．つまり，「the authors thought about the method」という英文フレーズは，論文の英語としてはほとんど使われていないということである．（通常の Google では，「I thought about the method」は40件以上検索される．）代わりに，やはり「考えた」を意味する considered を用いて，"the authors considered the method" を検索すると，「the authors considered the method to be 形容詞 （方法は～と考えた）」を含む文を使っ

た論文が多数現れる．このことから，論文では consider を使った表現の方がよいことがわかる．また，「consider 名詞 to be 形容詞 」の使い方も同時に学ぶことができる．この英語フレーズを借りて，名詞と形容詞を入れ替えれば自分の英文，例えば「We considered the data to be useful (我々はそのデータが有益であると考えた)」を作ることができる．

- ワイルドカードとダブルクオテーションを用いた単語や語句の検索

ワイルドカード検索とは，決まった単語と単語の間に入る語句を知りたい場合に用いる方法で，単語と単語の間にアスタリスク (*) を入れて検索するやり方である．上で述べたフレーズ検索と一緒に使うと，英語フレーズの中でわからない部分を見つけ出すことができるため，プロの翻訳者も最適なコロケーションを探し出すために用いている．例えば，「著者らは実験を行った」と書きたい場合に，"authors * an experiment" と入力し検索すると，「authors」と「an experiment」をつなぐ単語や語句を調べることができる．Google Scholar でこの検索を行うと，次のフレーズを含んだ英文が多く出現する．

- the authors **report** an experiment 　　　（実験を報告する）
- the authors **describe** an experiment 　　（実験を説明する）
- the authors **conducted** an experiment 　（実験を行った）
- the authors **performed** an experiment 　（実験を行った）

この検索結果から，論文では authors と an experiment の間によく使われるのは，下線の単語であることを知ることができる．また，「実験を行った」と書きたい場合には，did よりも conducted や performed が論文では一般的であることもわかる．こうした「the authors conducted (または performed) an experiment」のような表現を，英語表現のブロックとして蓄えておくと，論文の英文を構築することが容易になる．

7.3.8　英語で論文のタイトル・アブストラクトを書く参考となるサイト

上述のフレーズ検索やワイルドカードを用いた語句検索で紹介した Google が提供する論文検索サイトの URL を以下に示した．主に学術用途での使用を対象として，英語で書かれた論文集，学術誌，出版物などから論文を集めており，英語論文の例やアブストラクトなどや専門用語がどのように使われているかなどの例を見る際に役に立つ．

- Google Scholar 　　https://scholar.google.co.jp/

次に，日本語で書かれた論文をみることができるサイトを2つ紹介する．学会員でなくても学会誌に掲載された論文の要約をみることができ，日本語で書かれた論文でも英語のアブストラクトが付いているものも多くあり参考になる．特に，日本語の専門用語が英語でどのように表現されているのか辞書ではわからない場合には，こうしたサイトの論文を参照するとよい．

(1)　J-STAGE

独立行政法人科学技術振興機構が構築した電子学術論文集サイトである．日本最大の電子学

術論文プラットフォームであり，日本国内で発行された学術論文を読むことができる．収録されている論文の全文が読める．

(2) CiNii (Citation Information by NII)

国立情報学研究所 (National Institute of Informatics) が運営している学術情報データベースである．学術論文のみならず，図書や雑誌なども収録されており，論文の一部が無料公開されている．大学の学内のパソコンを使うと，論文が無料でダウンロードできる場合も多い．

7.4 理工系の内容を英語で書く場合の注意文法

このセクションでは，日本人が英語でアブストラクトを書く際によく間違ったり，迷ったりする文法項目について解説する．これらの文法に関する注意点を意識しながら，英語のアブストラクトを作成してもらいたい．解説への理解を深めるため，文法項目に関連した演習問題を章末に付けた．

7.4.1 Be 動詞ばかりにならない書き方

日本人の英文には，be 動詞が多いといわれている．動詞が be 動詞の場合には，英文が長くなる傾向がある．また，「誰が/何が」と「何をした」が明確に示されないため，主張が弱くなり，英文の内容が伝わりにくいといわれる．読みやすく主張がわかりやすい英文を書くためには，be 動詞ではなく一般動詞を用いた表現を用いることが論文でも推奨されてきている．こうした英文の書き方は，アクティブ・ライティング（active writing）と呼ばれている．アクティブ・ライティングでは，受動態（主語 + be 動詞 + 動詞の過去分詞形）ではなく，能動態（主語 + 一般動詞）の英文にする工夫が大切であるとされている．以前は，客観性をより重んじて，論文の英文は受動態で書くことが一般的であったが，直接的でわかりやすい能動態の英文を近年は論文執筆でも勧めるようになってきている．日本語の論文では，「〜られる」または「〜られた」という表現が使われることが多く，こうした日本語の表現を英語に直訳することによって，日本人の論文では受動態の英文が多用されがちである．また，日本語の論文では，「〜は〜である」という文が多い．その日本文をそのまま英訳して「〜is (are) 〜」としてしまうため，be 動詞を使った英文が増えてしまうのである．日本語の「〜は〜である」という文を英語に訳すと，「〜is (are) 〜」とならない場合がたくさんある．日本語の「〜がある」についても「there is (are)」だけではなく，have または has，contain，involve，consist of など，be 動詞ではない一般動詞で表すことができる．アクティブ・ライティングで英文を書くためには，前述の日本語をまずは言い換える方法を使うとよい．以下の例で説明する．

「この物質は塩と水である．」という日本文を直訳すると：

This material is water and salt.

となる．この文のように，日本語から単に直訳した英文を多々見かけるが，不自然な英文であ

る．この日本文の意図をよく考えて，「～である」ではない日本文に言い換えると「この物質は塩と水から 成っている」になる．次に，この言い換えた日本文を英文に訳すとよい．一般動詞の consist（から成る）を用いて，以下のような自然でアクティブな英文を作ることができる．

This material consists of water and salt.

同様に，「実験の結果は相関ではなかった」という日本文は，「実験の結果は相関を 示さなかった」という文に置き換えることができる．元の「実験の結果は相関ではなかった」を直訳してしまうと，「The result of the experiment was not a correlation.」のように，英語としては不自然な文となってしまう．言い換えた「実験の結果は相関を示さなかった」を英訳すれば，次のような適切な英文となる．

The result of the experiment showed no correlation.

章末の演習問題（設問 3）で，元の日本文をより英文構成に近い日本文に置き換え，その後で英文を作成する練習をしてみよう．

7.4.2　英語論文の主語について

　英文の基本は，主語と動詞である．日本語は主語を省略することができるため，日本人が書く英文では，主語が曖昧なことが多い．また，主語のない英文にならないよう気を付けなくてはならない．主語のない英文は命令や手順を表すもので，論文のアブストラクトで使われることはほとんどない．主語がはっきりしない場合に，it で代用することも普通はない．英語の論文では，無生物を主語にした文が多く使われる．無生物を主語にすることで be 動詞の多用を防ぐこともでき，受動態ばかりの英文を避けることができる．また，英語の論文では論文の著者を主語にする場合も多く，これは日本語で書かれた論文とは異なっている点である．主語を適切に示すことで，明快でわかりやすい英文を書くことができる．

　以前は，論文では客観性が大切であるから，著者が主語になることを避けるほうがよいといわれていたが，最近の論文ではむしろ，主語が明示される方がよいとされている．主語を明らかにした英文は，曖昧さが軽減され文章が短くなる傾向があるため，より読みやすくわかりやすいからである．しかし，論文では自分のことを指す場合，通常は I を使わずに the author（著者）で表現する．著者が複数である場合には，the authors（著者ら）と複数形にして主語にする．その後は，the author や the authors の繰り返しが多くなることを避けるため，the author の場合は he（著者が男性の場合）または she（著者が女性の場合）を使い，2 名以上の著者の場合には，the authors を受けて we を主語とする．章末の演習問題（設問 4）は，無生物や著者らを主語に用いて，受動態の文からより簡潔な能動態の文を作る練習である．

7.4.3　英語の時制

　英語の時制の概念は，日本語の時制とは少し異なっている．日本語の文では，時の概念は曖昧

に表現することができるが，英語論文では過去か現在か未来かなどをはっきり表現することが求められる．英語の時の概念では，時間は直線の上を流れていて，その直線に沿って時制（文における時間の概念）が組み立てられている．そのため，日本語の文章をそのまま英語に置き換えた場合，時制が間違って表現されてしまうことがあるので注意が必要である．よくみられる間違いは，過去形を使うべきところで現在形を用いている場合である．例えば，日本文では「著者らは，図2に示された装置をこの実験で 用いている」と現在形で書いても問題はない．そのため，「In this experiment, the authors use the device shown in Figure 2.」のように，現在形を使ってしまう間違いをよく目にする．英語の時制に従った場合には，実験は「過去に行ったこと」なので，「著者らは，図2に示された装置をこの実験で 用いた ＝ In this experiment, the authors used the device shown in Figure 2.」と過去形にすべきである．さらに，よく目にする間違いは，過去形にすべきところを現在完了形で表現しているものである．以下に例を用いて解説するが，現在完了形はあくまでも現在の視点で表現する場合に用いるもので，過去を表すものではない．以下に，現在形，過去形，未来形，現在完了形が，論文ではどのような場合に用いられるのかをまとめた．

1. 現在形 (Present tense)

現在形は，**現在の時点での事実を表す**際に用いられる．現在の状態（I have a dog.）や習慣（He usually gets up at six.）が現在形で表現されるのは，英語の時制では現在における事実として捉えられているためである．事実という観点で扱うことのできる瞬間的な出来事や永遠の事実（と信じられていること）も現在形で表現される．そのため，論文においては科学的真理などの記述，数式，図や表の説明，自分の結果から得られた結論や解釈などの文は現在形で書く．現在形の文では，主語が三人称で単数の場合には，sを付け忘れないよう気を付ける．以下に，例を示す．

- **科学的真理**と信じられていること

  According to Einstein, mass is converted to energy.

  （アインシュタインによると，質量はエネルギーに変換される）

- 論文内の図の説明

  Figure 4 illustrates the control flow of the program.

  （図4はプログラムのコントロールの流れを図解している）

- 結論するという**表明**

  From the results, we conclude that the enzyme increases the reaction rate.

  （この結果から，酵素が反応率を増加させると我々は結論づける）

2. 過去形 (Past tense)

過去に行ったことや起こったことを英文で書く場合には，過去形にする．研究で行った実験で用いた方法や手順，測定や分析で行ったこと，得られた結果や結果からわかった状況などはすべて過去の出来事なので，通常は過去形を用いる．アブストラクトの実験や結果の重要点は，

ほとんど過去形となる．また，他の研究成果などの引用も，「～が～を行った／発見した」などのように，**過去の事実として書く際には過去形を用いる**．

- The authors studied the advantages of interrupts for handling I/O devices.
  （著者らは I/O 装置処理に対する割り込みの利点を**研究した**）
- We measured the rate of CO_2 emission.
  （我々は CO_2 の発生率を**測定した**）
- Williams and Johnson reported a similar result
  （ウイリアムズとジョンソンは類似の結果を**報告した**）

3. 現在完了形（Present perfect）

現在完了形（have / has 過去分詞 [～ed, made, taken など]）は，日本語では過去形との区別がつきにくい時制のため，日本人にはわかりにくい．現在までに完了している事柄を表すもので，この時制は過去でもなく現在を表すものでもない．過去形を用いるべき英文で，誤って現在完了形が使われている場合も多い．過去形は過去の事実のみを表す（「発見した」や「発表した」など）のに対して，現在完了形は，**これまでに起こったことが現在まで影響がある**という**概念**を表す．そのため論文では，研究分野における現在までの動向を表す英文に現在完了形が多く用いられる．以下の 2 つの英文は，論文で非常によく見られる現在完了形の文例である．

- Many studies have tested the validity of this theory.
  （多くの研究がこの理論の正当性を（現在まで）テスト してきた）
- Not much research has been done to test the validity of this theory.
  （この理論の正当性をテストする研究は（現在まで）それほど行われて きていない）

4. 過去形と現在完了形の違い

上の説明を参照しながら，過去と現在完了の英文の違いを見てみよう．現在完了形は，「行ってきている」という現在に繋がっているニュアンスを示しているのに対し，過去形の文は単に「行った」という過去に起こったことを述べているだけである．

- 現在完了形：「同じ実験を行ってきている」という現在に影響がある今までに起こってきたこと
  Many researchers have conducted the same experiment.
  （多くの研究者たちが同じ研究を 行ってきた）
- 過去形：「同じ実験を行った」という過去の事実
  Many researchers conducted the same experiment.
  （多くの研究者たちが同じ研究を 行った）

5. 未来形（Future tense）

将来に起こること，これから行うことを表す時制である．論文では，次のセクションへのつなぎや次の研究紹介などに使われる時制だが，論文のアブストラクトで用いられることは少ない．

- The authors will discuss the advantages of the interface in the next section.
  （著者らはインターフェースの利点について次のセクションで議論する）
- The authors will continue to improve the model.
  （著者らはそのモデルを改良し続けるつもりである）

では，以下の英文で，4つの時制の違いを見てみよう．

Copper sulfate ①**has been used** to control the amount of amino acid. In this study, the authors ②**did** not use copper sulfate because it ③**decomposes** under heat. We ④**will consider** lowering the temperature in future work

① 現在完了形：「使われ てきている」という現在までに影響あるとこと
② 過去形：「使わな かった」という単なる過去の事実
③ 現在形：「熱で分解 する」という科学的な事実
④ 未来形：「考慮する だろう」という未来への予測

上で示した各時制の例文を参考に，章末の演習問題（設問5）を解いてみよう．

7.4.4 数えられる名詞・数えられない名詞

英語には数えられる名詞（加算名詞）と数えられない名詞（不加算名詞）がある．形がはっきりあり区切りを付けることができるものは，数えられる単語として扱われるが，形がはっきりせず区切れないもの，概念や集合体のようなものは数えられない単語とされている．例えば，apple は1つずつが別の個体なので加算名詞だが，juice は液体であって形がなく区切りを付けられないため不加算名詞として扱われる．同様に，bag は別々のカバンとして存在するので数えられる単語だが，baggage は手荷物という区切りのない集合体のため，数えられない単語として扱われている．加算名詞は複数になると，一部の名詞（children や men など）を除いて，最後に複数の s を付けることは周知のとおりである．

理工系の論文でよく使われる日本語での意味が似ている加算と不加算の英単語の例を表にまとめた．加算名詞の technique, machine, study は，それぞれ様々な技術や機械や個々の研究といった意味で用いられるが，technology, machinery, research は個々の事例を総括した集合体を表す単語のため，通常は不加算として扱われる．

加算名詞	不加算名詞
技術 technique	技術（科学・工学の） technology
機械 machine	機械類 machinery
研究 study	研究 research
装置 device	設備・装備 equipment
アプリケーション application	ソフトウェア software
提案・忠告 suggestion	アドバイス・忠告 advice

このように，加算名詞と不加算名詞を分ける一応の規則はあるが，日本人には区別が難しい．しかも，同じ名詞でも場合によっては数えられるものを表す場合と，数えられない名詞として扱われることもある．例えば，光を表す light は不加算名詞だが，電燈の意味で light が使われる場合は加算名詞となる．非加算名詞として習ってきた water も海域という意味の場合は加算で，international waters（国際海域）というふうに s を付けた複数形が可能となる．また，通常は数えられない単語であっても，書き手の感覚によっては数えられる単語として扱われる場合もある．未来を表す future は，考え方によって加算にも不加算にも扱われる単語である．時間軸は一方向のため，将来は 1 つしかないと考えられるので，future は通常は不加算名詞だが，いろいろな未来がある（将来性という考え方）と取れば，複数形の futures も間違いではなく，数えられる単語として扱われ「science for many futures」という表現も使われている．

専門用語などの名詞が関連分野で，数えられる単語として扱われているのか，数えられない単語であるのかは，英語で論文のタイトルやアブストラクトを正確に書くためには重要である．英和辞書で示されている加算，不加算の分類と，理工系論文での名詞の使われ方が異なる場合があるので注意が必要である．はっきりしない場合は，先行研究論文などを参考に，単語が加算なのか不加算なのかを調べ，その分野での使われ方に従う．以下に，論文でよく使われる単語の中から，使われる意味によって数えられる場合と数えられない場合があるものを例示する．

(1) paper
論文 [加算]　　We submitted a paper.（論文を投稿した）
紙 [不加算]　　Paper was used to filter the solution.（溶液をろ過するのに紙が用いられた）

(2) property
特性 [加算]　　We measured a property of the metal.（金属の特性を計測した）
資産・地所 [不加算]　　Acid rain can damage property.
　　　　　　　　　　（酸性雨は土地に被害を与え得る）

(3) light
電燈・ライト [加算]　　All lights were turned on.（すべてのライトが点けられた）
光 [不加算]　　The device emitted blue light.（その装置は青色光を発した）

(4) noise
ノイズ [不加算]　　We removed noise from the image.（その画像からノイズを除去した）
物音 [加算]　　A noise affected the sound recording.（1 回の物音が録音に影響した）

(5) work
作品 [加算]　　This building is one of his architectural works.
　　　　　　　（この建物は彼の建築作品の 1 つである）
仕事（研究としての）[不加算]　　We plan to improve the algorithm in future work.
　　　　　　　　　　　　　　（今後の研究でアルゴリズムの改良を予定している）

(6) temperature
温度（ある高さの）[加算]   It was heated at two different temperatures (5 and 8°C).
       （5°Cと8°Cの2つの異なる温度で熱せられた）
温度（現象として）[不加算]   Pressure decreases as temperature increases.
       （温度が上昇するにつれて圧力が下がる）

(7) material
材料 [加算]   We developed a new material.（新しい材料を開発した）
物質 [不加算・加算]   The panels were made from silicon material.
       （パネルはシリコン物質から作られた）

近年の傾向として，多くの不加算名詞が加算名詞として扱われることが増えてきている．電子メールを表すe-mailは，不加算名詞のmailと同様に捉えられていた以前は，不加算として扱われて，a piece of e-mailという書き方をしていた．ところが，an e-mailやe-mailsが今は一般的となった．上の表で示したtechnologyはtechnologiesとして使われる場合が非常に多くなっており，すでに加算名詞といってよいかもしれない．通常の使い方では，communicationという単語は不加算名詞で，sを付けて複数にすることはないが，computer communicationsという名の学術雑誌もあり，communications engineeringのように加算名詞としてsを付けた複数形で使われる例も多くなっている．また，dataという単語の単数形はdatumだが，最近はdataを単数形と複数形の両方に用いて，「The data is ～」または「The data are ～」の両方の表現が受け入れられるようになっている．

7.4.5 冠詞 (a, an, the) の使い方

英語の冠詞 (a, an, the) や単数形，複数形の使い分けは簡単ではないが，わかりやすく正確な英文を書くためには，冠詞と単数複数形に注意を払うことが重要である．冠詞は前置詞とともに，感覚的なところがあるため日本人が苦手とするところである．また，ネイティブスピーカーであっても，冠詞は状況や感じ方によって使い方が異なり，はっきりとした規則があるわけではないが，基本的なルールは存在する．最も基本的な法則を頭にいれておけば，大きく間違うことなく冠詞を使うことができるので，この基本ルールを以下に紹介する．

(1) 冠詞 a と an の使い方

冠詞のaとanは「ある1つの」という意味で，不特定のものを表している．いくつか存在する中の特定しないある1つという場合に用いるので，不定冠詞と呼ばれている．ある1つという意味なので，複数形の単語や特定したものを指す場合には，aまたはanを用いない．また，数えられない単語で特定のものを指していない場合にも不定冠詞が付かない．不定冠詞を付ける単語が，母音 (vowel) で始まる場合にはanを用いる．英語の母音にあたるアルファベットは，基本的にはa, i, u, e, oであるが，単語の最初の発音でaかanが決まる．

- The authors conducted **an** experiment and obtained **a** result.

（著者らは実験を行い，結果を得た）

この文の experiment も result も加算名詞である．不定冠詞（a / an）が付いているということは，「ある1つの実験」を行い「ある1つの結果」を得たというニュアンスである．このように，実験や結果について初めてふれる場合には，不定冠詞を用いる．実験を表す単語，experiment は e から始まるので a ではなく，an を用いる．以下に，発音が母音であるため不定冠詞が an となる例を示す．

- We used **an** SEM to examine the surface of the film.
（フィルムの表面を検証するために電子顕微鏡を用いた）

SEM は scanning electron microscope の略語である．略語の SME は s から始まるが，読む際の音はエス・イー・エムであり，エ (e) の音は母音であるため，an を付ける．しかし，略語ではない scanning electron microscope は，s の音（子音）から始まるので，an ではなく a を付ける．

- We analyzed <u>results</u> obtained in this experiment.
（この実験で得られた結果を分析した）
不特定の複数の結果なので冠詞が付かない．
- The sample contained <u>water</u>. （サンプルは水を含んでいた）
不加算動詞「water」なので冠詞がない．

以下の表現では，必ず a もしくは an が付くが，これらは慣用句なので上記のルールとは別である．

a lot of ～ , a bunch of ～, a plenty of ～, a number of ～ （たくさんの）

(2) 冠詞 the の使い方

冠詞の the は日本語での「その」や「あの」という意味で，英文を書いている人が読み手に対して，「あなたが知っている あの～です」ということを示している．名詞が指しているものが限定的に特定できる場合に用いる冠詞である．大きく分けると3つの場合に分けられる．

(2)-1. 既に紹介されている

- I bought a book, but I lost **the** book yesterday.
（本を1冊購入したが，その本を昨日紛失した）
- We conducted <u>an</u> experiment. In <u>the</u> experiment, we increased temperature.
（実験を行った．その実験で温度を上げた）

(2)-2. 1つしかなく，それとわかる

(2)-2-i. 一般的に1つしかないもの

- the Internet　　　　　［インターネットは1つしかない］
- the Fermi theory　　　［Fermi という人物による理論で1つしかない］

- the maximum value　　［最大値は 1 つしかない］

(2)-2-ii. 一般的な種類として 1 つしかない

- The cheetah is an endangered species.　　［チータという種として 1 つしかない］
 （チータは絶滅危惧種である）
- The digital camera has changed the industry.
 ［個々のカメラのことではなく，デジタルカメラというカテゴリーで 1 つしかない］
 （デジタルカメラが産業を変えてしまった）

(2)-3. 修飾詞などによって限定される場合（「of ＋ 名詞句」の場合）

- The process of dilution is important.　　［希釈という方法によって限定されている］
 （希釈手順が重要である）
- We summarized the history of Japan.　　［国で限定されている］
 （日本の歴史を要約した）

　名詞が「of ＋ 名詞句」で限定される場合でも，同様のものが他にもあり，その中の 1 つを指す場合には the ではなく不定冠詞を付ける．例えば，「a process of dilution」は「希釈の（たくさんある中の）1 つの手順」という意味になる．上記の「日本の歴史」についても，不定冠詞を用いて「a history of Japan」にすると，日本の歴史としていろいろな解釈があるがその 1 つという意味になるが，通常は過去の事実として歴史は 1 つしかないと考えて，上記の例のように the を用いることが多い．同様に，以下のような場合にも a または an を使う．

- an example of ［名詞・名詞句］　（〜の一例）
- a rate of ［名詞・名詞句］　（〜の 1 つの率）
- a part of ［名詞・名詞句］　（〜の一部）

　この冠詞の使い分けを，温度という名詞が場合によっては a または the が付き，冠詞が必要ない場合があることを以下の例で示す．

1. ある値の 1 つの温度なので a
 at **a** temperature of 12 °C.（12°C の温度）
2. 限定されたその温度なので the
 the temperature used in the experiment.　（実験で使われた その 温度）
3. 温度という現象は数えられないもので，限定もないので冠詞がいらない
 The reaction rate increased with temperature.　（反応速度が温度により増加した）

　冠詞の使い方は簡単ではないが，章末の演習問題（設問 6）を解いて基本的な概念を理解してほしい．問題文の名詞が加算か不加算にも注意しよう．

演習問題

設問 1（**7.3.3 項 英語アブストラクトの基本的構成**）

括弧内のヒントを参考に，英文 ①〜⑤ を順番に並べてアブストラクトを組み立てなさい．以下の下線部分に文の番号を順番に書きなさい．

Abstract—___ ___ ___ ___ ___

① We conducted an experiment to examine the effectiveness of the method. In the experiment, Fe was added as an impurity to aluminum alloys, which were subjected to casting and cooling.
（実験の**方法の重要ポイント** → 方法の有効性を検証する実験で鉄を加えた）

② Recycled aluminum alloys include impurities, and a process is needed to solve this problem.
（この研究の**背景と目的** → 問題解決にプロセスが必要である）

③ The method developed in this study can be effectively used to reduce impurities in recycled aluminum alloys.
（**研究結果の意義** → 方法は効果的に使うことができる）

④ In this study, the authors developed a method to minimize the size of the impurities through casting and cooling.
（何をしたのかを表す**研究概要** → 方法を開発した）

⑤ Experimental results showed that it was possible to reduce the size of the Fe impurity with this method.
（実験結果の重要ポイント → 結果が可能性を示した）

設問 2（**7.3.5 項 英文を組み立てる**）

① から ④ の各括弧に適切な単語 1 語を入れて，これらの英語フレーズを完成させなさい．次に，以下の説明を参考に，① から ⑤ の英語フレーズをつないで英文を作成し＿＿＿＿＿＿＿＿に書き入れなさい．

「分析は NMR で行った」という日本文に，主語や述語にあたる詳細を加えて書き換えると，「著者らは，NMR を使って実験で得られた化合物を 分析した．」となる．この日本文をフレーズに分解したものが ① から ④ である．さらに，この文に何のために行ったかを表すフレーズ（⑤ のフレーズ）を付け加えると，英文らしい文が完成する．完成した英文の全訳は，「著者はその構造を決定するために，実験で得られた化合物を，NMR を用いて分析した．」になる．

① （S + V）著者らは + 分析した
　　　The (　　　　　　　) (　　　　　　　)
② （O）化合物を
　　　the compound
③ 実験で得られた
　　　(the compound) (　　　　　　　) in the experiment
④ NMR を用いて
　　　by (　　　　　　　) NMR
⑤ 構造を決定するために
　　　to identify its structure.
　　(its structure = the structure of the compound であることに注目する．よい英文を作成するために，より簡潔で繰り返しを避け，ここでは代名詞 its を使う．)

_____
_____
_____

設問 3（7.4.1 項 Be 動詞ばかりにならない書き方）

英文の下線部分に適切な単語を入れて，be 動詞を使わない英文を作成しなさい．日本文の下線部に注意し，英訳しなさい．言い換えた日本文を，⇒ の後に示した．

1. サンプルは 50 グラム であった．　（直訳：The sample was 50 grams.）
　　⇒　日本文を「サンプルは 50 グラムの 重さがあった．」と言い換える．
　　The sample _____ 50 grams.
2. 図 3 は実験結果 である．　（直訳：Figure 3 is the result of the experiment.）
　　⇒ 日本文を「図 3 は実験結果 を表す．」と言い換える．
　　Figure 3 _____ the result of the experiment.
3. この物質に 含まれるのは，硫黄と炭素 である．
　　（直訳：The contents of the material are sulfur and carbon.）
　　⇒　日本文を「この物質は硫黄と炭素 を含む．」と言い換える．
　　The material _____ sulfur and carbon.

設問 4（7.4.2 項 英語論文の主語について）

括弧内のヒントを参考に，1 から 3 の受動態の英文を能動態の文にしなさい．

1. A small amount of carbon was contained in the sample.
　　（下線部分を主語にし，二重下線の動詞を使う．）

_____ a small amount of carbon.

2. For <u>the steel plates</u>, zinc coatings were <u><u>needed</u></u>.
   （下線部分を主語にし，二重下線の動詞を使う．）
   _____ zinc coatings.

3. The correlation was <u><u>confirmed</u></u> by measuring the voltages in the circuit.
   （The authors を主語にし，二重下線の動詞を使う．）
   _____ by measuring the voltages in the circuit.

設問 5（7.4.3 項 英語の時制）
下線部分の語句に注意して ( ) 内の動詞を適切な時制の形に変えなさい．

1. Since this technique (be) <u>usually</u> very effective, we (use) it in this study.
2. Since the technique (be) very effective in <u>previous</u> experiments, we (use) it <u>in future work</u>.
3. Since this technique (be) effectively used <u>for many years</u>, we decided to use it in this experiment.

設問 6（7.4.4 項 数えられる名詞・数えられない名詞，7.3.5 項 冠詞の使い方）
括弧に必要ならば，適切な冠詞（a / an / the）を入れて，アブストラクトの英文を完成しなさい．冠詞が必要ない場合もある．

Abstract: In this study, the authors conducted (　　) experiment to identify how (　　) temperature affects (　　) surface of aluminum alloys. In (　　) experiment, we used Al–Cu alloy samples. (　　) samples contained 0.15 percent copper and they were heated at (　　) temperature of 1000°C.

参考文献

[1] 高梨庸雄，卯城祐司（編），『英語リーディング事典』，pp.29–40，研究社出版 (2000).

[2] 浜田京三，『英文記事を使った英語リーディングの技術』，ベレ出版 (2000).

[3] 小野義正，『ポイントで学ぶ科学英語論文の書き方 改訂版』，丸善出版 (2016).

[4] Robert A. Day, Barbara Gastel 著，美宅成樹 訳，『世界に通じる科学英語論文の書き方 執筆・投稿・査読・発表』，丸善出版 (2010).

[5] 野口ジュディー，松浦克美，春田伸，『Judy 先生の英語科学論文の書き方 増補改訂版』，講談社 (2015).

第8章
アンケート調査

□ 学習のポイント

　大学の研究活動においてアンケートの調査結果を目にする機会は比較的多い．また，研究活動において実験成果などの確認のためにアンケート調査を検討することが多くある．アンケート調査は，基本的なポイントをしっかりと理解していれば比較的容易に実施できるものの，アンケート調査の考え方をしっかりもっていないと無駄なアンケート調査になったり，その手順や方法を誤ると必要以上に手間と時間がかかったりする．

　そこで，本章では，アンケート調査票を適切に作成し，アンケート調査を最適な方法で実施し，アンケート調査結果を効率よく正確に集計し，適切な図表やグラフが作成できる，つまり，アンケート調査が適切に実施できるための考え方・方法・手順・ツールの活用などについて説明する．

　最初に，アンケート調査に対する考え方，アンケート実施方法，アンケートを実施する際の検討項目などについて述べ，アンケート調査方法の設計について説明する．次に，アンケート調査票を設計する際の考え方・手順・注意点，アンケート回答方法の種類と適用方法，および，アンケート調査票作成における Microsoft Word の活用法などを紹介する．そして，アンケート結果の集計・分析などの後行程を踏まえて，アンケート調査結果を効率よく電子化するための考え方・方法（手順）と，Microsoft Excel を使って正確かつ効率よく入力処理する方法や工夫などについて説明する．最後に，アンケート結果の集計，表・図（グラフ）の作成における考え方を示し，効率よくこれらを作成する方法やソフトウェア利用について説明する．

　これらの説明を通して以下の点を理解する．

- アンケート調査の考え方と調査方法の設計
- アンケート調査票の設計と作成方法
- アンケート調査結果の電子化の考え方と処理方法
- アンケート調査結果の集計方法と図表の考え方

□ キーワード

　アンケート調査の考え方，調査方法の設計，調査票の設計，調査票の作成方法，調査結果の電子化の考え方，電子化の方法，調査結果の集計方法，調査結果の図表化の考え方

8.1 アンケート調査の考え方と調査方法の設計

　大学の卒論研究や大学院の修士課程・博士課程の研究において，その目的に応じて様々なアンケート調査が必要となる．アンケート調査は，例えば，システムやツールに関するニーズの調査，現在の環境や利用方法などに関する現状調査，利用者のソフトウェアの活用に関する意識実態調査，ある製品の利用の満足度調査など，多種多様な目的・方法で実施されている．たとえ，どのようなアンケート調査に対しても基本的な知識・技法などを身につけていればアンケート調査を計画・実施することは難しくない．逆に，ある程度の知識・技法などを把握していないと円滑にアンケートが実施できないばかりでなく，目的とする情報を得ることができない無駄なアンケート調査を実施することになってしまう．

　そこで，本節では，まず，アンケート調査に対する考え方，アンケート実施方法，アンケートを実施する際の検討項目などについて述べ，アンケート調査方法の設計について説明する．

8.1.1　アンケート調査の考え方

　アンケート調査というと一般に簡単なものと思われがちだが，適切なアンケート調査を実施するには，調査目的に向けて対象者，時期，実施方法，予算，手間，回収率なども含めて様々なことを検討していかなければならない．この検討が，「アンケートの調査方法の設計（デザイン）」ということになる．この設計には，調査協力者を確保してアンケート調査の妥当性を保証し，回答者の偏り（バイアス）を避けるための多様なアイデア・工夫が必要となる．また，実態に合った回答を率直にしてくれる調査対象者の確保や回答しやすい環境・状況の設定，調査費用の確保などが不可欠である．アンケート調査においては，特に知識不足，認識不足，計画不足，設問ミス，回答の不足などによる不手際がないように，万全な準備・検討・計画が必要である．

8.1.2　アンケート調査の目的

　アンケート調査を実施するには，まず，「何を明確にしたいのか」「何を検証したいのか」あるいは「何を知りたいのか」などのアンケート調査の目的を決定する必要がある．目的が明確でないと，調査方法の設計を誤ったり質問が発散したりするなどの問題が生ずる．その結果，アンケート調査結果からは有効な情報や分析結果が得られないことになる．適切な質問や回答が作成できない場合や，作成できても質問内容に一貫性がない場合は，アンケート調査の目的が明確になっていないことが多い．アンケート調査を実施するには，まず，目的を明確にすることが重要である．それと同時に，調査対象者の回答を予測し，仮説を設定しておくことも必要である．

　アンケート調査の目的を明確にすることによって，適切な調査方法，調査対象，調査内容（質問），調査期間，そして，調査結果の表示方法，調査報告書の作成方法までが設定できる．つまり，アンケート調査の目的を適切に設定することにより，アンケート作成から実施にかかわる一連の多くの内容や作業方法などが半自動的に決定されることになる．

8.1.3 アンケート調査方法の設計

アンケート調査の目的を設定した後は，アンケート調査方法を設計する．アンケート調査方法とは，「誰を対象に，いつ，どこで，どのような内容で，どのような方法で，アンケートを実施するのか」をデザインすることである．アンケート調査方法の設計では，調査目的に合った調査結果を得ることができる最も適切な方法を検討していく．

そこで，最初に調査目的が確実に達成できる調査方法について考える．知りたい情報を，誰に，いつ，どこで，どのように調査をすれば知ることができるのかを考える．例えば，ある特別な教育方法で行った授業の教育効果を知るために，あるいは，あるシステムの導入効果を把握するために，知りたい情報を，誰から，いつ，どこで，どのようにして入手することができるのかを考えてみよう．調査目的によっては，調査方法としてアンケート調査が最もふさわしいとは限らない場合もある．調査目的を達成でき，そして知りたい情報を把握するのに適切だと思われる調査方法をできるだけ多く出して調査方法リストにしてみる（表8.1参照）．調査方法リストの中には，アンケート調査以外の方法（例えば，表8.1では，調査法2や調査法6）もでてくる．それらの方法で予算的にも人材的にも時間的にも問題なく適切に実施でき調査目的を達成できるようであれば，その方法を採用すべきこともある．ただし，本節では，アンケート調査についてのみ言及することとする．

調査の目的を達成できる調査方法リストを作成した後は，調査方法リストから実現可能で最適なアンケート調査方法を検討・選択していく．アンケート調査方法を設計する上で，重要なことの1つはどのような手段（ツール）を用いてアンケートを実施するかということになる（以下，この手段を「アンケート実施方法」と呼ぶこととする）．アンケートを郵送して回収するのか（郵送配布法），集まってもらいアンケート調査をするのか（集合調査法），調査者が直に対象者に聞く面会調査をするのか（ヒアリング調査法），Webアンケートで行うのか，様々なア

表 8.1 新しい授業の教育効果の調査方法リスト（例）

調査目的：新しい授業の教育効果を把握する

	調査名	対象者	実施者	日時	場所	方法（アンケート実施方法）	備考
調査法1	最終授業アンケート調査	受講者全員（60人）	調査者	最終講義の後	教室（受講室）	アンケート用紙配布回収方式	無記名式
調査法2	講義終了時の修得能力評価	受講者全員（60人）	授業担当	最終講義の後	教室（受講室）	試験による修得能力状況の把握	
調査法3	講義後のヒアリング調査	受講者（5人程度）	調査者	授業後	面接室	ヒアリング調査	
調査法4	講義後の授業評価調査	受講者全員（60人）	調査者	最終講義から1週間後	自宅等	アンケート用紙郵送回収方式	記名式
調査法5	講義後の授業満足度調査	受講者(20人程度)	調査者	最終講義から1週間後	自宅等	メールによるアンケート調査	メールを把握
調査法6	講義後の能力評価	受講者全員（60人）	授業担任	最終講義から3週間後	自宅等	ネットによるWebテスト	
調査法7	修得能力状況の調査	受講者全員（60人）	学年担当	授業終了から1年後	教室	タブレットによる確認試験とアンケート調査	

ンケート実施方法がある中で適切な方法を検討していく．アンケート実施方法の種類と特徴については次項（8.1.4 項）で述べていくこととする．

また，アンケート調査にかかわる大きな制約条件は予算（費用），場所，時間，手間，設備，人材などが考えられる．これら調査にかかわる検討項目を含めて，実際に実現可能な調査方法をさらに検討していくこととなる．

8.1.4 アンケート調査の実施方法の種類と特徴

アンケート調査方法の設計において，アンケート実施方法の選定が重要なポイントとなる．アンケートの実施方法は様々な方法があるが，本節では大学ならびに大学院の研究においてよく利用される 5 つのアンケート実施方法を取り上げ，その特徴とデメリットなどを整理して説明する．

(1) アンケート用紙（調査票）による調査

紙のアンケート用紙（調査票）を用いてアンケート調査を実施する一般的なアンケート実施方法である．それには，アンケート調査票を調査対象者に郵送して返却してもらう方法（郵送配布法），調査対象者に集まってもらい調査票を配布してその場あるいはその後回収する方法（集合調査法）などがある．

郵送配布法では，調査対象者の住所や名前などを確保できれば比較的容易に実施でき，調査対象者も回答時間をかけて丁寧に回答できるなどのメリットがあるものの，通常高い回収率は期待できない．郵送配布法で回収率を高めるには，アンケート依頼の文章（依頼文），調査（質問）内容と量，調査対象者，タイミング（時期），謝礼，および，調査実施主体者名などが特に重要となり，それらの工夫を要する．また，郵送配布法のデメリットとしては，郵送の準備に手間や時間がかかる，郵送料がかかる，回収までの時間がかかるなどがあげられる．

一方，集合調査法では，調査票の配布時に調査の意図，依頼内容，および，調査内容などの補足事項を口頭で説明したり，調査対象者の質問に即答したりできるため，比較的正確な回答が期待できる．しかしながら，集合場所や集合時間を確保すること，偏りの少ない調査対象を選出・確保することなどが課題となる．大学生を対象とした調査で授業後の時間を確保できる場合は，この方法が実施方法の 1 つの候補としてあげられよう．

また，アンケート用紙による調査の回答方法は，① 調査の回答を直にアンケート用紙に記入してもらう方法（直接回答），② アンケート調査票に回答枠の別枠を設けてそこに回答結果を記入してもらう方法（別枠回答），③ 回答用のシート（マークシートも含める）に記入してもらう方法（別シート回答）などがある．アンケート調査回答を比較的容易に電子化しやすい方法（例えば，マークシート回答）ほど，回答者にとっては記入が面倒で回答方法や回答箇所を間違いやすく，対象者の負担が重い傾向にある．調査対象者数があまり多くなければ，① 直接回答を選択したほうがよい．また，③ マークシートへの回答を求める場合は，受験などで利用慣れしている大学生や高校生には可能なものの，年配者が対象の調査やプライベートな内容を聞く調査には適さないと考えられる．

(2) ヒアリングによる調査

　質問に対する回答数は多いに越したことはないが，多ければ多いほどよいというわけでもない．量が多くてもその質（正確性や精度）が低ければ目的とする調査結果が得られない．きめ細かな調査を実施するためには，ヒアリング調査によって詳細で質の高い調査結果の確保をめざすのも1つの方法だといえる．ヒアリング調査法では，調査者が回答者に直に説明や質問をしながら，回答者の回答を引き出し，アンケート調査票にその回答を記入（メモ）していく．回答者や回答内容の状況に応じてさらにより深く質問も実施していく．これにより，郵送配布法や集合調査法では明らかにすることのできない内容を明確にしたり，それらでは得られない詳細な回答を収集したりすることができる．しかしながら，この方法では質問に対して正確かつ詳細な回答が得られやすい反面，回答者には多くの時間と手間を課するため，わずらわしさを最低限にする配慮が必要である．

　また，アンケート用紙による調査とヒアリングによる調査を組み合わせて実施する方法もある．例えば，集合調査法からアンケート回答を得て，その回答者の中から一部の対象者にヒアリング調査をする方法である．この方法は，調査法としては時間と手間がかかるものの，回答の全体を把握するとともに，その回答の詳細を理解するのに役に立つ．なお，この方法を実施する際には，アンケート調査の質問にヒアリング調査に協力できるか（可否，連絡先，協力できる時間など）を尋ねておくとよい．

(3) Webアンケートによる調査

　Webアンケートは，大学生などの若い対象者にとって，紙のアンケートと比較して回答しやすく，回答時間も少なくて済むというメリットがある．その上，回答者は，手書きによる記入が不要なため，アンケート回答時間の短縮が期待できる．また，無回答や誤入力をチェックする仕組みなどを設定することにより，回答者の確実・正確な回答の入力が支援できるようになる．スマートフォンやスマートデバイスが普及・拡大する状況の中で，これらを用いていつでもどこからでも好きな時間に簡単にアンケートに回答してもらえるというWebアンケートのメリットは高いと考えられる．しかしながら，Webアンケートを実施するためのコンピュータ環境やネットワークの調整・整備，プログラムなどの設定，設問と回答の入力と設定，回答者のパスワードの設定，耐久性のテスト，各種Webブラウザのチェック，同一人物による回答の回避対策，コンピュータトラブル対応の設定などにおいて手間や時間がかかる作業が他の実施方法に比べて増え，アンケート用紙による調査と比較して必ずしもメリットが高いとはいえない．調査対象者数，調査内容，調査期間，Webアンケート作成技術と作業時間なども考慮に入れて選択するかを検討する．場合によっては，Webアンケートの実施支援をするWebサイトも多く存在するのでそれらを利用する方法もある．

　Webアンケートは前述したように，回答者にとって回答しやすいことや，調査者にとっては集計が容易であることなどのメリットがあるものの，無記名でWebアンケートを実施する場合は回答者が特定できないため，アンケート回答の信頼性を確保するための対策を検討しておく必要がある．

(4) スマートデバイスによる調査

スマートフォンやタブレットコンピュータなどのスマートデバイス向けにアンケート回答システム（プログラム・アプリ）を開発し，そのシステムを用いてアンケート調査を実施する方法もある．システム開発に時間がかかる反面，一度開発すれば，回答者は質問への回答がしやすく，調査者は回答結果の集計が容易となる．また，スマートデバイスはタッチパネルで操作できるなどのインターフェースが優れている上に，音声，動画，画像などの様々な素材を用いることもでき，より多くの方法で目的に即した調査が可能となる．

実際には，調査対象者に集まってもらい用意したスマートデバイスとアプリを使って調査する方法や，新たにアプリを開発して回答依頼やアプリのURLをメールで通知してそのアプリを利用してもらい，ネットを通じて収集する方法も考えられる．この方法は近年タブレットやタッチパネル対応のPCが普及しており，調査対象者を多く確保し，調査対象者から迅速な回答を得る上では有効な方法だといえる．しかしながら，アプリの開発に技術と作業時間がかかるため，アプリ開発を苦手としている調査者には向かないと考えられる．

(5) メール・アンケートによる調査

メール・アンケートは，メールを用いてアンケートを実施する方法である．アンケート対象者に調査依頼文，調査内容，アンケート調査票などを記入・添付したメールを送信し，回答を回収する．回収の方法には，① 送信メールに調査内容を記入しておき，返信メールにその回答を記入してもらう方法，② 送信メールに電子版アンケート調査票を添付しておき，回答された調査票を添付ファイルで回収する方法，③ 送信メールにURL（Webページの場所）を記入しておき，そのURLに回答してもらう方法（Webアンケート）などがある．この方法は，対象者へのアンケート調査依頼に時間や手間が少ないものの，電子的なアンケート調査結果の管理と集計，および，セキュリティの確保などには工夫が必要となる．

8.1.5　アンケート調査方法の設計における検討項目（内容）

アンケート調査方法を設計する上で，検討すべき項目（検討項目）とその内容について以下に示していく．なお，アンケート調査によっては検討の必要がない項目も含まれている．これらの検討項目は基本的に調査目的に従って選択していくことが必要である．

(1) 調査内容（知りたい情報）

アンケート調査はその目的に基づいて，知りたい情報を決定する．アンケート調査方法は，これらの知りたい情報を確実に収集できる方法でなければならない．そして，知りたい情報を収集するための質問，回答，および，質問構成を設定する必要がある．

(2) 調査対象者（回答者）

アンケート調査においても調査対象者をすべて調査する全数（悉皆）調査と，一部の調査対象者に調査する標本調査がある．標本調査においても，調査対象者の属性などによる偏り（バイアス）が生じないよう対象者の抽出方法を含めて工夫・検討・配慮する必要がある．抽出方法

は原則的には無作為抽出とする必要があるが，その場合も単純無作為抽出法，系統抽出法，層別抽出法などいくつかの方法があるので，調査目的・知りたい情報に基づいて最も適した方法を選択する．

(3) 調査時期（タイミング）・期間

どのような調査においても，その調査を実施する時期やタイミングは非常に重要である．調査対象者がアンケートを回答する十分な時間が確保できる時期なのか，調査したい内容を調査対象者が十分に理解でき回答しやすいタイミングなのかなどである．また，回答を回収するまでの期間（の長さ）の設定も重要な要素である．回答するまでの期間が短いと回答が返されない，回答までの期間が長いとアンケート調査があることを忘れてしまう可能性もある．例えば，アンケートによる郵送配布法では，締め切りまでの期間が1週間だと回答するのに短すぎるため回答率が下がる．また，1か月以上になるとアンケート回答を忘れられて回収率が同様に下がる．アンケート調査の種類，内容，質問数などにもよるが，回答期間は配布から回収まで2週間程度が最もよいだろう．

(4) 記名式か無記名式か

アンケート調査には，本人の名前や会社名などを記入して回答者を明確にする調査方法（記名式）と，明確にしない方法（無記名式）がある．記名式では無責任な回答が減少するなどのメリットがある反面，回答者がはっきりしているので建前ばかりで本音を言ってもらえないなどのデメリットもある．逆に，無記名式を採用すると，本音で言いたいことを書いてもらえる割合が増える反面，無責任な回答が増えることや，アンケート対象者への再調査や回答内容などの確認ができないといったデメリットが生じる．

(5) 質問数

多くの質問を用意すれば目的とする回答結果が導かれる道筋も多くなる可能性が高いと感じるかもしれない．しかしながら，回答には回答者に時間的・肉体的・精神的な負担をかけることになる．必要最低数の質問を設定し，短時間で回答してもらうことが基本である．多くの質問数があり回答時間が長くなると，回答者はアンケート回答を途中で止めてしまったり，途中からいい加減な回答になったりすることがある．回答者の負担にならない程度の質問数に抑えることが重要である．

(6) 回答者の負担軽減への配慮

アンケート調査を実施する場合，アンケートの回答者には負担をかけないよう配慮することが原則である．そのため，アンケートは回答者になるべく負担をかけず思いのまま・気持ちのまま・考えるままを回答できるように，その質問の構成と流れ・質問の文章と回答方法を工夫することが重要である．

(7) アンケートの有効回収率

アンケート調査を実施しても必要な有効回答数を確保できなければ，アンケート調査による

有効性は立証できない．アンケートの回収率を高める工夫をするとともに，対象者が正確に回答しやすいようにするための対策（有効回答率の向上）が重要である．アンケートの回収率を高める方法としては，先に述べている内容も含めて調査対象者の選択，調査協力者の確保，調査のタイミング，アンケート実施方法，質問の量，質問のわかりやすさ，調査への謝礼などがあげられる．

8.1.6 アンケート調査方法の決定

アンケート実施方法を含めてアンケート調査項目の検討を終えたら，先に作成した調査方法リストとは別に費用や手間などの関連項目を加えた，新しい調査方法リストを作成してみる．これらの中から調査目的に最も適した方法をいくつか選択する．目的を達成できるアンケートとして同程度に適している方法が複数ある場合は，予想される回収率，入手できる情報の精度，合理性の高さを含めて選択するのがよい．しかしながら，この段階に入ると時間や手間を惜しんで最も簡単で手軽な調査方法を選択しがちになる．そのため，改めて選択した調査方法が調査目的を達成できる確実な方法となっているかを再度確認する．

8.1.7 アンケート調査のタイトルの決定

アンケート調査目的，内容，対象者などを用いてアンケート調査に適した調査票のタイトルを決定する．タイトルは調査内容とその目的を明確に示すようなものが望ましいと考えられる．一般的にいえば「○○システムの利用状況に関する現状調査」「○○における○○システムの活用状況と有効性に関する意識調査」「○○に関する○○の意識実態調査」などが考えられよう．

8.2 アンケート調査票の設計

適切なアンケート調査を実施して対象者から適切な回答を得るには，アンケート調査方法，アンケート実施方法などの設計だけでなく，目的とする結果が得られるような内容（質問文，回答など），回答者が適切に回答できるような質問の流れ，および，回答者が回答しやすくなるような調査票レイアウトなどのアンケート調査票の設計が重要である．

本節では，アンケート調査票を設計する際の考え方・手順・注意点，アンケート回答方法の種類と適用方法，および，アンケート調査票作成における Word の活用法などを紹介する．

8.2.1 アンケート調査票の設計に対する考え方

アンケート調査票の設計（デザイン）は，アンケート調査の中でメインとなる部分といってよい．調査票の設計では，回答者の考え・意見・思いなどを調査票にいかに引き出す（写し出す）ことができるかが重要なカギとなる．調査票の設計においても様々な工夫をして回答者に正確で素直な回答を促す必要がある．このため，アンケート調査票の設計における重要なポイントとしては以下の点があげられる．

① アンケートの目的に対する結果が得られる質問内容（質問文と回答）になっているか
② 対象者の誰もがわかる質問文となっているか
③ 対象者の考え・意見・思いを表現できる回答内容および回答形式になっているか
④ 対象者が誤解なく間違いがなく適切に回答できる質問構成（質問の流れも含む），質問文（回答），および，調査票（レイアウト）になっているか
⑤ 対象者が回答するのにストレスがないように見やすく，わかりやすく，回答しやすいよう，調査票のレイアウト（デザイン，バランスなど）が工夫されているか

8.2.2 アンケート調査票の構成と内容

アンケート調査票の作成における構成（順序）とその内容は以下のようになる．

(1) アンケートのタイトル名

前節でも述べたようにアンケートのタイトル名は重要である．対象者はアンケートのタイトル名によって回答するかしないかを決める場合も多い．調査票のタイトルは調査内容を明確に示すようになっていなければならない．アンケート調査票には，まずアンケートのタイトル名を示し，回答者に何に関してのアンケートかを明確に伝えることが大切である．

(2) 調査対象者への挨拶文（協力依頼文）

アンケート調査に協力してもらう意味で，重要なのがアンケート調査協力対象者への挨拶文（協力依頼文）である．挨拶文では以下の内容を明確に示しておく必要がある．

① 調査の目的（意義）と必要性
② 収集した調査結果の利用方法
③ 個人情報（データ）の取り扱い方法
④ プライバシーへの配慮
⑤ アンケート調査への協力依頼
⑥ 依頼日（日付），氏名（実施責任者），連絡先など

(3) 回答の記入方法と記入上の注意事項

回答の記入方法や記入上の注意事項を示す．例えば，「※下記の各設問に対して該当する番号に〇印あるいは数字等をご記入下さい」「※回答は本調査票とは別の回答用紙にご記入下さい」などを示しておく．

(4) 質問文と回答記入欄

質問文と回答記入欄は，見やすく，わかりやすく，回答しやすくするのが基本である．また，誤解を受けないような丁寧な表現を用いることを忘れてはいけない．

なお，前の質問において該当する回答を選択した対象者だけに答えてもらう場合は「質問〇で□と回答した人のみにお尋ねします」あるいは「質問〇で△と回答した人は，質問□に進んで下さい」といった文章などで示すとともに，質問移動先に矢印を利用して示すとわかりやすい．

また，質問文とその回答（選択肢）はわかりやすいように，必ず同じページ内に示すようにすることが重要である．

　回答方法として，8.1.4項で述べたようにアンケート用紙の右側に回答欄を設けたり，別に回答用紙を用意したりする方法もある．しかしながら，これら回答方法は調査者が調査結果を電子化するのには便利だが，回答者にとっては直接回答を記入するよりも時間と手間がかかるので注意する．

　なお，質問文の書き方と回答の種類は次項で説明する．

(5) アンケートの回収方法と締め切り日

　アンケートの回収方法と締め切り日の設定が必要なアンケート調査では，アンケート回収方法と締め切り日を明確に示す必要がある．状況によっては，最初の質問の前と最後の回答記入欄の後の複数箇所に示しておく．例えば，最初の質問文の前には「ご多忙のところ誠に恐縮ですが，同封の返信用封筒にて，平成〇〇年〇〇月〇〇日（　）までに，ご返送をよろしくお願い致します」，最後の回答欄の後には，「※ご協力ありがとうございました．同封の返信用封筒にて平成〇〇年〇〇月〇〇日（　）までに，ご返送をよろしくお願い致します」のように示すとよい．

(6) アンケート協力のお礼

　最後の質問の回答欄の後に，アンケート記入のお礼を簡単に述べる．

(7) その他

　アンケート調査結果を整理・分類していくために必要なIDの記入欄，チェック欄，日付欄などを作成しておくと便利である．回答する際には必要がなくてもアンケート結果を整理する・電子化するために必要な項目欄はアンケート調査票にあらかじめ用意しておく．

8.2.3　質問文と回答（記入欄）の設計

　質問文は調査対象者に自分の意見・考え・思いを適切に回答してもらうために，丁寧に書くこと，わかりやすく書くこと，そして読みやすく書くことに心がける．あくまでも回答者が時間や手間を割いて回答していることを忘れずに作成することが重要である．また，丁寧，かつ，わかりやすく書いた文章でも文章途中で改行されていたりすると，読みにくくなるので，質問文の書き方にも工夫やデザインが重要である．質問文と回答を作成するには必ずしも決まった手順や方法はないものの，概ね以下の手順と注意事項を踏まえて進めるとよい．

(1) 知りたい情報を明確にする

　アンケート調査目的に基づいて，調べたい（把握したい）内容，検証したい内容，分析したい内容，入手したい情報などを具体化してさらに細かく検討し，その内容を明確化する．

(2) 調査項目を決める

　知りたい情報（内容）に基づいて，調査項目（どのようなことをどのように質問すればよいか）を検討し決定する．知りたい情報がすべてカバーできるように調査項目を設定する．知り

たい情報を調査対象者から質問により引き出すにはどのような調査項目を設ければよいのかをいくつかの案を出しながら検討するとよい．多変量解析や共分散構造分析を用いて分析する場合は，前もって仮説を立て，それら分析のために必要な調査項目を作成する．

(3) 調査項目を整理し，質問する順番を決める

調査項目をすべて決めたら，それらをいくつかのグループに分類する．これを「大項目」と呼ぶことにする．大項目には基本的には関連が強い調査項目を集める．回答者の性別，年齢，学年などの属性は「フェイス項目」として1つの大項目として設定する．そして，大項目の質問の順番（流れ）と大項目内の調査項目の順番も概ね決める．基本的には回答者がわかりやすいような質問の展開ができるとよい．

これらの調査項目の分類と順序などを検討するには，文章作成ソフトウェアに備えられている「アウトライン機能」を活用するとよい．アウトライン機能は，「レベル」という階層を使用して全体および部分の構成を把握しながら，その内容を作成・移動・変更できる機能で，論文やレポートなどの目次や構成を作成するときに用いられる．Microsoft Word の「アウトライン機能」は，「表示」リボンの「文章の表示」グループの「アウトライン」を選択することによって利用できる（図8.1参照）．なお，アウトライン機能の終了は，「アウトライン」リボンの一番右のボタン「アウトライン表示を閉じる」を押す．

(4) 質問文を作成する

大項目ごとに調査項目に対応した質問文を作成していく．この際，大項目内で，回答者が質問内容を理解しやすいよう，質問文の展開（流れ）がスムーズになるよう，質問文の順番も含めて検討する．質問の展開によっては，回答者に質問内容がより理解しやすいよう質問間のつなぎをするような質問を加えたり説明文を加えたりするとよい．

質問文と回答作成の際には，導きたい回答に誘導するような質問の仕方をしてはいけない．そのような質問による回答結果は有効なアンケート調査結果とはいえないばかりではなく，その調査を利用して作成した論文そのもの自体の信頼性を失いかねない．質問文はわかりやすく表現するのは必須の条件ではあるが，回答を誘導するようなことは行ってはならない．

(5) 回答（記入欄）を用意する

質問文に対して回答（記入欄）を用意する．アンケート調査内容にもよるが，質問文を作成するより回答を用意する方が難しい場合も多くある．作成者は調査する立場と同時に回答者の立場になって回答を作成していく必要がある．回答を作成するには，あらかじめ対象者の回答となるような意見を収集しておくことも必要である．そうすることによって自分の考えがおよばなかった予想できない回答がみつかることもある．

回答（方法）の種類は，選択肢から回答を選び出す「選択回答」と，選択肢が用意されなくて自ら記入する「自由回答」（記述式回答）との大きく2つに分けることができる．回答を作成するのが面倒だ（手間がかかる）ということで，多くの回答に対して安易に自由回答を用いると，期待される回答が十分に得られない場合がある．アンケート調査の種類や内容にもよるが，

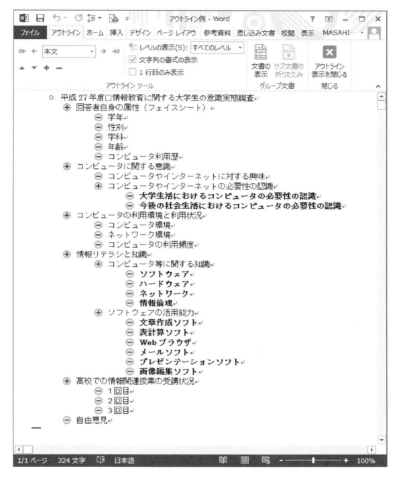

図 8.1　アウトライン機能

調査対象者は基本的に自由回答には積極的に回答しないと考えた方がよい．回答選択肢を設けた方が回答者の考え・意見・思いを反映できる場合も多くある．逆に言うと，作成者は十分な回答選択肢が作成できるように，多くの対象者の状況・回答を推測・把握しておく必要がある．しかしながら，その際に見当違いの回答選択肢を用意しても意味がないので注意してほしい．

また，選択回答や自由回答は以下のようにいくつかの種類に分けることができる．その内容を以下に簡単に説明する．アンケート調査票の作成において回答の種類と内容を概ね理解しておく．回答方法の種類の例を図 8.2 に示す．

①単一回答（例）

1. あなたの学年を教えてください。

| 1 | 1年生 | 2 | 2年生 | 3 | 3年生 | 4 | 4年生 |

②複数回答（例）

2. なぜ，コンピュータが必要だと思いますか．該当するすべての回答の番号に○をお付けください．

1	コンピュータの知識・技術を習得するため	2	社会に出る準備のため
3	授業の課題やレポートで必要だと思うため	4	趣味を充実させるため
5	友達とのコミュニケーションのため	6	仕事（アルバイト）を効率よく行うため
7	必要な情報を検索するため	8	便利だから
9	その他（　　　　　　　　　　　　　　　　　　　　　　　　　　　　　）		

③制限付き複数回答（例）

3. コンピュータを使ってどのようなことがしたいと思いますか．最もしたいことを3つまで選択してください．

1	写真の加工	2	ポスター制作	3	ネットゲーム
4	ホームページ制作	5	動画の視聴	6	プログラミング
7	ネットショッピング	8	音楽の鑑賞	9	ネットオークション
10	ムービー制作	11	SNS	12	その他（　　　　）

④順序回答（例）

4. 下記のソフトウェアを好きな順にその順番を入れてください．

	【回答欄】好きな順番
1. 文章作成ソフト	
2. 表計算ソフト	
3. Web閲覧ソフト	
4. メールソフト	
5. プレゼンテーションソフト	
6. 画像編集（加工）ソフト	

⑤制限付き順序回答（例）

5. 下記の時間帯の中で，コンピュータを最もよく使う時間帯をよく使う順に3つまで選択し，その番号をお書きください．

| 1位 | | 2位 | | 3位 | |

1	17時から18時	2	18時から19時	3	19時から20時	4	20時から21時
5	21時から22時	6	22時から23時	7	23時から24時	8	24時以降

⑥段階回答（例）
6. 情報リテラシにおける知識の所有状況についてお聞きします．下記の内容についての知識を持っていますか．内容ごとにあてはまる状況に最も近い回答の番号に〇印をお付けください．

	持っている	どちらかと言うと持っている	どちらとも言えない	どちらかと言うと持っていない	持っていない
1. ソフトウェア（コンピュータ）	1	2	3	4	5
2. ハードウェア（コンピュータ）	1	2	3	4	5
3. ネットワーク（コンピュータ）	1	2	3	4	5
4. 情報モラル（情報倫理）	1	2	3	4	5

⑦数値回答（例）
7. あなたの年齢（平成29年4月1日現在）を教えてください．

　　□□ 歳

⑧単語回答（例）
8. あなたのコンピュータに対する最も強いイメージを教えてください．

⑨文章回答（例）
9. 情報リテラシの現状，情報リテラシの授業，および，本アンケートに関してのご意見，ご要望，あるいは，お考えがありましたら，ご自由にお書きください．

図 8.2　回答方法の種類（例）

A. 選択回答

① 単一回答：選択肢の中から1つの回答を選択する回答形式．
② 複数回答：選択肢の中から該当するものをすべて選択する回答形式．質問文には「該当する回答の番号にすべて〇をお付けください」などと書く，あるいは，文末と句読点（．）との間に「（複数回答可）」または「（複数選択可）」と記す．
③ 制限付き複数回答：選択肢の中から最も該当するものを，制限数を上限にして選択する回答形式．「該当する回答の番号に3つ以内で〇をお付けください」などと書く，あるいは，文末と句読点（．）との間に「（3つまで複数回答可）」と表記する．

④ 順序回答：選択肢のすべてに順序を付ける回答形式．選択肢に番号を付けていく方法と，選択肢を並び替えていく方法の2通りがある．

⑤ 制限付き順序回答：選択肢のいくつかに順序を付ける回答形式．選択数の制限を付けた順序回答である．例えば，「あなたの気持ちに近い回答から順に3つ選択してください」などと表記する．

⑥ 段階回答：制限付き順序回答の特殊な回答形式の1つ．SD法 (Semantic Differential method) などの心理的な強さの程度を測定する場合によく用いる．また，サービス満足度やシステムなどの評価をする場合にもよく利用する．強さの物差しとして，5段階法（「リッカードスケール」とも呼ぶ），7段階法がよく用いられる．良し悪しを明確にさせるには4段階法や6段階法を用いるとよい．

5段階法の満足度の回答には，「満足している」「やや満足している」「どちらとも言えない」「やや不満である」「不満である」，あるいは，「満足している」「どちらかと言えば満足している」「どちらとも言えない」「どちらかと言えば不満である」「不満である」などを用いる．両端の回答に「大変」や「非常に」などをつける方法（例えば「非常に満足している」「満足している」「どちらとも言えない」「不満である」「非常に不満である」）もあるが，日本人の回答は中央に寄る傾向がある（中心化傾向がある）ため，前述した回答選択肢を用いた方が，回答の良し悪しが明確になると考えられる．これらの回答は，基本的には質問（内容）によって回答方法を使い分けていく．

段階回答で得られた結果は，比例間隔尺度ではなく順序尺度となるので，統計処理する場合はその扱いに注意が必要である．

B. 自由回答（記述式回答）

⑦ 数値回答：数値を記入する回答形式．年齢，回数，利用年数，金額などの記入でよく用いる．

⑧ 単語回答：単語（文字列）を記入する回答形式．イメージをあげてもらう場合などに用いる．また，選択肢として用意できなかった回答（「その他」）を記入してもらう場合にも使用する．

⑨ 文章回答：文章で記入する回答形式．具体例，意見，要望，提案などを自由に文章で記入してもらう場合に用いる．特に，アンケート調査票の最後の部分において「○○システムあるいは本アンケートについてご意見，ご要望，ご提案等がありましたら，ご自由にお書きください」として質問をするのもよいだろう．

C. その他

⑩ 組合せ回答：これまでに示した回答形式の組合せ．①～⑨の回答形式にこだわることなく，回答者が自身の考え・意見・思いを回答できるような回答形式の組合せを工夫して作るとよい．ただし，この場合，質問・回答方法や回答指示方法も複雑になるので注意する．

回答欄には罫線（表）を用いた方が回答者にわかりやすく回答しやすい．罫線はMicrosoft

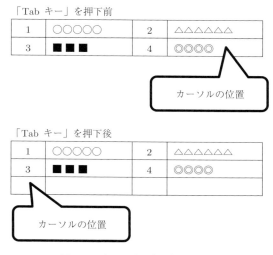

図 8.3 表における行の簡単な追加

Word では，「挿入」リボンの「表」グループの「表」を使う．回答を作成している際に，さらに回答選択肢を 1 行だけ追加するには，最終行の右端のセルで「Tab キー」を押す方法が便利である（図 8.3 参照）．

(6) 質問文および回答を作成する上での注意

質問文および回答を作成する上では，特に下記の点を注意するとよい．

① 知りたい情報が得られる質問文と回答にする．
② 原則として 1 質問について 1 内容とする．質問数を減らしたい場合においても 1 質問につき 2 内容までとする．
③ 同じ回答選択肢を用いる複数の質問がある場合は，表を用いるなどして見やすく無駄なスペースを作らないように工夫する．
④ 自由回答には回答ができる十分なスペースを確保する．
⑤ 複数回答の場合，回答が無回答なのか，該当する回答がないのかを判別できるように，該当する回答がない場合の選択肢「特にない」などを用意するとよい．
⑥ 質問の回答（該当者）によって，次の質問を変えたり，追加したり，分岐したりする場合がある．その場合に，回答者が次にどの質問に回答すればよいのかを明確にわかるようにする．特に複雑な回答により，回答すべき質問を分岐する場合は，フローチャートを作成して確実にその通りに回答が進むか，そして，そのための指示は適切にされているかを確認する．
⑦ 回答選択肢が十分に用意できない場合，「その他（　）」を設け，（　）内にその内容を記述してもらう．
⑧ 単数回答とするのか，複数回答とするのか，あるいは，制限付き複数回答でいくつまでの

制限にするのかは質問文において明確に対象者に伝える．大部分の質問が単一回答である場合には，注意事項で「単一回答」であることを伝えておき，複数回答が必要な質問において，質問文に「複数回答」であることを示す．
⑨ 調査対象者が複数の立場をもつ場合は，どのような見方・立場で回答してもらうのかを明確に伝える．例えば，システムの性能評価のアンケート調査を行う場合，利用者（エンドユーザ）のひとりとして評価して回答してもらうのか，技術者のひとりとして評価してもらうのかを質問文の中で明確に伝える．

(7) 電子化するためにアンケート調査票を工夫する

効率よく調査結果を電子化（データ入力）するために，アンケート調査票を作成する段階でそのための工夫をしておくとよい．しかしながら，その工夫も調査対象者に時間と手間の負担をなるべくかけないようにしたい．以下，アンケート調査票を効率よく電子化（データ入力）するための質問文と回答の作成方法について述べる．

① 質問文には質問の順に通し番号（数字）をつける．
調査結果入力の際，どの質問の回答を入力しているのかが明確になる．
② 選択回答の選択肢の前に番号（数字）をつけておく．
選択回答の数値や位置が把握できることによりデータが入力しやすくなる．
③ 複数の質問文において回答が同じ内容の段階回答である場合は，回答は1つの表として作成し，質問文および回答を1つにまとめる（図8.2 ⑥ 段階回答（例）参照）．また，その場合，各質問の項目には番号を付与する．こうすることで，質問がわかりやすくなると同時に，データ入力もしやすくなる．
④ 各回答欄の枠の大きさ・位置，回答番号（数値）の並び順などはなるべく統一する．回答が見やすくなると同時に，データ入力の際の入力ミスも防ぐことができる．
⑤ 自由回答には記入枠を用意するだけでなく，文字（数値）枠や行間罫線（行と行の間に引く罫線）も用意する．こうすることで，自由回答の枠だけが与えられたときと比較して，文字や数値の大きさが整うようになり，文字や数値の判読がしやすくなる．

(8) 質問の流れと質問数を再度チェックする

大項目の並び順と質問の並び順を決めて，全体のチェックをしてみる．これらの質問と回答で必要な情報の収集ができるのか，そして調査目的が達成できるのかを改めて確認してみる．また，全体の質問をみて，質問数が適当なのかを確認する．先にも述べたように，質問数が多すぎると回収率が悪くなったり，有効な回答数が減少したりすることになる．

(9) 全体のレイアウトとデザインを整える

質問文，回答，そして，これらの並び順（流れ）が決まった後は，アンケート調査票を見やすく，読みやすく，回答しやすく，そして，データ入力しやすくレイアウト（デザイン）するかを決定する．質問文と回答も含めて調査票全体をどのようにレイアウトするのかを検討する．その場合，対象者の属性などにも配慮しておく必要がある．例えば，高齢者が対象であればな

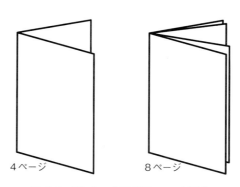

図 8.4 アンケート調査票のページ編成

るべく大きい文字・見やすい文字フォントを使用する．小学生であれば利用する漢字や単語にも気を配る．女性対象であれば，アンケート用紙の色をカラーにしたり，丸文字のフォントを使用したりといったことも考えられよう．

また，アンケート調査票のページをどのように編成するのかも検討する必要がある．データ管理，データ入力，対象者の属性などのことを含めて検討する．例えば A4 用紙 4 ページであれば，A4 用紙を 4 枚印刷してホチキスで留めるよりも，A3 用紙 1 枚を使って両面印刷・中綴じして冊子のようにする．また，A4 用紙 8 ページになる場合も，A3 用紙 2 枚を中折りして，2 枚重ねにするとよい（図 8.4 参照）．これらの場合，見開き方法も検討することを忘れないようにする．

8.2.4 アンケート調査票の最終チェック

アンケート調査票が完成したら，アンケート調査が確実に実施でき，有効な回答が得られ，調査の目的が達成できるのか，最終的なチェックを行う．アンケートを実施する前に，一部の対象者に実際に回答してもらい，本節であげている様々な点についてチェックをする．その際，質問における回答時間がどの程度かを計測しておくとよい．計測時間の長さにより，回答が難しい・わかりにくいなどが判断できる．また，回答してもらっている間に，回答者からの質問および意見を受ける．さらに，アンケートのイメージなども聞いておく．最後に，作成者の考え通りに正しく回答されているかなどのチェックを行う．これにより，アンケート調査票をよりよいものにしていく．十分な回答が得られないと判断した場合は，アンケート調査票を作成し直す．

また，より正確かつ確実に行うには本調査の前に予備調査を実施する．予備調査は一部の対象者に対して本調査前に実施し，回答が確実に確保できるのかを確認する作業となる．これにより問題点を修正する．

集合調査法で実施する場合は，必ず集合調査の際の説明などのリハーサルを行う．メール・アンケートなどの場合においても確実に実施できるかを何度もチェックしよう．基本的に 2 回同じ調査はできない，失敗はできないことを自覚してアンケート調査の実施準備をしよう．

8.3 アンケート調査結果の電子化の方法

　アンケート調査結果を適切に集計処理・分析するためには，まず，アンケート調査の結果を適切に電子化する（つまり，データとしてコンピュータで適切な集計・分析ができるように入力・加工処理する）ことが必要である．調査結果を電子化するときの基本は，アンケート調査結果を回答と同じ内容で入力処理し電子化することにある．
　本節では，アンケート結果の集計・分析などの後行程も考えて，アンケート調査結果を効率よく電子化するための考え方・方法（手順）と，表計算ソフトウェア Microsoft Excel を使って正確かつ効率よく入力処理する方法や工夫などについて述べていく．

8.3.1　アンケート調査結果の電子化の考え方

　アンケート調査結果を電子化する場合の基本は，調査結果の回答をそのままの形で正確かつ効率的に入力処理することである．たとえ，アンケート調査票の回答内容，回答方法，あるいは，回答形式などが間違っていても，回答そのままの内容（場合によっては回答にできるだけ近い内容）をアンケートの結果として正確に電子化することが必要である．
　最初に，アンケート調査結果そのままのデータを入力して作成したデータを「初期データ」ということにする．初期データを作成した後は，その初期データを回答者の回答の意図などを判断しながら，データを処理・加工・修正・削除などをしていく．これを「加工データ」ということにする．
　初期データを作成することによって，紙のアンケート調査結果を電子的に集計・分析することが可能となる．そして，紙のアンケートによる調査を行った場合は，アンケート調査回答用紙を処分することが可能となる．電子化した初期データを回答そのままのデータとして残しておくメリットは，入力処理後に新たな処理方法を加えたい場合や入力処理時点のミスがあった場合の対応が迅速に行えることにある．初期データを残しておけば，そのような状況になっても再度紙のアンケート調査回答用紙に戻ってデータを確認したり，追加・修正したりすることなく，電子化された初期データを利用して，対応処理を行うことができる．
　例えば，ある質問において，その質問に回答すべきでない人（非該当者）が回答している質問（例えば，10歳代の対象者に回答を求めたものの，それ以外の対象者が回答している）があったとする．そういった質問に対する回答が書かれている場合，最初から「非該当」として入力処理するのではなく，とりあえず回答されたデータをそのまま入力処理しておく．それが初期データとなる．そして，その後のデータ修正・加工の段階で，その回答を「非該当」として処理する．この処理を実施したデータが加工データになる．最初から「非該当」にしてしまうと，何らかの必要性から「非該当」者の結果を参考にする必要が生じた場合，再度アンケート回答用紙の回答を探して入力処理し直さないといけないこととなる．一方，初期データとして入力処理しておいた場合は，後の段階で非該当者の回答を参考にする必要が生じた場合でも，初期データを参考にすれば容易に処理できる．

表 8.2 回答入力処理方法と記入する回答内容

回答入力処理方法	シートの種類	A選択回答		B自由回答		
		①単一回答	⑥段階回答	⑦数値回答	⑧単語回答	⑨文章回答
1	データ回答シート	○	○	○	※	※
1	記述回答シート	×	×	×	○	○
2	データ回答シート	○	○	○	○	※
2	記述回答シート	×	×	×	×	○

○回答を記入　×記入しない　※有無のみ記入

アンケート調査結果の回答は，「データ回答シート」と「記述回答シート」の2つの回答シートに入力する．データ回答シートには，データ加工・集計・分析をするような8.2.3項で述べた選択回答と自由回答（⑦数値回答）の結果を主に入力する．記述回答シートは，自由回答（⑧単語回答と⑨文章回答）の結果を入力する（これを「回答入力処理方法1」と呼ぶ）．記述回答シートはMicrosoft Wordなどの文章作成ソフトウェアを使って入力処理していく．短い文章や単語などであれば，入力処理上ならびに関連項目と関係のわかりやすさからデータ回答シートに入力した方が便利である場合もある（この方法を「回答入力処理方法2」と呼ぶ）．「回答入力処理方法1」と「回答入力処理方法2」との違いは，短い文字回答の回答内容をどちらの回答シートに入力するかにある（表8.2参照）．どちらの入力処理方法を選択するかは，回答の状況，回答の量，および，質問の量などをみて総合的な判断をするとよい．

データ回答シートには，Microsoft Excelで1レコードを1行としたリレーショナルデータベースを作成する．つまり，それぞれの質問（フィールド）に対する回答が順次，各列に並ぶことになる．

8.3.2 アンケート調査結果の電子化の手順

アンケート調査結果の電子化は，次のデータ集計・分析がしやすいように，結果内容をそのままに近い形で，正確かつ効率よく入力することが重要である．以下，紙のアンケート調査を実施した場合のアンケート調査結果の電子化手順について説明していく．

(1) 回収した紙のアンケート用紙に番号（アンケートID）を付ける

アンケート調査結果を入力する前に，アンケートを整理し効率よく処理していくため，アンケート調査票に整理番号（以下，「アンケートID」と呼ぶことにする）を付与する．この作業をすることにより，アンケート調査結果の入力や検索を効率よく進めることができる．アンケートIDは，1種類のアンケートを，1集団を対象として行う場合は基本的に連番（通し番号）にすればよいが，複数の種類のアンケート調査を1集団に実施する場合や，複数の集団に同一のアンケート調査を実施する場合は，アンケートの開始番号を工夫するとよい．例えば，Aの集団の

回答者には 101 番から連番，B の集団の回答者には 201 番から連番といった番号付けを行う．
　また，1 種類のアンケートを，1 集団を対象とする場合においても，例えば最初の質問が年齢だった場合は，調査票を回答者の回答の年齢順に並び替えてからアンケート ID を付与する．こうすることによって，少なくとも年齢の回答に対しては，入力がしやすく，また入力ミスなどに気づきやすくなるとともに，その後の集計もしやすくなる．

(2)　調査結果の入力方法（内容）を設定する

　アンケート結果入力を開始する前に，あらかじめデータ回答シートへの回答結果の入力処理方法（内容）を決めておく必要がある．そのため，質問項目（フィールド名）ごとに回答結果の入力処理方法（内容）を決定して，その処理方法の一覧表を作成しておく．ここで作成する表を「入力処理ルール表」と呼ぶこととする．入力処理ルール表には，表 8.3 の例のように大項目，質問番号，質問内容，回答形式（① 単一回答など），入力内容（データ回答シート，記述回答シート），および，備考などの項目枠を用意する．

　データ入力の際は，この入力処理ルール表に従ってアンケート回答結果を順次入力していく．また，複数の人で入力処理をする場合は，入力処理ルール表はあらかじめデータ入力処理の協力者全員に配布し，入力方法を確認しておくとよい．

　データ回答シートの入力方法（内容）は，文字（アルファベット）よりも数字入力が望ましい．数字の方が文字より迅速かつ正確に入力できるためである．そのために，アンケート作成する際にも選択回答の回答番号などは原則として数字（番号）を用いるとよい．

　調査結果入力の際に，一部処理方法を変更する必要が生じることがある．変更した場合は，その処理（変更など）をどのようにしたのかが一目でわかるように，その処理内容を入力処理ルール表の備考欄に残しておく．また，入力処理ルール表を変更した場合は，それまでに入力したデータを遡ってチェック（修正）する．

　先に述べたように，初期データを作成する際は，基本的に回答結果をそのまま入力していく．しかしながら，記入されていない回答があったり，回答になっていない場合があったり，文字を判読できない文章があったり，結果を入力する上で様々な問題が生じることがある．その際に，処理した方法（内容）はアンケート ID とともにメモなどに残しておく．

　データ回答シートでは 1 セルごとに 1 回答を入力していく．しかしながら，回答方式や効率性を重視して，複数の回答を 1 セルに記入し，後のデータ処理で複数のセルに分割する方法もある（入力に慣れている人はこの方法が速いと思われる）．分割方法は Microsoft Excel では「データ」リボンの「データツール」グループの「区切り位置」を使う．

　また，回答入力は，入力処理をしていないか，あるいは，アンケートの回答が無回答だったのかを区別する必要がある．そのためには，無回答の場合にも何らかの数値（例えば，「0」や「99」の回答としてはありえない数字）を入力するように決めておくとよい．

　以下，データ回答シートにおける結果の入力処理方法について，8.2.3 項の図 8.2「回答方法の種類（例）」ごとに入力処理方法の一例を紹介していく．

⑦ 数値回答

例えば，年齢，利用歴（使用年数）などが回答された場合の処理である．原則としてそのままの数値を記入する．無回答だった場合に入力する数値（例えば，「99」や「999」）を決めておくとよい．

① 単一回答，④ 順序回答，⑤ 制限付き順序回答

原則として選択された回答番号（数字）を記入する．無回答の場合の入力数字（例えば，「0」や「9」など）を決めておく．

⑥ 段階回答

段階回答も基本的には ① 単一回答と同様の方法で入力する．しかしながら，段階回答の質問では，8.2.3 項の図 8.2 の ⑥ 段階回答（例）のように，いくつかの質問を同時にする場合がある．このとき，入力後の集計のことを考慮すると，無回答の場合には，その質問回答だけが無回答なのか，質問全体が無回答なのかを明確に区別できるようにしておくとよい．例えば，その質問だけが無回答であれば「0」，質問全体が無回答であれば「9」というように決めておく．

② 複数回答，および，③ 制限付き複数回答

複数選択が可能な回答を設定した場合はデータの入力方法として，大きく 2 通りあげられる．1 つは選択された回答の番号（数値）をそのまま入力する方法である（以下，「複数回答入力方法 A」と呼ぶ）．もう 1 つは選択回答肢ごとに，選択されたか，されていないかを入力する方法である（以下，「複数回答入力方法 B」と呼ぶ）．例えば，図 8.5 のように，選択肢が 12 個ある 3 つまでの制限付き複数回答で，3 番，5 番，7 番の回答が選択された場合，複数回答入力方法 A だと 3，5，7 とセルに順次入力していく．複数回答入力方法 B だと，選択された場合を 1，選択されていない場合を 0 と決めたら，各セルに 0,0,1,0,1,0,1,0,0,0,0,0 と順次入力していく．その後の集計・分析のことを考えると，入力に余計な手間はかかるが，複数回答入力方法 B の方を薦めておきたい．

⑨ 文章回答

自由記述回答は，データ回答シートに回答の有無を示す数字（例えば，記入のあった場合は「1」，なかった場合は「0」など）を記入する．さらに，記述回答シートにアンケート ID とともに回答内容をそのまま入力処理する．

⑧ 単語回答

8.3.1 項で述べた回答入力処理方法をどちらにするかによって処理の方法を決める．回答入力処理方法 1 では，⑨ 文章回答と同じ処理を，回答入力処理方法 2 では回答をそのまま入力する．質問の回答に「その他（ ）」があり，（ ）にその内容を記入するような場合も処理方法を決めておく．なお，質問により，異なる回答入力処理方法を選んでもよい．

特に，入力処理方法には，以下の点に着目してそのルールを決めておくとよい．

- 回答（回答番号）が正しく選択されていない場合の入力処理方法
- 無回答の場合の入力処理方法
- 非該当の場合の入力処理方法（回答するべきでない質問に回答されている場合）

表 8.3 入力処理ルール表（例）

大項目	質問番号	質問内容	回答形式	入力内容 データ回答シート	入力内容 記述回答シート	備考
1. フェイスシート	Q1	学年	①単一回答	選択番号，無回答 0		
	Q2	性別	①単一回答	選択番号，無回答 0		
	Q3	学科	①単一回答	選択番号，無回答 0		
	Q4	年齢	⑦数値回答	無回答 99		
	Q5	コンピュータ利用歴	⑦数値回答	無回答 99		
2. コンピュータに関する意識	Q6	コンピュータへの興味	⑥段階回答	選択番号，無回答 0		
	Q7	大学生活でのコンピュータの必要性	⑥段階回答	選択番号，無回答 0		
	Q8	社会生活でのコンピュータの必要性	⑥段階回答	選択番号，無回答 0		
	Q9	コンピュータが必要な理由（3つまで）12項目	②制限付き複数回答	各項目につき，有り 1，無し 0，すべて無回答 9		制限以上の選択数の場合はすべて無回答 9 とする
	Q10	コンピュータに最も近いイメージ	⑧単語回答	記入有り 1，なし 0	回答とIDの記入	
3. コンピュータ利用環境・利用状況	Q11	コンピュータ環境	②複数回答	各項目につき，有り 1，無し 0，すべて無回答 9		
	Q12	ネットワーク環境	②複数回答	各項目につき，有り 1，無し 0，すべて無回答 9		
	Q13	コンピュータ利用頻度	①単一回答	選択番号，無回答 0		
	Q14	コンピュータの利用内容順	④順序回答	順番		
	Q15	コンピュータ利用時間帯（上位3つ）	⑤制限付き順序回答	順番，無回答 0，すべて無回答 9		制限以上の選択数の場合はすべて無回答 9 とする
4. 情報リテラシ	Q16	コンピュータに関する知識（複数項目）	⑥段階回答	各項目につき，有り 1，無し 0，すべて無回答 9		
	Q17	ソフトウェアの活用能力（複数項目）	⑥段階回答	各項目につき，有り 1，無し 0，すべて無回答 9		
	Q18	情報リテラシの自己評価（複数項目）	⑥段階回答	各項目につき，有り 1，無し 0，すべて無回答 9		
5. 高校での受講状況	Q19	高校での授業内容	②複数回答	各項目につき，有り 1，無し 0，すべて無回答 9		
	Q20	高校での演習時間の割合	①単一回答	選択番号，無回答 0		
	Q21	高校での授業内容で好きな内容順（上位3つ）	⑤制限付き順序回答	順番，無回答 0，すべての順位無回答 9		制限以上の選択数の場合はすべて無回答 9 とする
6. 自由意見	Q22	自由意見	⑨文章回答	記入有り 1，なし 0	回答とIDの記入	

質問 9．コンピュータを使ってよく行っていることを，最も頻度が高い順に 3 つまで選択して下さい．

1	ニュースを見る	2	SNSをする	③	ゲームをする	4	電子書籍を読む
⑤	商品を購入する	6	文章を作成する	⑦	音楽を聴く	8	動画を見る
9	ネットで調べる	10	プログラムをつくる	11	メールをする	12	その他（　　　）

上記の質問で選択肢が 12 個ある 3 つまでの制限付き複数回答で，3，5，7 の回答が選択された場合

複数回答入力方法A

A	K	L	M
ID	Q9_01	Q9_02	Q9_03
25	3	5	7
26			

複数回答入力方法B

A	K	L	M	N	O	P	Q	R	S	T	U	V
ID	Q9_01	Q9_02	Q9_03	Q9_04	Q9_05	Q9_06	Q9_07	Q9_08	Q9_09	Q9_10	Q9_11	Q9_12
25	0	0	1	0	1	0	1	0	0	0	0	0
26													

図 **8.5**　複数回答における入力処理方法（例）

- 複数回答の場合の入力処理方法（どのように入力するのか）
- 単一回答で複数回答されている場合の入力処理方法
- 制限付き複数選択の質問に対し，制限数を超える選択回答がされた場合の入力処理方法
- 自由回答の場合の処理方法（どのように記述回答を処理するのか）
- 「その他（ ）」の回答に記述されている場合の入力処理方法

(3)　アンケート結果の回答シートを作成する

先にも述べたが，アンケート調査結果は入力処理ルール表に従って正確に入力処理していくことが重要である．大量のアンケートを電子化する場合，多くの時間を要することになる．少しでも速く効率よく正確に入力できるようにするために，データ回答シートに様々な工夫をするとよい．

データ回答シート（Excel シート）の 1 行目～3 行目くらい（これを「項目行」と呼ぶこととする）は，質問番号，回答方法，アンケートのページ番号などを入れる行として活用し，それ（4 行目）以降の行（これを「結果入力行」と呼ぶこととする）にアンケート調査結果を入力していく．項目行は，設問番号，入力すべき内容，入力内容などが明確にわかるようにデザインするとよい．また，セルに色（塗りつぶし）を付ける，罫線を付けるなど，正確かつ迅速に入力処理できるように見た目を工夫するとよい．また，結果入力行においても，5 行ごとに横罫線を引くようにするなど，アンケート回答の行ずれが発生しないように工夫する（図 8.6 参照）．なお，この図では，アンケート調査票のページが変わるごとに縦罫線を入れて，入力処理における入力項目の間違いを防いでいる．

データ回答シートの最初の列（フィールド）には，アンケート ID を作成する．項目行の項目名としては「ID」とする．そして，アンケート ID はあらかじめ必要な数字を入力しておくとよい．その際，Microsoft Excel のオートフィル機能を活用して，連続データを作成するとよい．オートフィルによる連番入力は，最初の番号を入力した後，セルの右下角を「Ctrl キー」を押しながらドラッグし下の方のセルにすることにより実行できる．

また，入力ミスを防ぐために，データ入力の際に項目行やアンケート ID が常に表示されるよ

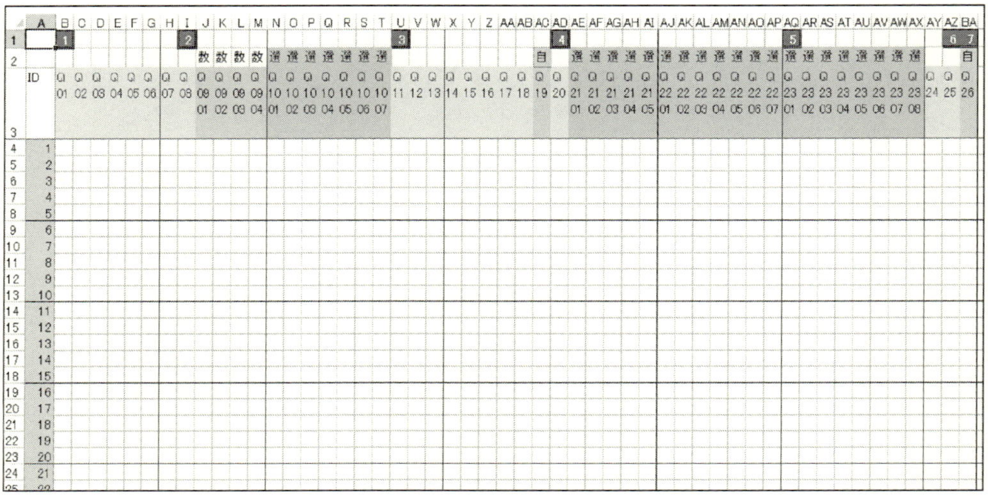

図 8.6 データ回答シート（例）

うに，ウィンドウ枠の固定（「表示リボン」のウィンドウのグループ，「ウィンドウ枠の固定」）を行っておくとよい．

(4) アンケート結果を入力する

調査票の入力は，最初の設問の回答（左の項目）から，主に「テンキー」，「Enter キー」，「Tab キー」，および，「矢印キー」などを用いながら，順次入力していく．Microsoft Excel の初期設定では，数字もしくは文字の入力後に「Enter キー」を押下すると，カレントセルが真下のセルに移動する．データ回答シートの入力処理では，「Enter キー」の押下後に右のセルにカレントセルが移動した方が都合がよい（「Tab キー」で移動は可能）．そのようなカーソル移動をさせるには，Microsoft Excel のメニューから「ファイル」を選択，「オプション」の「詳細設定」で「Enter キーを押したら，セルを移動する」方向を「右」に設定しておく．

また，カレントセルの移動に関しては，「Home キー」を押すことにより，カレントセルを行の一番左のセルに移動することが可能である．さらに，「Ctrl キー」を押しながら「Home キー」を押すと「A1」のセルに移動するので覚えておくとよい．

実際にアンケート調査票の回答結果をみると，正しく回答が記入されていないケースが見つかる．この場合も基本的には作成した入力処理ルール表に従って入力していけばよい．しかしながら，同じような記入ミスがあまりにも多い場合，こちらの質問設定のミス，表現が悪いこと，選択回答肢の設定ミスなども考えられるので改めてアンケート調査票を確認する．このような場合，回答の入力処理ルールを変更した方がよい場合もあるので検討する．

よくある例として，ある単一回答の質問に対してほとんどの回答者が複数回答している場合がある．そのような場合，複数回答形式に対応した入力ルールにして対応するのか，「複数回答」という回答選択肢を用意して対応するのか，無効回答として処理するのかなどを判断する必要

がある．このような場合の処理方法の例としては，以下のことが考えられる．

---

① 複数回答の質問として処理する．
　　複数回答有り質問と同様に扱う．
② 回答選択肢以外の新しい回答として処理する．
　　選択された複数の回答の「組み合わせ回答」として処理する．ただし，組み合わせが多いとその分多くの回答を用意する必要がある．
③ 1つの回答を選択したものとして処理する．
　　2つの回答選択肢に包含関係がある場合，より広範囲あるいはより局所的な回答を選択したものとして処理する（この選択は質問内容による）．
④ 無効な回答として処理する．
　　無効な回答あるいは無回答として扱う．
⑤ 「その他」の回答選択肢として処理する．
　　「その他」の回答選択肢を選択したものとして処理する．
⑥ 「複数回答」という回答選択肢を用意し，その回答を選択したものとして処理する．
　　「複数回答」を用意して2つ以上の回答をしている場合は，この回答選択肢を選択したものとして処理する．

どの処理方法を選ぶ場合も，回答者の貴重な回答をできるだけ反映させることが重要である．

(5) 入力したデータをチェックする

　データ回答シートにアンケート調査結果を入力し終えたら，一度すべてのデータをチェックしてみる．その際に便利な方法として，Microsoft Excel にオートフィルターがある．項目行の中で結果入力行に最も近い行にオートフィルターを設定する．オートフィルターは対象とする行を選択して，「データ」リボンの「並び替えとフィルター」グループの「フィルター」を選択することによって設定できる．オートフィルターを設定し，▼をクリックすると，プルダウンメニューが表示され，最も下の枠の中にその列に存在するすべてのデータが表示される（図8.7参照）．そのデータを見て不適切なデータがあった場合，そのデータの前に✓点を付ければそのデータをもつ回答結果のみを抽出することができる．抽出された回答結果のアンケートIDをもとに再チェックし，間違っていることが確認できればデータの修正を行う．特に，未記入となる回答（データ）がないはずなのに，□（空白セル）が表示されている場合は，入力されていない可能性が高いので，注意してデータの確認を行う．

　また，記述回答シートに回答がもれなくデータ入力処理されているかチェックする場合は，データ入力シートにおいて記述回答などの質問項目に対してオートフィルターを使って回答したデータ（アンケートID）を抽出して確認するとよい．

8.3.3 初期データの保存とデータ修正

　完成した初期データ（データ回答シート，記述回答シート）は「初期データファイル」とし

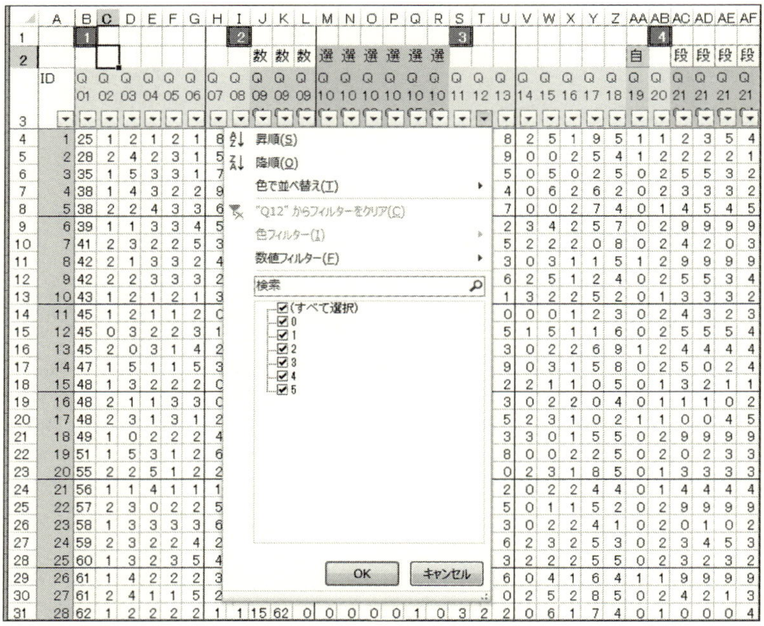

図 8.7 オートフィルター（例）

て保存しておく．初期データファイルは加工せずに保存し，必要に応じて順次新しいファイルを作成していく．

　初期データファイルにおけるデータ回答シートおよび記述回答シートの内容を，入力処理ルール表を確認しながら，回答者の記入ミスなどの間違いを修正した新しいファイル（加工データ）として作成していく．記入すべきでない質問に回答者が記入していたり，意味が理解できない回答があったりした場合にデータを修正していく．ただし，自分勝手な解釈によって修正をしてはいけない．回答者の回答内容を反映させることに重点をおいて判断していく．この作業を行うことで，集計分析作業をスムーズに行えるようにする．この修正作業においても，前述したオートフィルターを活用して間違いをチェックするとよい．

　場合によっては，最初からこの加工データをつくる方法もあるが，前述したようにアンケートの元データが残らないため，データ入力段階において加工ファイルをつくる方法はなるべく避けたい．

　なお，特に修正した方がよいと思われる回答内容などは以下になる．

- 誰が見てもわかる回答入力ミスが行われている．
- 枝分かれの質問などに対して，回答該当者でないのに回答されている．
- 記述回答に全く関係ない内容が書かれている．
- 選択肢回答の「その他（ ）」の（ ）の中に，他の選択肢と一致する内容が書かれている．

8.4 アンケート調査結果の集計方法と図表の作成

アンケート調査結果の電子化（回答シート）が完了した後は，その情報を用いてアンケート結果を集計して，図表などを用いてその結果を表現する作業になる．集計内容そして図表などを作成する基本的な目的は，アンケート調査結果の内容，調査者が伝えたい内容，ならびに，見る側が知りたい内容を適切かつ簡潔に伝えることである．結果を集計して図表などを作成する作業を短時間で効率よく実施していくには，集計および作表・作図のための様々な工夫や技術を必要とする．

本節では，調査結果の集計方法と図表の考え方を説明する．そして，回答シートからデータを加工・集計してアンケート結果を図表などで表現していくための方法の一例を示しながら，これらの作業を効率よく進めるための方法や工夫について説明していく．

8.4.1 アンケート調査結果処理の考え方

アンケート調査結果を適切に処理し図表にして表現していく目的は，アンケートの目的に対する結果として，アンケート調査結果を明確に示して，伝えたい情報を見る側に適切に表現することにある．つまり，アンケート調査における処理とは，アンケートの目的に対する適切な結果をアンケート調査結果から導き出すと同時に，適切な結果の表現方法を選び出す作業である．そのために，調査結果処理の際にはアンケート調査目的を常に意識し，調査結果を適切に図表にしていく方法を検討することが重要である．それには，結果を適切に表現するためのアイデアや工夫だけでなく，一般的な情報の処理・加工方法やグラフの表現方法のルールやセオリーなども十分に踏まえておく必要がある．

また，アンケート結果の集計，表・図（グラフ）の作成においては，効率よく作業を進めることで処理時間が大きく短縮できる．そのため，アンケート調査結果の分析や作図などの作業を行うためのソフトウェア（表計算ソフトウェアや統計解析ソフトウェアなど）の便利な特徴，利便性の高い機能，および，その操作方法を把握しておく．

8.4.2 集計・処理におけるソフトウェア活用

データ回答シート（加工データ）からデータ処理を行い，データを集計し，集計の結果を表やグラフにしていくためには，Microsoft Excel などの表計算ソフトウェアや SPSS などの統計解析ソフトウェアが得意とする機能を組み合わせて，最も効率よく処理できる方法を見つけ出すことが必要である．必要な処理は，アンケートのデータ，アンケートの結果内容，集計内容，作図・作表内容などにより異なるので，アンケートごとにソフトウェアの最適な組み合わせと処理方法（手順）を考えておく．

データ回答シートにおける並び替え，検索，抽出などに関しては，表計算ソフトウェアは，優れた処理能力をもっている．一方，データ回答シートにおける結果集計・分析などにおいては，統計解析ソフトウェアを利用した方が，処理が速く効率よく実施できる．しかしながら，統

計解析ソフトウェアは高価な上に利用に慣れてない人にはその操作が難しい．そのため，表計算ソフトウェアの機能を利用して工夫しながら集計・処理する場合が多い．そこで，本節ではMicrosoft Excel を利用した集計処理の方法等を紹介していく．

8.4.3 回答データからカテゴリカルデータへの変換

　質問の回答が数値などで表現されていて，その回答をカテゴリに分ける（分類する）必要がある場合，これまでの選択回答を新しいカテゴリ（分類）に分け直す場合，あるいは，すでに分け方（分類方法）が決めてある場合，集計を始める前にあらかじめ分類項目名（フィールド名）およびカテゴリカルデータ（分類されたデータ）を作成しておくとよい．例えば，調査した「年齢」項目の数値データを「40歳未満」「40歳代」「50歳代」「60歳代」および「70歳以上」の「年齢層（カテゴリ）」に分けて集計・分析することを決めている場合，あらかじめ「年齢層」という分類項目名（フィールド名）を作成し，「年齢」項目の数値データに基づいて「年齢層」のデータを作成しておく．「年齢層」のデータは，例えば「40歳未満」の年齢には「3」，「40歳代」には「4」，「50歳代」には「5」，「60歳代」には「6」，「70歳以上」には「7」と入力する．

　この作業を行ったときは，入力処理ルール表に新しい分類項目名を追加する（表 8.4 参照）．これ以降，入力処理の際に使ってきた「入力処理ルール表」を，「項目整理表」と呼び変えることとする．この「項目整理表」には，データ回答シートなどに新しい項目を追加するごとに，項目名も追加していく．

　分類項目にデータを効率よく作成するには主に2つの方法がある．1つめは，前節のデータチェックと同様に，変換元データにオートフィルター機能を利用して該当する回答者（レコード）を抽出して，新カテゴリ項目に「項目整理表」で決めた内容（ルール）に従って入力する方法である．この作業での複写にはオートフィルを活用すると速く処理できる．2つめは，if( )関数を用いる方法である．if( ) 関数を用いる方法では，数式に関数 if( ) を入れ子にして複数

表 8.4　項目整理表（例）

大項目	質問番号	質問内容	回答形式	入力内容		備考
				データ回答シート	記述回答シート	
1.フェイスシート	Q1	学年	①単一回答	選択番号，無回答 0		
	Q2	性別	①単一回答	選択番号，無回答 0		
	Q3	学科	①単一回答	選択番号，無回答 0		
	Q4	年齢	⑦数値回答	選択番号，無回答 99		
	Q4C	年齢層	Q4 のカテゴリ分け	「40歳未満」→「3」 「40歳代」　→「4」 「50歳代」　→「5」 「60歳代」　→「6」 「70歳以上」→「7」 無回答→「99」		年齢層のカテゴリ
	Q5	コンピュータ利用歴	⑦数値回答	選択番号，無回答99		

C44　=COUNTIF(C$4:C$43,$A44)

	A	B	C	D	E	F	G	H	I	J	K	L	M	N	O	P	Q	R	S	T	U	V	W	X	Y	Z	AA	AB	AC	AD	AE	AF	AG	AH	AI	AJ	AK	AL	AM	AN	AO	AP	AQ	AR	AS	AT	AU	AV	AW	AX	AY
1		1							2										3									4													5									6	7
2										数	数	数	選	選	選	選	選	選									自		段	段	段	段	段	選	選	選	選	選	選	選	段	段	段	段	段	段	段	段			自
3	ID	Q01	Q02	Q03	Q04	Q05	Q06	Q07	Q08	Q09 01	Q09 02	Q09 03	Q10 01	Q10 02	Q10 03	Q10 04	Q10 05	Q10 06	Q11	Q12	Q13	Q14	Q15	Q16	Q17	Q18	Q19	Q20	Q21 01	Q21 02	Q21 03	Q21 04	Q21 05	Q22 01	Q22 02	Q22 03	Q22 04	Q22 05	Q22 06	Q22 07	Q23 01	Q23 02	Q23 03	Q23 04	Q23 05	Q23 06	Q23 07	Q23 08	Q24	Q25	Q26
29	26	61	1	4	2	2	2	3	1	75	85	7	1	1	0	0	1	0	1	5	6	0	4	1	6	4	1	1	9	9	9	9	9	9	9	9	9	9	9	9	2	3	5	6	0	1	2	3	2	2	0
30	27	61	2	4	1	1	5	2	0	73	72	50	1	0	1	0	1	0	2	0	0	2	5	2	8	5	0	2	4	2	1	3	2	1	0	1	0	1	0	0	1	1	2	5	4	3	6	4	1	1	0
31	28	62	1	2	2	2	2	1	1	15	62	0	0	0	0	0	1	0	3	2	2	0	6	1	7	4	0	1	0	0	0	4	5	0	0	0	1	0	0	0	0	0	0	5	4	5	3	5	0	2	0
32	29	62	1	4	1	1	3	3	1	25	77	79	1	1	1	1	0	0	3	5	5	1	2	1	7	5	0	2	4	5	2	5	4	1	1	1	1	0	0	0	9	9	9	9	9	9	9	9	2	2	0
33	30	63	2	5	2	3	1	4	2	97	10	53	0	0	1	0	0	0	2	2	3	2	5	1	5	6	0	2	4	4	4	4	3	1	1	1	1	1	1	1	1	5	5	4	3	6	2	3	1	1	0
34	31	64	1	2	3	2	4	5	0	32	41	98	0	1	0	1	1	0	2	1	6	2	1	2	2	2	0	2	3	2	3	2	3	1	1	1	1	1	0	1	3	2	4	2	1	3	2	0	0	2	0
35	32	65	2	2	1	2	1	2	1	22	98	77	9	9	9	9	9	9	1	3	2	2	2	1	0	8	0	2	0	2	3	0	2	0	0	1	0	0	0	0	3	3	3	3	3	3	3	3	1	1	0
36	33	66	1	4	2	3	1	0	1	26	53	64	0	1	1	0	1	0	1	4	1	1	3	1	0	7	0	2	4	1	2	3	1	0	1	0	0	1	0	0	2	2	1	3	2	5	3	4	2	2	0
37	34	67	2	2	1	2	1	2	1	84	97	86	9	9	9	9	9	9	1	5	6	2	2	1	1	8	0	2	1	2	1	2	2	1	1	1	1	0	0	0	5	4	6	3	5	3	3	2	2	2	1
38	35	72	0	3	1	2	1	4	1	59	89	66	0	1	1	1	1	0	2	2	7	3	1	1	2	5	0	1	9	9	9	9	9	0	1	0	1	1	0	0	2	5	3	6	4	2	5	1	2	1	0
39	36	75	2	0	2	1	3	3	2	72	34	22	0	1	1	0	1	0	3	2	8	0	5	2	5	2	0	1	4	1	2	3	5	0	0	0	1	0	0	0	2	5	3	3	5	4	6	1	1	0	0
40	37	76	1	5	2	1	2	5	2	61	27	4	1	1	1	0	1	1	0	1	4	1	2	1	8	5	1	1	4	1	2	5	3	1	1	1	1	1	0	0	5	8	3	4	6	4	1	2	1	0	1
41	38	76	2	3	4	1	3	2	2	73	51	42	0	1	1	1	1	1	0	2	5	2	1	2	5	2	0	2	4	5	5	5	4	1	1	1	1	1	1	1	9	9	9	9	9	9	9	9	1	2	0
42	39	79	1	2	5	1	2	1	1	84	80	38	9	9	9	9	9	9	2	2	9	2	3	1	2	6	0	1	3	2	0	1	2	0	1	0	1	0	0	0	2	5	3	5	4	4	4	4	1	2	0
43	40	82	2	3	3	2	3	2	2	79	96	37	9	9	9	9	9	9	3	5	5	1	1	0	6	3	0	2	5	4	0	0	4	0	0	0	1	0	0	0	2	2	2	3	2	2	2	2	2	1	0
44	0		2	3	1	0	0	4	2				16	20	8	15	10	18	2	2	3	16	5	2	6	0	33	0	5	3	6	2	0	17	10	20	12	20	25	28	1	2	2	0	2	1	1	1	2	4	32
45	1		20	4	11	12	11	4	22				19	15	27	20	25	16	8	5	2	5	6	21	3	1	7	14	2	5	3	3	4	18	25	15	23	15	10	7	6	2	1	2	5	3	4	6	17	13	8
46	2		18	11	13	16	12	10	16				0	0	0	0	0	0	14	10	5	15	11	17	7	7	0	26	2	10	7	8	7	0	0	0	0	0	0	0	12	8	5	5	8	9	12	7	21	23	0
47	3		0	11	10	12	9	6	0				0	0	0	0	0	0	16	5	7	4	7	0	0	3	0	0	8	5	9	8	8	0	0	0	0	0	0	0	6	7	15	13	7	11	10	12	0	0	0
48	4		0	6	3	0	4	5	0				0	0	0	0	0	0	0	5	2	0	2	0	2	7	0	0	12	5	5	8	9	0	0	0	0	0	0	0	3	6	3	7	8	6	3	7	0	0	0
49	5		0	5	2	0	4	5	0				0	0	0	0	0	0	0	13	8	0	7	0	11	12	0	0	5	6	4	5	6	0	0	0	0	0	0	0	6	6	6	6	3	2	3	2	0	0	0
50	6		0	0	0	0	0	3	0				0	0	0	0	0	0	0	0	5	0	2	0	4	3	0	0	0	0	0	0	0	0	0	0	0	0	0	0	1	3	3	2	2	3	2	0	0	0	0
51	7		0	0	0	0	0	1	0				0	0	0	0	0	0	0	0	2	0	0	0	3	2	0	0	0	0	0	0	0	0	0	0	0	0	0	0	0	0	0	0	0	0	0	0	0	0	0
52	8		0	0	0	0	0	1	0				0	0	0	0	0	0	0	0	3	0	0	0	3	4	0	0	0	0	0	0	0	0	0	0	0	0	0	0	0	1	0	0	0	0	0	0	0	0	0
53	9		0	0	0	0	0	1	0				5	5	5	5	5	5	0	0	3	0	0	0	1	1	0	0	6	6	6	6	6	5	5	5	5	5	5	5	5	5	5	5	5	5	5	5	0	0	0
54																																																			

図 8.8　関数を用いた集計（例）

使うことになるため若干複雑な関数式が必要になる．関数式に慣れている人は比較的素早く正確に処理することができる．関数式を利用して新分類項目のデータを作成した場合は，他の処理による数値変化を避けるため，後で作成した関数式の数値を数値複写で上書きしておく．

8.4.4　単純集計の算出方法

単純集計とは，各質問の回答（選択）数を集計すること，あるいは，集計することと同時にその選択肢の構成比率を算出することである．単純集計では，回答が単一回答の場合と複数回答の場合で集計方法が異なる．単一回答の場合はその回答の「回答者数」と「構成比率」，複数回答の場合はその回答の「回答者数」と「選択率」を算出するのが基本である．単一回答の場合は「回答数」が「回答者数」と一致するが，複数選択の場合は「回答数」と「回答者数」とが一致しないため「無回答」の「回答数」を除いた「回答者数」を算出する必要がある．

また，Microsoft Excel で結果を集計する方法はいくつかあるが，簡単な処理方法として 2 つある．1 つは「① 関数を用いる方法」で，もう 1 つは「② ピボットテーブルを用いる方法」である．以下，それらの方法について簡単に説明する．

① 関数を用いる方法

単一回答ならびにカテゴリカルデータの集計において，各質問とも同じ回答選択肢の場合は，関数 countif(範囲, 検索条件) を用いれば図 8.8 のように簡単に集計ができる．この図では，C44 セルで =COUNTIF(C$4:C$43,$A44) と入力し，オートフィルを使って AY53 セルまで複写を行った．なお，この図のセル J44～セル L53 のデータは意味をなさないので消去している．

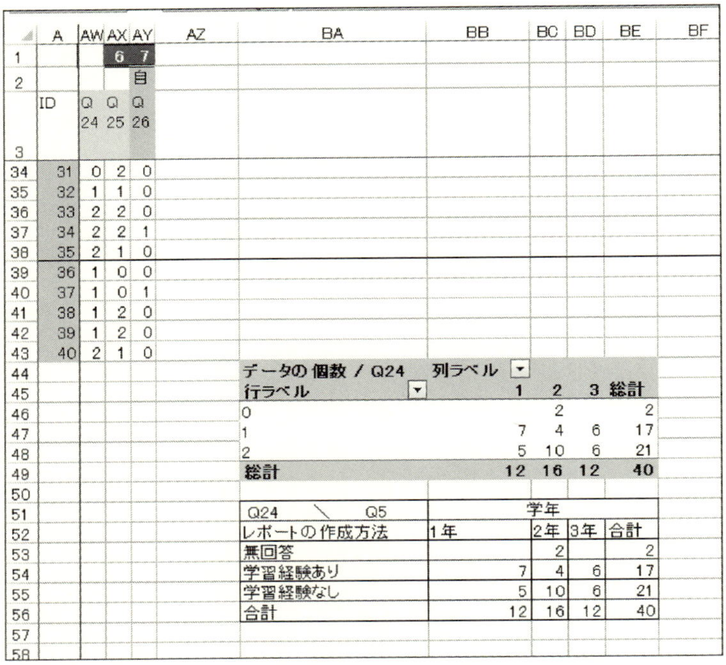

	A	AW	AX	AY
1			6	7
2				自
3	ID	Q24	Q25	Q26
34	31	0	2	0
35	32	1	1	0
36	33	2	2	0
37	34	2	2	1
38	35	2	1	0
39	36	1	0	0
40	37	1	0	1
41	38	1	2	0
42	39	1	2	0
43	40	2	1	0

データの個数 / Q24	列ラベル			
行ラベル	1	2	3	総計
0		2		2
1	7	4	6	17
2	5	10	6	21
総計	12	16	12	40

Q24 ＼ Q5	学年			
レポートの作成方法	1年	2年	3年	合計
無回答		2		2
学習経験あり	7	4	6	17
学習経験なし	5	10	6	21
合計	12	16	12	40

図 8.9 ピボットテーブルを利用した単純集計

② ピボットテーブルを用いる方法

ピボットテーブルを行うには，「挿入」リボンのテーブルグループの「ピボットテーブル」を選択する．ピボットテーブル作成のボックスが現れるので，そこでテーブルまたは範囲の選択でクロス集計したい範囲を選択し，さらにピボットテーブルレポートを配置する位置を決める．するとピボットテーブルのフィールドリストのボックスが現れるので，「行ラベル」および「Σ値」に，回答数を知りたい項目名を入れる．その後，「Σ値」の項目名の値フィールドの設定で「集計に使用する計算の種類」を「データの個数」に変更する．この操作により表が現れる．現れた表は別の位置に「値の貼り付け」を行った後で，貼り付けた表を見やすく加工する（図 8.9 参照）．

8.4.5 複数回答の集計方法

複数回答の集計は，それぞれの回答選択肢の選択数をまとめて示す．「0」（該当しない），「1」（該当），「9」（無回答）の数字を用いたデータとなっている場合は，各選択肢の回答数は「1」の選択数となる．また，「0」と「1」の合計が回答者数（無回答を除いたもの）となる．よって，これらの数を用いることにより，各回答の選択率を求めることができる（図 8.10 参照）．

8.4.6 クロス集計の算出方法

クロス集計は 8.4.4 項と同様にピボットテーブルを用いる．ピボットテーブルを呼び出し，

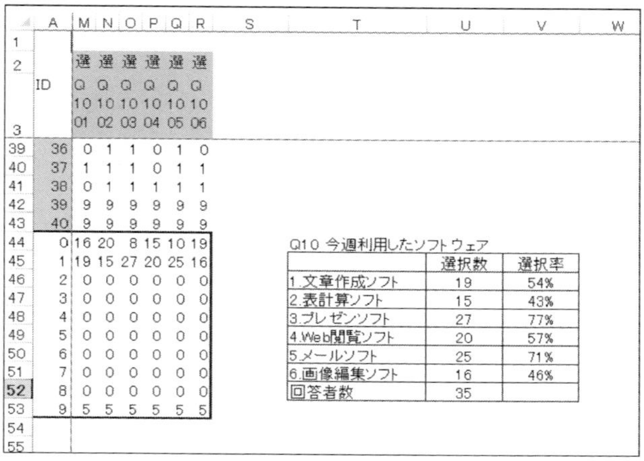

図 8.10 複数回答の集計（例）

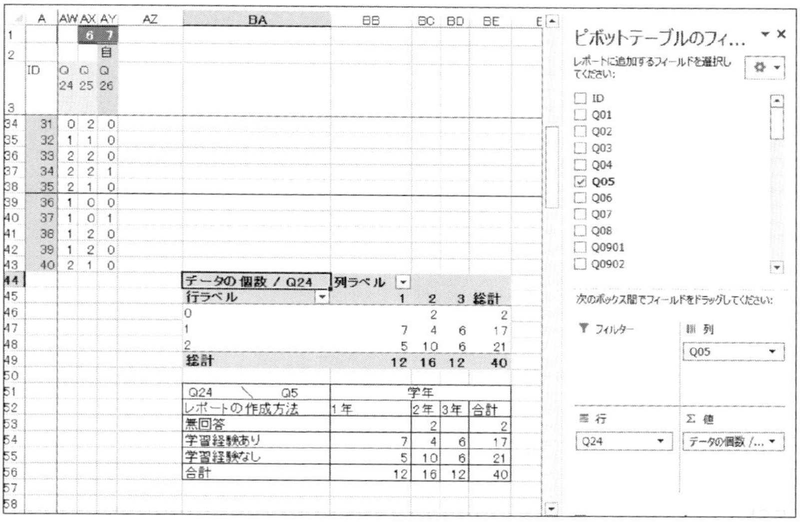

図 8.11 ピボットテーブルを用いたクロス集計（例）

データの範囲と出力の位置を決めた後，ピボットテーブルのフィールドリストのボックスが現れるので，「列ラベル」「行ラベル」にしたい項目名を選択，「Σ 値」にはアンケート ID を入れて，その値フィールドの設定で「集計に使用する計算の種類」を「データの個数」に設定する．この操作によりクロス集計表が現れる．現れた表は 8.4.4 項の ② 同様に，別の位置に「値の貼り付け」を行った後に加工する（図 8.11 参照）．

8.4.7　結果における統計量の算出方法

回答結果が数値データの場合は，分布の代表値として平均値，中央値，分位点，バラツキの尺度として範囲，分散，標準偏差がよく用いられる．それらの統計量の関数を以下に示す．こ

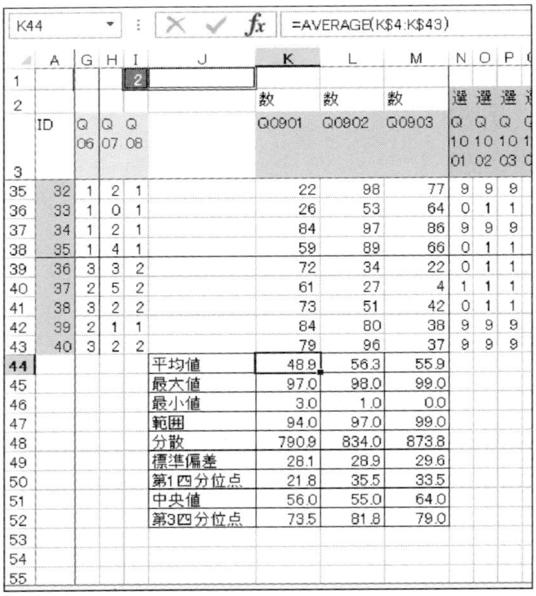

K44 =AVERAGE(K$4:K$43)

	A	G	H	I	J	K	L	M	N	O	P
1				2							
2						数	数	数	選	選	選
3	ID	Q06	Q07	Q08		Q0901	Q0902	Q0903	Q1001	Q1002	Q1003
35	32	1	2	1		22	98	77	9	9	9
36	33	1	0	1		26	53	64	0	1	1
37	34	1	2	1		84	97	86	9	9	9
38	35	1	4	1		59	89	66	0	1	1
39	36	3	3	2		72	34	22	0	1	1
40	37	2	5	2		61	27	4	1	1	1
41	38	3	2	2		73	51	42	0	1	1
42	39	2	1	1		84	80	38	9	9	9
43	40	3	2	2		79	96	37	9	9	9
44					平均値	48.9	56.3	55.9			
45					最大値	97.0	98.0	99.0			
46					最小値	3.0	1.0	0.0			
47					範囲	94.0	97.0	99.0			
48					分散	790.9	834.0	873.8			
49					標準偏差	28.1	28.9	29.6			
50					第1四分位点	21.8	35.5	33.5			
51					中央値	56.0	55.0	64.0			
52					第3四分位点	73.5	81.8	79.0			
53											
54											
55											

図 **8.12**　統計量の計算（例）

れらは，Microsoft Excel の関数を用いて対象とするデータ範囲を指定（選択）することにより簡単に算出できる（図 8.12 参照）．どの代表値，あるいは，どのバラツキの尺度を算出するかは，調査目的や分析内容よって決まってくる．

【分布の代表値】	【バラツキの尺度】
平均値 average(データ範囲)	範囲 max(データ範囲)−min(データ範囲)
中央値 median(データ範囲)	分散 ver(データ範囲)
分位点 quartile(データ範囲, 数値)	標準偏差 stdev(データ範囲)

8.4.8　度数分布表の作成

回答が数値である場合は，度数分布表とともにヒストグラムを作成するとよい．度数分布表やヒストグラムを作成すると結果の分布の特性・特徴を把握するのに役立つ．また，カテゴリの分け方を検討する材料にもなる．

Microsoft Excel において度数分布表を作成するには，あらかじめアドインで「分析ツール」を組み込んでおく必要がある．組込方法は，メニューバーで「ファイル」を選択した後，「オプション」を選び，「Excel のオプション」ボックスのメニューから「アドイン」を選択する．アドインの中から「分析ツール」を選択し，設定ボタンを選択する．新しいボックスが開き，その中から「分析ツール」に✓点を付けて OK を押下することにより利用が可能となる．

この作業が完了すると，「データ」リボンに「分析」グループが作成され，その中に「データ分析」というボタンが現れる．このボタンを押すことで新しい「データ分析」ボックスが現れ，

ヒストグラムを選択することで度数分布表を作成することができる．

8.4.9 自由記述回答の処理方法

自由記述回答における文章回答結果は，報告書では文章そのまま掲載することや分類してまとめることも可能であるが，論文などでは川喜田二郎氏のKJ法を用いるとその内容をわかりやすく示すことができる．質問内容や回答の量・質にもよるものの，卒業論文や修士論文で内容をまとめるには有効だと思われる．自由記述回答におけるKJ法では，まず，回答内容を独立した最小限の内容に分けて，その内容で「紙キレ」（カード）を作り，その「紙キレ」が語りかけてくる内容に応じてグループにまとめる（これを「グループ化」という）．グループにおいて集まってきた「紙キレ」が主張する内容を「表札」として書く．さらに，「紙キレ」と「表札」がある状態で，やはりそれらから語りかけてくる内容に応じて「紙キレ」あるいは「表札」に関係なくグループに集める．これを繰り返すことにより，「紙キレ」が「表札」の内容を示す大きなグループになり，自由記述全体での言いたいことが見えてくる．KJ法ではこれら集まった「表札」グループを徐々に展開していき，グループ化されなかった「紙キレ」とともにわかりやすいように配置する．さらに，グループや「紙キレ」の包含関係だけでなく，グループ間，グループと「紙キレ」間に相互関係・反対関係・因果関係などの関係線を入れる．これを完成させたものが「KJ法A型図解」である．この作図により，回答全体の示したい内容が見えてくる．さらにこの図に従って文章を作成する作業が「KJ法B型文章化」である．基本的には全体から部分に，大グループから小グループに内容を展開していく方法で文章を作成する．このやり方で自由記述回答の結果もKJ法を利用できるが，回答数が十分にないと有効な結果が得られないことも多いので注意する．

最近では，テキスト分析ソフトウェアも普及してきたため，それを使って自由記述回答の結果を分析処理する方法もある．ただし，この方法では内容把握の難しい調査内容などもあるので注意したい．

8.4.10 グラフの種類の選択と作成

グラフには多種多様な種類があり，Microsoft Excelにも簡単に作成できる様々なグラフが用意されている．しかしながら，すべてのグラフを把握しその利用を心がける必要はない．グラフの種類はアンケート調査結果から伝えたい目的・内容などに基づき選択する．アンケート調査結果の表示に関しては，基本的には，以下にあげる数種類のグラフを把握しておくとよい．ただし，状況や必要に応じて，これら以外のグラフも検討する．

グラフの印刷時にカラーを用いない（白黒印刷）場合は，データ要素（扇型部分）にパターン（網掛け）を使うとよい．しかしながら，Microsoft Excelの塗りつぶしのパターンはPCのディスプレイ表示時と印刷時では随分イメージが異なるので，あらかじめすべてのパターンに適当なグラフを入れ込み印刷をして確認しておくとよい（これを「パターンサンプル」と呼ぶことにする）．グラフ作成時に，そのパターンサンプルを見ながら，パターンの組み合わせを選択するようにする．

① 円グラフ

　単一回答などの各回答の構成比率を示すときに最もよく利用するグラフである．扇形の面積がそれぞれの回答における全体に占める割合を示す．円グラフで示す場合は，回答の合計数と構成比率（あるいは各回答数）の数値はグラフの中に示したい．また，回答項目（内容）は，凡例を用いて示すよりも，データラベル（分類名）を用いた方がわかりやすい場合が多い（図8.13参照）．回答項目（内容）の並び順に決められた規則・順番などがない場合は，構成比率の高い順に回答を並べ替えるようにする．3D（立体）円グラフは最近では多く利用されるが，回答項目の扇形の面積の大きさの順が構成比率の順と一致せず，その構成比率の大小において錯覚を起こしやすいので避けた方がよいといえる．

② 横帯グラフ

　横帯グラフはクロス集計や複数回答のときによく利用する．質問に対して用意された回答項目（内容）の割合を互いに比較するのに適している．

　クロス集計の結果を示す場合はMicrosoft Excelの「100％積み上げ横棒」を用いるとよい．データラベルを使って各回答項目の構成比率（％）を示す（図8.14参照）．また，表から横帯グラフを作成すると，グラフの回答項目（分類名）の順番が表の回答項目の順と上下反対になる場合がある．その場合は，縦軸の書式設定（軸のオプション）において「軸を反転する」を選択する．

　グラフの帯の太さを変える場合は，「データ系列の書式設定」の「系列のオプション」で「要素の間隔」の割合(％)の数値を変える．また，項目間に区分線を入れるには，「デザイン」のリボンの中の「グラフ要素を追加」ボタンを押すと，一覧が出るのでその中から「線」の「区分線」を選択する．同様に，項目間の目盛線を消すには，目盛線をダブルクリックして「目盛線の書式設定」の「目盛線のオプション」で「線なし」を選択する．

　複数回答の場合は「集合横棒」を用いる．複数回答の場合は構成比率でなく選択率（それぞれの回答数を回答者数で割って％表示したもの）を示す．データラベルは「外側先端」に付けるとよい．「集合横棒」を用いる場合は，「その他」などの回答項目を除いて，選択率の高い順に上から並べる（図8.15参照）．

③ 折れ線グラフ

　円グラフと同様，グラフの中で最も使うものの1つである．時系列的な変化を示すことや，数値や割合を比較することにも利用できる．白黒印刷するときは，線の太さ・形，マーカーの形などを互いに変えるようにする．また，状況によっては，回答項目（系列名）は凡例を用いるより，文字（系列名）と矢印とともに書き足したほうがよい場合もある（図8.16参照）．また，多くの折れ線を同じグラフ上に書き込むと見にくくわかりにくい．多くても4本程度に抑えるとよい．

④ レーダーチャート

　複数の対象（要素）間で複数の属性項目を同時に比較する場合に用いる．隣り合う項目の数

値を直線で結ぶことによって多角形ができる．この多角形の形を比較して，対象の属性項目のバランスを把握したり，対象を似たものに分類したりすることに役立つ．

⑤ 散布図

2項目の量（数値）をもつ対象データを点でプロットしたものである．2項目の相関をみる場合や2項目で対象を分類する場合に利用する．

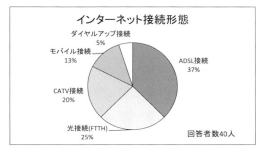

図 8.13 円グラフ（単一回答）

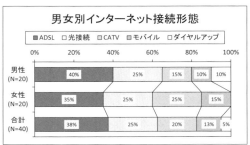

図 8.14 横帯グラフ（クロス集計）

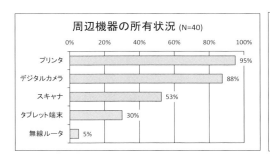

図 8.15 横帯グラフ（複数選択）

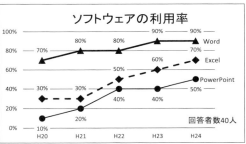

図 8.16 折れ線グラフ

アンケート調査の一連の作業におけるチェックリストを用意しました．必要に応じて利用してください．

調査方法の設計におけるチェックリスト
☐ アンケート調査の目的は明確にしたか
☐ 概ねのアンケート調査結果の予測をしているか
☐ 仮説を設定したか
☐ 調査内容（知りたい情報）を明確にしたか
☐ 調査対象者を明確にしたか
☐ 調査対象者の人数はおよそ何人か
☐ 調査の時期・タイミングは適しているか
☐ 調査票は記名式にするのか，あるいは無記名式にするのかを検討したか
☐ アンケート調査方法は回答者の負担軽減に配慮しているか
☐ アンケートの有効回収率はどのくらいと予想されるか
☐ アンケートの有効回収率の向上方法は検討したか
☐ 調査方法リストを作成したか
☐ 調査方法リストの中で最も調査目的に即した回答が収集できる調査方法を選択したか
☐ 目的を達成する上で選択したアンケート実施方法が最も適切か
☐ アンケート調査のタイトルは適切か

質問文と回答におけるチェックリスト
☐ 回答者の誰もがわかる質問文となっているか
☐ 質問文においてわかりにくい表現はないか
☐ 質問文に難しすぎる表現を使っていないか
☐ 誰でも当然理解できるものとして難しい専門用語を使用していないか
☐ 回答者によっては回答ができない質問はないか
☐ 2つの意味に取れる質問（表現）はないか
☐ 回答を誘導してはいないか
☐ 適切な回答方法の種類を選択しているか

アンケート調査票の設計におけるチェックリスト
☐ 設問の内容は明確か
☐ 回答しやすいような設問の流れ（順番）になっているか
☐ アンケートの目的について説明しているか
☐ アンケートの目的に対する結果が得られる質問内容（質問文と回答）になっているか
☐ 対象者が回答できる質問構成，質問文，調査票になっているか
☐ アンケート調査に集められたデータの扱いについて説明しているか
☐ アンケートのタイトルはその内容にあったものとなっているか

- □ 回答者に必要以上の負担をかけていないか
- □ 挨拶文は対象者に協力してもらえる内容となっているか
- □ アンケートには記入方法や記入上の注意事項を記載しているか
- □ 回答記入欄を必要に応じて設けたか
- □ アンケート調査票には回収方法と締め切り日を記載したか
- □ 必要に応じてIDの記入欄，チェック欄などを用意したか
- □ アンケート調査結果を電子化するための工夫をアンケート調査票に盛り込んであるか
- □ 質問文の通し番号を付与したか
- □ 選択回答の選択肢の前に番号を付与したか
- □ 同じような質問をする場合は，質問を統合するなどの工夫を行ったか
- □ 必要に応じて罫線や記入枠を設けたか
- □ 質問数は多すぎないか
- □ アンケート調査票のレイアウトやデザインはよいか
- □ 予備調査や説明のリハーサルを行ったか

アンケート調査結果の電子化におけるチェックリスト

- □ アンケートIDの番号の付与の方法を検討・工夫したか
- □ アンケートIDを付与したか
- □ 入力ルール表は作成したか
- □ 想定される回答に対応できる入力ルール表となっているか
- □ データ回答シートは作成したか
- □ データ回答シートには項目行が適切につくられているか
- □ 質問番号や回答の入力は適切にできるようになっているか
- □ 入力しやすく見やすいデータ回答シートとなっているか
- □ データ回答シートにデータ入力する際のウィンドウ枠を固定したか
- □ データ回答シートのセルにデータ入力後，「Enterキー」を押下した場合に，次にセルカーソルが移動するセルの方向を決めたか
- □ データ回答シートの項目行でオートフィルターを利用したとき，入力ルール表に載っていない回答がないかを確認したか
- □ 記述回答シートの入力漏れがないかを，データ回答シートにおいても確認したか
- □ 各回答シートのオリジナルファイルは作成したか
- □ データの修正箇所のチェックをして，加工ファイルは作成したか

アンケート調査結果の集計方法におけるチェックリスト

- □ アンケートの目的に対する結果として適切に表示されているか
- □ 集計処理をするためのソフトウェアの活用方法を検討したか
- □ カテゴリカルデータへの変換を適切に行っているか
- □ 項目整理票は作成したか

☐ 集計の方法は適切か

図表作成におけるチェックリスト

☐ 結果を示すためのグラフの種類の選択は適切か

☐ グラフはわかりやすい表示となっているか

☐ KJ法は正しく行ったか

円グラフ作成におけるチェックリスト

☐ グラフに合計回答数と構成比率を示したか

☐ 項目名は凡例で示すのかデータラベル（分類名）で示すのかを検討したか

☐ 回答項目の並び順は検討したか

☐ 網掛け（パターン）の利用方法は適切か

横帯グラフ作成におけるチェックリスト

☐ グラフに合計回答数と構成比率（選択率）を示したか

☐ 構成比率，あるいは，選択率の表示方法は適切か

☐ 網掛け（パターン）の利用方法は適切か

☐ 帯の太さは適切か

☐ 目盛線および区分線は設定したか

演習問題

設問 1
1. 大学生の就職活動の現状と意識を明確にするためのアンケート調査を設計してみよう．
2. 大学生に「大学のホームページ」を評価してもらうためのアンケート調査を設計してみよう．
3. あなたが実施しようとしているアンケート調査について，その調査目的を明確にしてみよう．そして，そのアンケートの実施方法を検討してみよう．次に，アンケート調査方法を設計し，アンケートのタイトル名を付けてみよう．

設問 2
1. アンケート調査票作成における重要な点についてまとめてみよう．
2. アンケート調査票に必要な項目を整理してみよう．
3. 大学生の就職活動状況を知るためのアンケート調査票を作成してみよう．
4. 就職支援サイトを評価するためのアンケート調査票を作成してみよう．
5. あなたが実際に実施しようとしているアンケート調査票を作成してみよう

設問 3
1. アンケート調査結果の電子化の手順をまとめてみよう．
2. 自由回答の結果をデータ回答シートのみに入力し処理する場合のメリットをできるだけ多くあげてみよう．
3. 大学生の就職活動状況を知るためのアンケート調査票の入力ルール表を作成してみよう．また，入力しやすいデータ回答シートを作成してみよう．
4. 就職支援サイトを評価するためのアンケート調査票の入力ルール表を作成してみよう．また，入力しやすいデータ回答シートと記述回答シートを作成してみよう．
5. あなたが実際に実施しようとしているアンケート調査票の入力ルール表とデータ回答シートを作成してみよう．そして，入力ルール表に従ってアンケート調査票の結果を入力してみよう．

設問 4
1. Excel のデータ回答シートの回答データからカテゴリカルデータへの変換方法を確認してみよう．
2. Excel の関数 RAND() を用いるなどして数値データを作成して，そのデータから度数分布表を作成してみよう．
3. Excel の関数 COUNTIF() を用いて，自分で作成したデータの単純集計をしてみよう．
4. データを作成してピボットテーブルを使った単純集計とクロス集計をしてみよう．その集計結果が合っているかを，オートフィルターを用いてデータ数を確認してみよう．
5. どのような場合にどのようなグラフを用いるのが適切かをインターネットなどで調べ

て確認しよう．
6. KJ法の方法を確認してみよう．

参考文献

[1] 石村貞夫，劉晨，石村友二郎，『やさしく学ぶ統計学 Excel による統計解析』，東京書籍 (2008).
[2] 内田治，醍醐朝美，『実践アンケート調査入門』，日本経済新聞社 (2001).
[3] 大久保一彦，『アンケートの作り方・活かし方』，PHP 研究所 (2010).
[4] 川喜田二郎，『発想法―創造性開発のために』，中央公論社 (1967).
[5] 菅民朗，『実例でよくわかるアンケート調査と統計解析』，ナツメ社 (2011).
[6] 酒井隆，『アンケート調査と統計解析がわかる本 [新版]』，日本能率協会マネジメントセンター (2003).
[7] 鈴木勉，『Excel でアンケートデータを入力・集計する』，ディー・アート (2001).
[8] 竹内光悦，元治恵子，山口和範，『アンケート調査とデータ解析の仕組みがよくわかる本』，秀和システム (2012).
[9] 辻新六，有馬昌宏，『アンケート調査の方法―実践ノウハウとパソコン支援―』，朝倉書店 (1987).
[10] 永山嘉昭，『伝わる！図表のつくり方が身につく本』，高橋書店 (2012).
[11] 縄田和満，『Excel による統計入門 [Excel 2007 対応版]』，朝倉書店 (2007).
[12] 山田雅夫，『図解力の基本』，日本実業出版社 (2010).

第9章
Wordを用いたドキュメント作成

学習のポイント

前章まででレポートや卒業論文の書き方を学んだ．いくら書き方がわかったからといって，最初に書いた文章がそのまま提出できるものとなることは少ないであろう．文章は書き直したり，修正したり，編集したりする．さらには以前書いた文章を再利用したりすることを考慮すると，手書きで文章を書くのではなく，ワープロソフトを用いるのが現実的である．ワープロソフトは清書のためだけに使うのではなく，文章を書き始める段階から使える．

本章では，代表的なワープロソフトのWordを使って，レポートや卒業論文を書くときに有用な次の機能について説明する．

- 文書の構成を組み上げるのに便利なアウトライン機能
- 文書の見かけを統一的にするためのスタイル機能
- 数式の入力機能
- 目次，索引，図表番号などの作成方法
- 複雑なページ書式とその他の便利な機能

キーワード

ワープロソフト，Word，リボン，タブ，アウトライン，スタイル，上付き文字，下付き文字，リーダー，数式ツール，フィールド，目次，索引，脚注，図表番号，ブックマーク，ハイパーリンク，ページ書式，段組み，段区切り，セクション，セクション区切り，文字カウント，スペルチェック，文章校正，コメント

9.1 概要

9.1.1 本章の目標

本章の目標は，Wordを使ってレポートや卒業論文などの文書を効率よく作成できるようになることである．Wordはよく使われている文書作成ソフトであり，すでに読者は基本的な操作はできると思われるので，本章では発展的で応用的な操作に限って説明する．

具体的には，図9.1に示すような，文書の構成を組み上げるのに便利なアウトライン機能（9.2

第9章 Word を用いたドキュメント作成

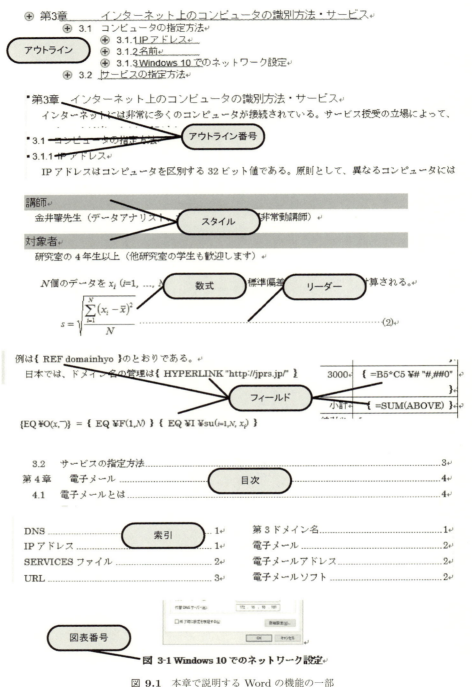

図 9.1　本章で説明する Word の機能の一部

節），文書の見かけを統一的にするためのスタイル機能（9.3 節），数式の入力機能（9.4 節），Word の機能を拡張するフィールド機能（9.5 節），目次，索引，図表番号などの作成方法（9.6

節)，少々複雑なページ書式（9.7 節)，便利な機能（9.8 節）について説明する．9.2 節以降の各節は内容がほぼ独立しているので，読む順は任意である．ただし，9.6 節だけは一部で 9.5 節のフィールドの知識を必要とするので，9.6 節の前に 9.5 節の前半に目を通していただきたい．

Word にはいくつかのバージョンがあるが，本章では執筆時点での最新バージョンである Windows 版の Word 2016 を使う．Word 2007 と Word 2010，Word 2013 でも操作はほとんど同様であり，Word 2016 と大きく異なる部分は注記する．Mac 版の Word でも同様の機能を有している．しかし，タブレット版の Word には本章で説明する機能をほとんどもっていないため，Windows 版や Mac 版の Word を使ってもらいたい．

紙数に限りがあり，本章では具体的な操作は説明できないため，章末に操作を問う演習問題をおいた．詳細な設問文と練習に用いる Word 文書ファイルを共立出版の Web サイトに掲載している．手順を確認しながら自分で Word を操作し，操作の流れを理解してもらいたい．

9.1.2 基本的な用語と本章で用いる操作の表記法

(1) リボンとタブ

Word の操作には画面上のボタンなどを使う．それらのボタンなどは，Word ウィンドウの上部にある領域にまとめられている．その領域はリボンと呼ばれている．Word は多機能であるため，ボタンなどは，数が非常に多く，類似した機能ごとに分類されている．分類は，[ホーム]，[挿入]，[デザイン] のような名前が付けられており，Word の画面ではタブの形で表示されている．そのタブをクリック（あるいはタップ）して機能を切り替えるようになっている．図 9.2 は，[ホーム] タブを選んだときのリボンの状態を表示している．

1 つのタブを選んでも多数のボタンがあるため，ボタンなどはさらにグループに分けられている．そのグループ名がリボンの下の方に表示されている．ボタンなどの表示は Word のウィンドウの幅によって異なることがあり，Word のウィンドウの幅が狭いときは，グループ名のボタンしか表示されていないことがある．そのときは，グループ名のボタンをクリック（タップ）して，表示される一覧から該当するボタンを選ぶことになり，マウス（タップ）操作が 1 回増えることになる．本章では，ボタン名を示すときは，[タブ名]-[グループ名]-[ボタン名] というようにグループ名を明記する．例えば，図 9.2 の左下の方にある [太字] ボタン **B** については，[ホーム] タブをクリックしてから，[フォント] グループ内の太字ボタン **B** を利用することになるので，ボタンのアイコンとともに，本章では [ホーム]–[フォント]–[太字] ボタン **B** と略記する．

図 **9.2** [ホーム] タブを選んだときのリボンの状態

文書の編集の状況に従ってタブが増減する．例えば，表を作成中のときは，タブが増え，その上に [表ツール] というツール名が表示される．本章では，そのときのボタン名を [ツール名]–[タブ名]–[グループ名]–[ボタン名] のように示すことにする．

なお，前後関係や図などから明確になるときは，タブ名やグループ名を省略し，ボタン名だけで示す．

グループ名の横に小さなボタン が表示されている．このボタンは [ダイアログボックス起動ツール] ボタンと呼ばれている．このボタンをクリックすると，ダイアログボックスと呼ばれる別のウィンドウが表示され，詳細に設定することができる．例えば，[ホーム] タブの [フォント] グループの右下にある [ダイアログボックス起動ツール] ボタンは，[ホーム]–[フォント]–[ダイアログボックス起動ツール] ボタン と示すことにする．

(2) マウスとタッチ操作

タッチスクリーンが利用できるコンピュータが増えてきているが，本章での説明は，マウス操作を前提にする．すなわち，本章では，「クリック」，「ダブルクリック」，「ドラッグ」，「右クリック」という用語を用いる．タッチスクリーンでは，それぞれ，「タップ」，「ダブルタップ」，「スライド」，「画面を長押し」に対応する．

9.2 文書の構成を練るためのツール：アウトライン

論文のようなある程度長い文章は，思いついたまま書き出すのではなく，記述したい内容をまず整理した方がよい．整理する方法として図は有用であり，マインドマップ，KJ 法など，様々な方法が活用できる．これらは 2 次元の図で関係を表すのであるが，文章ではこの関係を 1 次元で表現しなければならない．文章は紙面という 2 次元で表現されるが，読者は基本的には最初から順に読んでいくことになるので，時系列的に 1 次元に並べる必要がある．すなわち，2 次元で表される内容をどのように 1 次元に並べればよいか，すなわち，文章の構成について考慮しなければならない．

アウトラインは，文章の構成を考慮するときに役に立つ機能である．図 9.3(a) に示す文書はアウトラインを使っているが，標準の印刷レイアウト表示されている．[表示]–[表示]–[アウトライン表示] ボタン アウトライン を使ってアウトライン表示をすると，同図 (b) のようになり，アウトライン記号（ など）やインデントにより，文書の構成が明確に表示されるようになる．

実際には，文章を書き出さないと，どのように構成したらいいか判断できないこともある．とりあえず書き出して，その後自由に構成を変更できれば，便利である．そのときもアウトラインは便利に使える．

例えば，構成が当初図 9.4(a) のようであったとしよう．『「9.5 参照とその設定方法」より「9.6 フィールド」を先に説明した方がよい』と判断したときは順序を入れ替えるわけであるが，Word のアウトライン表示では「9.6 節」の左にある を該当する位置にドラッグ＆ドロップするだけでよい．その結果を同図 (b) に示す．このドラッグ操作によって，節見出しだけではなく，節

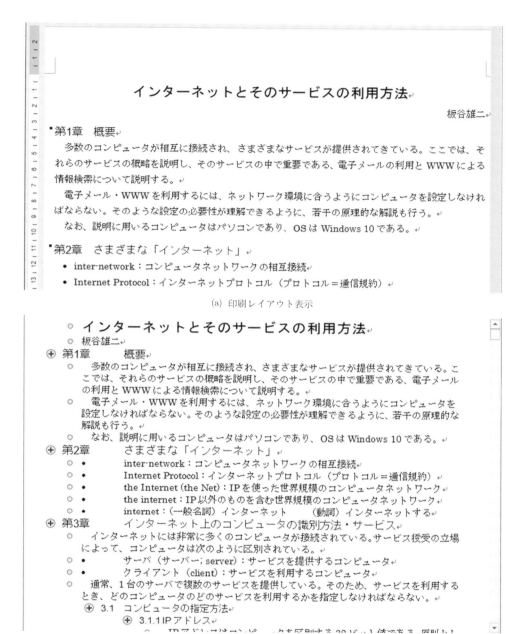

図 **9.3** アウトラインを用いると，文章の構成を明確に表示できる

の中の本文も一緒に移動する．また，見出しのスタイルや図表番号も本書の 9.3 節や 9.6 節で説明する方法で設定していれば，自動的に更新される．そのため，文章の構成を大幅に変更しても，その後の修正作業はだいぶ軽減される．

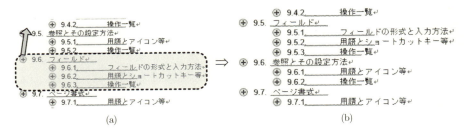

図 9.4 文章の構成の変更はドラッグ操作で簡単にできる

本節では，このような Word のアウトラインについて解説する．

9.2.1 用語とアイコンなど

アウトラインに関する用語と Word ウィンドウのアイコンは表 9.1 と表 9.2 のようにまとめられる．

表 9.1 アウトラインに関する用語

用語	意味
アウトライン	Outline，輪郭やあらまし，概要．
アウトライン記号	アウトライン表示において，段落ごとに左側に表示されている記号．表 9.2 を参照．
アウトラインレベル	文章を階層構造に見立て，段落がどの階層にあるかを示すレベル．例えば，文章全体をレベル 1，そのレベル 1 をいくつかのグループに分けたものはレベル 2，というように分割が進むにつれ，レベルの数字が大きくなる．本書では，各章はレベル 1，章の中の節はレベル 2，節の中の小節はレベル 3 に対応する．
展開	アウトライン表示において下位のアウトラインレベルを表示すること．
折りたたみ	アウトライン表示において下位のアウトラインレベルを隠すこと．
アウトライン番号	アウトラインレベルに対応付けられる番号．
ナビゲーションウィンドウ	文書内の見出しを一覧表示する機能．このナビゲーションウィンドウは，Word 2007 までは「見出しマップ」と呼ばれていた．

表 9.2 アウトラインに関するアイコン

アイコン	意味
⊕	アウトライン表示において，下位のアウトラインレベルの段落が存在する段落であることを示す．
⊖	アウトライン表示において，下位のアウトラインレベルの段落が存在しない段落であることを示す．
○	アウトライン表示において，本文が入力されている段落であることを示す．
⋯	アウトライン表示において，文章が続いていることを示す．
◢	ナビゲーションウィンドウにおいて，下位のアウトラインレベルが展開されていることを示す．
▷	ナビゲーションウィンドウにおいて，下位のアウトラインレベルが折りたたまれていることを示す．
■	印刷レイアウト表示において，アウトラインレベルが設定されている段落であることを示す．

9.2.2 操作一覧

アウトライン操作に関するボタンなどは図 9.5 から図 9.7 までのようにまとめられる．図 9.5 のように，[表示] タブでアウトライン操作に関係するのは，[アウトライン表示] ボタン アウトラインである．アウトライン操作では，図 9.6 の [アウトライン] タブのボタンなどを多用する．図 9.7 のように，[ホーム]–[段落]–[アウトライン] ボタン を使って，アウトライン番号を設定する．

図 9.5 アウトライン操作に関するボタンなど：[表示] タブ

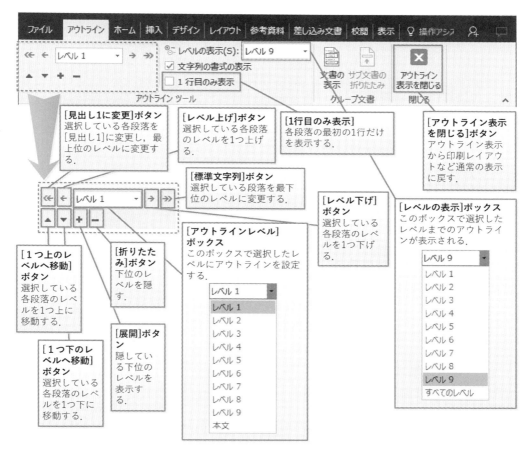

図 9.6 アウトライン操作に関するボタンなど：[アウトライン] タブ

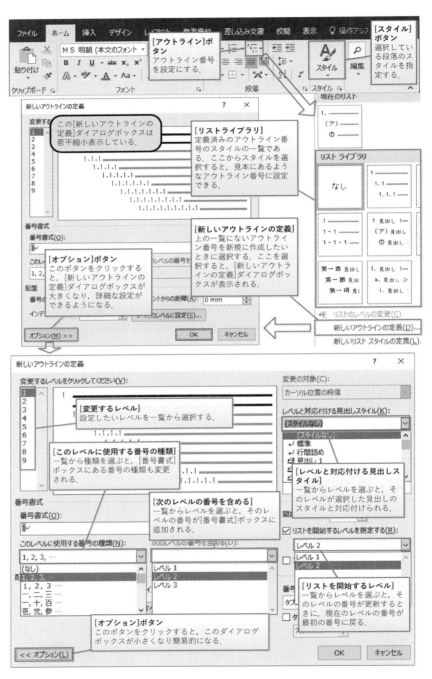

図 **9.7** アウトライン操作に関するボタンなど：[ホーム] タブ

9.3 スタイル

書式には，文字書式，段落書式などがある．文字書式は，文字の書体，文字の大きさ，文字

の色などの体裁であり，段落書式は，配置，インデントなどの体裁である．スタイルは，そのような様々な書式を組み合わせて名前を付けたものである．

例えば，「標準」と名前が付けられているスタイルでは，特に設定を変更していなければ，10.5 ポイントのフォントが使われ，両端に揃えられ，行間は 1 行である．「見出し 1」のスタイルでは，12 ポイントのフォントが使われる．

Word には，[ホーム]–[スタイル] グループに表示されているように，あらかじめ多くのスタイルが登録されているが，自分で新たにスタイルを登録することもできる．自分で登録したスタイルは，あらかじめ用意されているスタイルと同様に使うことができるし，削除することもできる．スタイルの登録や削除には，[ホーム]–[スタイル]–[ダイアログボックス起動ツール] ボタン をクリックして表示されるスタイルギャラリーを用いる．

スタイルに従って書式を設定することを「スタイルの適用」と呼ぶ．スタイルの内容を変更すると，スタイルを適用したすべての部分の書式が変更される．設定したスタイルの書式をクリアすることを「スタイルの解除」と呼ぶ．スタイルの適用，変更，解除はスタイルギャラリーを用いて行うことができる．

文書に使うスタイルを登録して適用するようにすれば，スタイルが統一された文書が作成できる．本節では，スタイルに関する操作について説明する．

9.3.1 用語とアイコンなど

スタイルに関する用語と Word 画面上のアイコンは表 9.3 と表 9.4 のようにまとめられる．

表 9.3 スタイルに関する用語

用語	意味
スタイル	文字書式，段落書式などの様々な書式を組み合わせて名前を付けたもの．
スタイルの適用	スタイルに従って書式を設定すること．
スタイルの解除	設定したスタイルの書式をクリアすること．
スタイルの登録	Word に用意されていない，新しいスタイルを登録できる．登録したスタイルは，あらかじめ用意されているスタイルと同様に使うことができる．
スタイルの削除	自分で登録したスタイルを削除すること．
スタイルギャラリー	現在使われているスタイルなどが一覧表示されるウィンドウ．

表 9.4 スタイルに関するアイコン

アイコン	意味
⛭	[書式のコピー/貼り付け] ボタンをクリック後に画面に表示されるアイコン．
a	スタイルギャラリーにおいて文字列に適用されるスタイルであることを示す．
↵	スタイルギャラリーにおいて段落に適用されるスタイルであることを示す．

9.3.2 操作一覧

スタイル操作に関するボタンなどは図 9.8 のようにまとめられる．

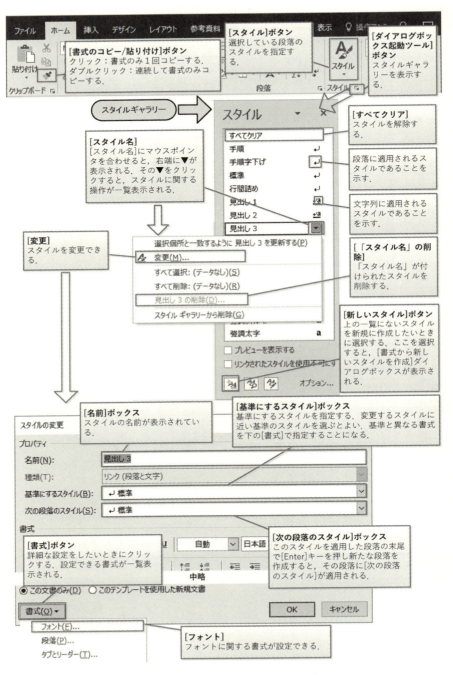

図 9.8 スタイル操作に関するボタンなど

9.4 数式

Word には数式を入力する機能が用意されている．本節では，数式の入力方法について説明する．

9.4.1 用語とアイコンなど

数式入力に関する用語は表 9.5 のようにまとめられる．

表 9.5 数式入力に関する用語

用語	意味
上付き文字	x^2 の 2 のように，同じ行の他の文字より少し上に表示される小さな文字．
下付き文字	x_i の i のように，同じ行の他の文字より少し下に表示される小さな文字．
リーダー	項目間を結ぶ線．リーダーがあると，項目が離れていても対応関係がわかりやすくなる．
数式ツール	グラフィカルに数式を作成するツール．

9.4.2 操作一覧

数式入力の操作に関するボタンなどは図 9.9 から図 9.11 までのようにまとめられる．図 9.9 のように，[ホーム] タブで数式入力操作に関係するのは，[フォント] グループである．図 9.10 のように，[挿入]–[記号と特殊文字]–[数式の挿入] ボタン を使って，数式ツールを起動する．数式入力操作では，図 9.11 の [数式ツール]–[デザイン] タブのボタンを多用する．

リーダーを設定するには [ホーム]–[段落]–[ダイアログボックス起動ツール] ボタン をクリックし，[段落] ダイアログボックスの [インデントと行間隔] タブで [タブ設定] ボタンをクリックする．[タブとリーダー] ダイアログボックスが表示されるので，[タブ位置] ボックスでタブの位置を設定し，タブの種類とリーダーの種類を選ぶ．

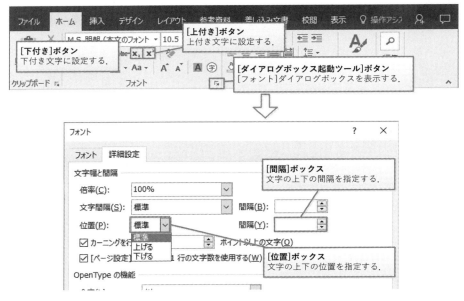

図 9.9　数式入力に関するボタンなど：[ホーム] タブ

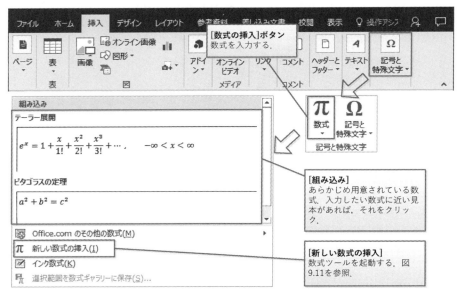

図 9.10　数式入力に関するボタンなど：[挿入] タブ

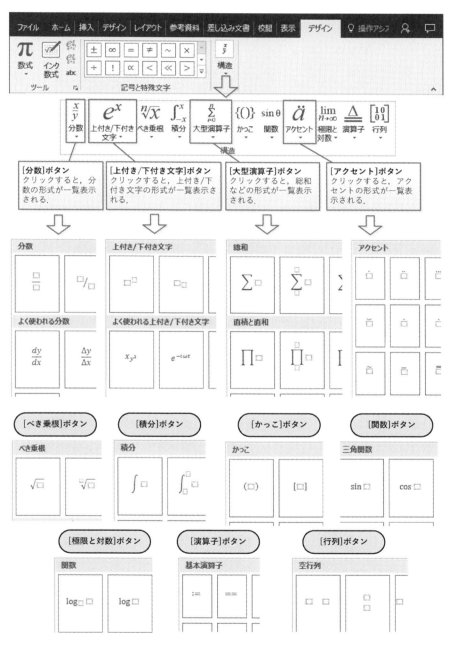

図 9.11　数式入力に関するボタンなど：[デザイン] タブ

9.5 フィールド

フィールドは Word が提供する強力な機能の 1 つである．フィールドは通常表示されないので，その機能は隠されているといえる．フィールドは，Word に与える命令であり，Word はその命令の結果を表示する．フィールドは，他のソフトウェアでの関数やマクロと同等の機能である．

ページ番号を文書に挿入するには，ほとんどの場合，[挿入]–[ヘッダーとフッター]–[ページ番号] ボタン を使うであろう．ページ番号だけではなく，「X/Y ページ」の形式で総ページ数 Y も含めることもできる．ページ数を増やすと，自動的にその総ページ数が更新される．文書にはページ番号や総ページ数が挿入されているだけのように見えるが，実際はページ番号や総ページ数を表示するフィールドが挿入されている．フィールドは自動的に値を更新することができるので，総ページ数が自動的に更新されるのである．

フィールドは Word の応用的な機能の裏方の役割をしている．次節で説明するように，目次，索引などはフィールドの機能を用いて実現されている．フィールドを取り扱うことができれば次節以降の機能が使いこなせるようになるので，少々回り道になるが，本節ではフィールドについて説明することにする．

9.5.1 フィールドの形式と入力方法

[Alt] キーを押しながら [F9] キー（[Alt]+[F9]）を押すと，フィールドは

{ フィールド名 スイッチ パラメータ }

のように画面に表示される．{ } 内はフィールドコードと呼ばれる．フィールド名は命令の種類を指定する．スイッチやパラメータはフィールドの詳細な設定をするためのもので，使用しない場合もある．なお，「{」や「}」は通常の波括弧ではないので，通常の波括弧を入力しても，フィールドとして認識されない．フィールド用の波括弧を入力するには，[Ctrl] キーを押しながら [F9] キー（[Ctrl]+[F9]）を押す．[Ctrl]+[F9] を使わずに，[フィールド] ダイアログボックスを使ってもフィールドを挿入することができる．[フィールド] ダイアログボックスは，[挿入]–[テキスト]–[クイックパーツの表示] ボタン をクリックし，一覧から [フィールド] を選ぶと表示できる．

表 9.6 に示すように多くのフィールド名が提供されている．フィールド名からどのような機能かが推測できるであろう．例えば，「NumPages」というフィールド名は文書の総ページ数を表すので，{NumPages} は文書の総ページ数を表示する．分数を表示するには，数式に関連するフィールド名の「Eq」と分数に関するスイッチ「¥F」を用いる．「¥F」に引き続く「( )」の中に分子，分母をカンマで区切って，{Eq ¥F(1,$m+n$)} とすると，$\dfrac{1}{m+n}$ と表示される．{Eq ¥F(1,$m+$¥F(1,n))} とすれば，$\dfrac{1}{m+\frac{1}{n}}$ と表示される．これらを入力するには，[Ctrl]+[F9] を押し，フィールド用の波括弧の中に，「NumPages」や「Eq ¥F(1,$m+$¥F(1,n))」と入力し，

[Alt]+[F9] を押してフィールドを非表示にすればよい．総ページ数が表示されないときは，そのフィールドを選択してから，[F9] キーを押し，フィールドを更新すればよい．

表 9.6 フィールド名一覧

AddressBlock	Advance	Ask	Author	AutoNum	AutoNumLgl	AutoNumOut
AutoText	AutoTextList	BarCode	Bibliography	BidiOutline	Citation	Comments
Compare	CreateDate	Database	Date	DocProperty	DocVariable	EditTime
Eq	Embed*	FileName	FileSize	Fill-in	= (式)	GoToButton
GreetingLine	Hyperlink	If	IncludePicture	IncludeText	Index	Info
Keywords	LastSavedBy	Link	ListNum	MacroButton	MergeField	MergeRec
MergeSeq	Next	NextIf	NoteRef	NumChars	NumPages	NumWords
Page	PageRef	Print	PrintDate	Private	Quote	RD
Ref	RevNum	SaveDate	Section	SectionPages	Seq	Set
SkipIf	StyleRef	Subject	Symbol	TA	TC	Template
Time	Title	TOA	TOC	UserAddress	UserInitials	UserName
XE	*Embed は [フィールド] ダイアログボックスの [フィールドの名前] には表示されない．					

9.5.2 用語とショートカットキーなど

フィールドに関する用語とショートカットキーは表 9.7 と表 9.8 のようにまとめられる．

表 9.7 フィールドに関する用語

用語	意味
フィールド	Word に命令を与えると Word がその結果を表示する機能．
フィールドコード	フィールドに与えるコードで，フィールド名，スイッチ，パラメータから構成される．TeX 的な記述をする．
スイッチ	数式の組み立て方．

表 9.8 フィールドに関するショートカットキー

ショートカットキー	意味
[F9]	選択部分のフィールドを更新する．
[Shift]+[F9]	選択部分のフィールドの表示/非表示を切り替える．
[Alt]+[F9]	文書全体のフィールドの表示/非表示を切り替える．
[Ctrl]+[F9]	空のフィールドを挿入する．

9.5.3 操作一覧

フィールド操作に関するボタンなどは図 9.12 から図 9.15 までのようにまとめられる．フィールド部分を右クリックすると，図 9.12 のようなショートカットメニューが表示される．フィールドの主な操作を図 9.13 と図 9.14 に示す．フィールドの設定に関しては，図 9.15 のように Word のオプションで確認できる．

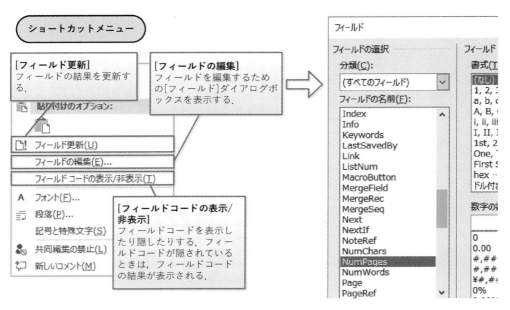

図 9.12　フィールド操作に関するボタンなど：ショートカットメニュー

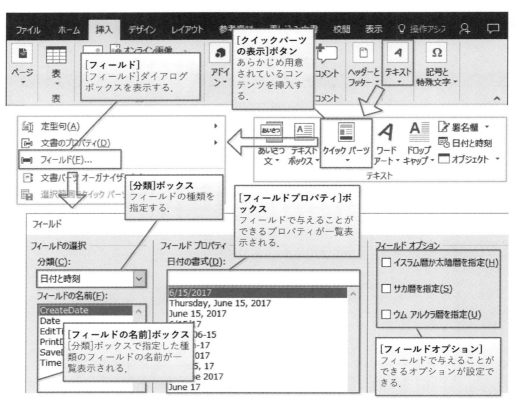

図 9.13　フィールド操作に関するボタンなど：[挿入] タブ（その 1）

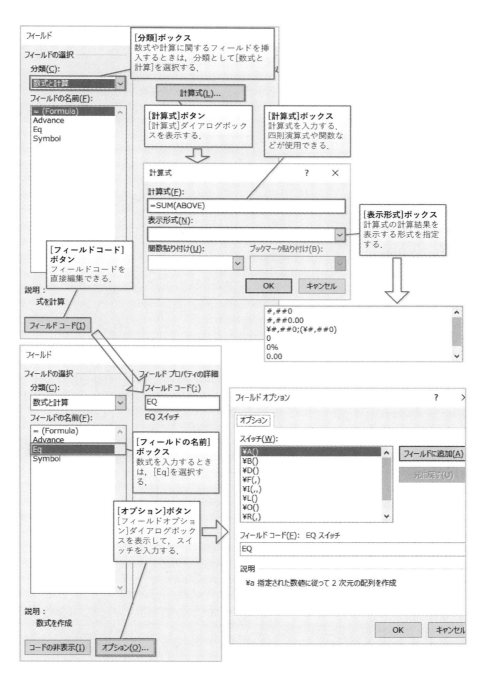

図 9.14　フィールド操作に関するボタンなど：[挿入] タブ（その 2）

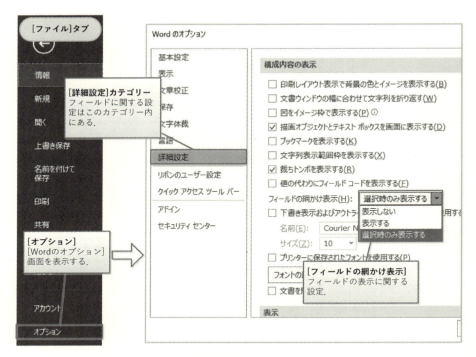

図 9.15　フィールド操作に関するボタンなど：[ファイル] タブ

9.6　参照とその設定方法

　文書内の文章はそれぞれ独立しているわけではなく，目次，索引，脚注，図表番号のように，文書には参照関係をもっている部分がある．Word では，目次に TOC フィールド，索引に Index フィールド，図表番号の参照に Ref フィールドを用いて，それぞれの機能を実現している．

　目次には見出しと対応するページ番号が書かれている．見出しを見て，必要な項目がどのページに書かれているかがわかり便利に使える．すなわち，目次では，見出しとページ番号を参照しているといえる．アウトラインレベルとそれに対応する見出しを設定していれば，[参考資料]–[目次]–[目次] ボタン 目次 により簡単に目次を作成できる．

　索引では，語句が何ページに記載されているかがすぐにわかる．索引も語句とそのページ番号を参照している．[参考資料]–[索引]–[索引登録] ボタン 索引登録 により索引語句を登録し，[参考資料]–[索引]–[索引の挿入] ボタン 索引の挿入 により簡単に索引を作成できる．文書中に索引語句を ABC 順や五十音順に並べることができる．

　脚注はページの下や文書末に付ける追加情報である．その追加情報に対応する本文の位置には番号が挿入される．この番号を脚注番号と呼ぶ．脚注には同じ脚注番号が付けられ，対応関係がわかるようになっている．本文中の語句は脚注を参照しているといえる．[参考資料]–[脚

注]–[脚注の挿入] ボタン AB¹ 脚注の挿入 により簡単に脚注が挿入できる．途中に脚注を挿入しても，脚注番号は自動的に更新される．

図や表にも番号が付けられる．その番号を図表番号と呼ぶ．図表番号も図と表を参照している．[参考資料]–[図表]–[図表番号の挿入] ボタン 図表番号の挿入 により図表番号を設定できる．

本章では，「図 9.1 のように」などの表現で本文中の図表番号を参照している．文書中の他の場所を参照することを相互参照と呼んでいる．[参考資料]–[図表]–[相互参照の挿入] ボタン 相互参照 により相互参照の設定をすれば，図表番号が変わっても，本文の番号も自動的に更新される．

他の文書や画像などの位置情報やその位置に移動できる機能をハイパーリンクと呼び，移動先をリンク先と呼ぶ．[挿入]–[リンク]–[ハイパーリンクの追加] ボタン ハイパーリンク によりハイパーリンクを設定できる．

文書に付ける目印やしおりをブックマークと呼ぶ．文字列にブックマークを設定すると，その文字列を参照したり，その場所に移動したりすることができる．[挿入]–[リンク]–[ブックマークの挿入] ボタン ブックマーク によりブックマークを設定できる．

9.6.1 用語とアイコンなど

参照に関する用語は表 9.9 のようにまとめられる．

表 9.9 参照に関する用語

用語	意味
目次	見出しと対応するページ番号のリスト．
索引	索引語句と対応するページ番号のリスト．
脚注	ページの下や文書末に付けられる追加情報．
脚注番号	脚注に付けられる番号．本文の位置にも同じ番号が挿入され，対応関係がわかるようになっている．
図表番号	図や表に付けられる番号．
ハイパーリンク	他の文書や画像などの位置情報やその位置に移動できる機能．
リンク先	他の文書や画像などの移動先．
ブックマーク	文書に付けられる目印やしおり．

9.6.2 操作一覧

参照に関するボタンなどは図 9.16 から図 9.19 までのようにまとめられる．目次，脚注，索引，図表番号，相互参照に関する操作は，図 9.16 から図 9.18 までのように，[参考資料] タブを用いる．ハイパーリンク，ブックマークに関しては，図 9.19 のように，[挿入] タブを用いる．

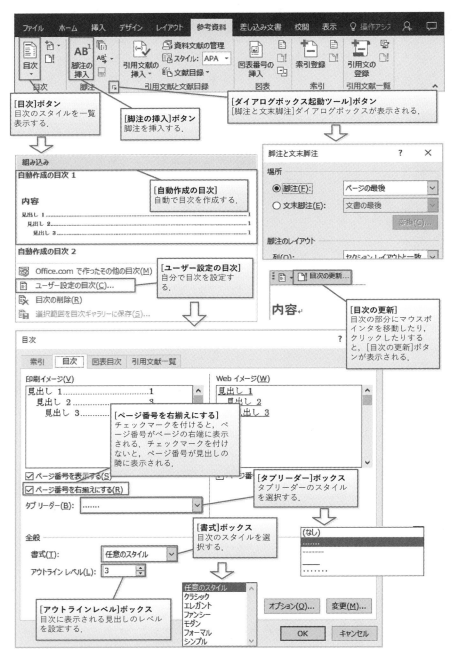

図 9.16　参照に関するボタンなど：目次と脚注

9.6 参照とその設定方法　203

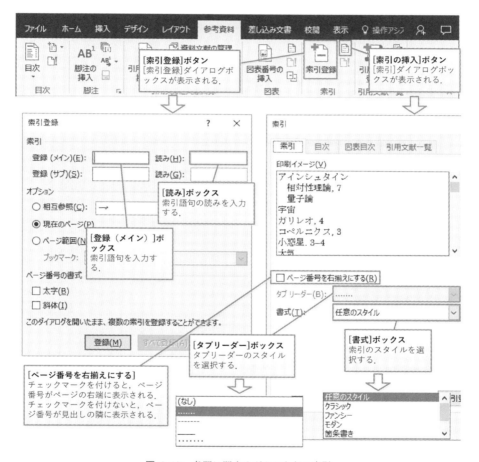

図 9.17　参照に関するボタンなど：索引

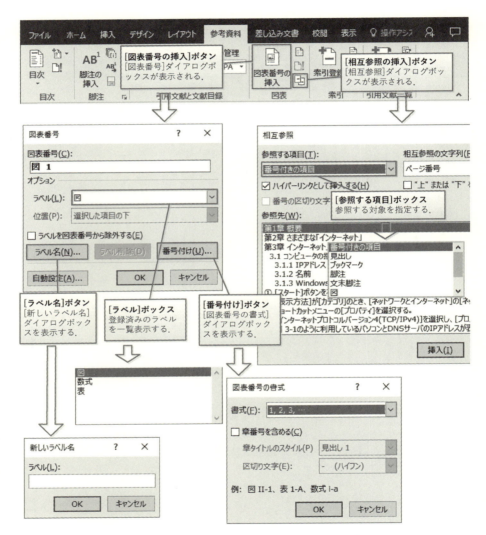

図 9.18 参照に関するボタンなど：図表番号と相互参照

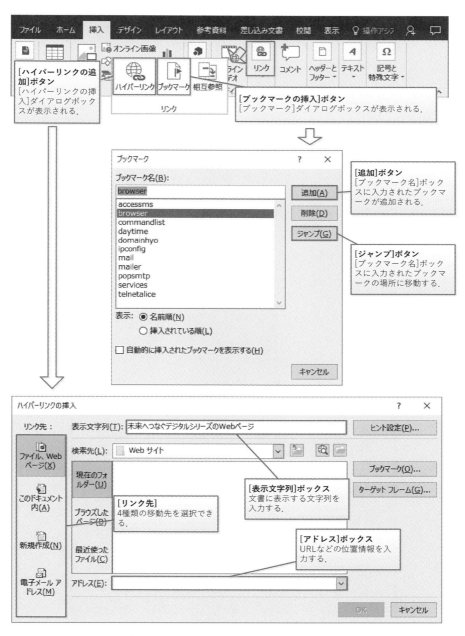

図 9.19　参照に関するボタンなど：ハイパーリンクとブックマーク

9.7 ページ書式

本節では，少々複雑な形式の文書を作成するときに用いられる，段組みとセクションについて説明する．

文書では，1ページをいくつかの段に分けることがある．図9.20(b)のように，ページを複数の段に分け，それらの段の中に文章を配置することを段組みと呼ぶ．段組みされている代表的なものに新聞がある．新聞紙面の1ページは広く，1行の文字数を少なくし読みやすくするために，段組みが行われている．段組みを行うには，[レイアウト]–[ページ設定]–[段の追加または削除]ボタン を用いる．

同図(c)のように，段組みの場合，文書の任意の位置で新しい段を始めたいこともある．このときは，段区切りを用いる．段区切りを挿入するには，[レイアウト]–[ページ設定]–[ページ/セクション区切りの挿入]ボタン をクリックし，表示される一覧から[ページ区切り]の[段区切り] を選ぶ．

前節までは，文書全体に共通のページ設定をしていた．1つの文書の中に複数のページ設定をしたいことがある．例えば，図9.20(d)のように，タイトル部分を1段組み，本文を2段組みにしたいときや，文書に横書きと縦書きを混在させたいときなどである．1つの文書に複数のページ設定をするには，セクションを使う．セクションとセクションの間はセクション区切りで区切る．カーソルの位置にセクション区切りを挿入するには，[レイアウト]–[ページ設定]–[ページ/セクション区切りの挿入]ボタン をクリックし，表示される一覧から[セクション区切り]の[現在の位置から開始] を選ぶ．

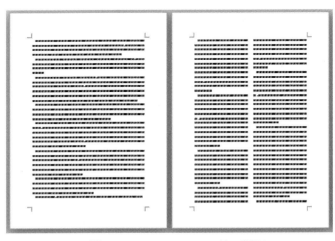

(a) 1段組み　　(b) 2段組み

図 9.20 段組み

(c) 段区切り　　　　(d) タイトル部分だけ 1 段組み

図 9.20　段組み（続き）

9.7.1　用語とアイコンなど

ページ書式に関する用語は表 9.10 のようにまとめられる．

表 9.10　ページ書式に関する用語

用語	意味
段組み	ページを複数の段に分け，それらの段の中に文章を配置すること．
段区切り	段組みの場合，文書の任意の位置で新しい段を始めるための区切り．
セクション	ページ設定を行える部分．文書をいくつかのセクションに分け，それぞれのページ設定を異なるようにできる．
セクション区切り	文書をいくつかのセクションに分けるための区切り．

9.7.2　操作一覧

ページ書式に関するボタンなどは図 9.21 のようにまとめられる．

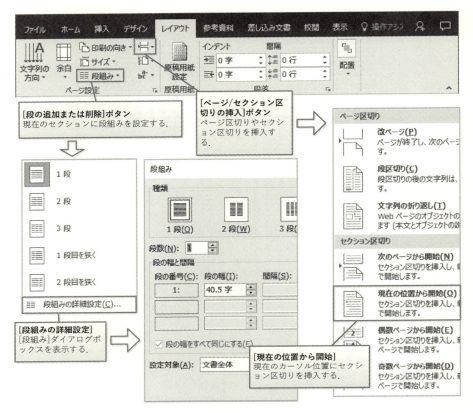

図 9.21　ページ書式に関するボタンなど

9.8　便利な機能

　Wordには論文などを執筆するのに便利な機能がある．ここでは，文字数のカウント，文法・表現のチェック，スペルチェック，コメントに関する機能について説明する．

　文書の文字数を調べるには，[校閲]–[文章校正]–[文字カウント] ボタン ABC文字カウント を用いて，[文字カウント] ダイアログボックスを表示させる．あるいは，ステータスバーに表示されている文字数をクリックしても，[文字カウント] ダイアログボックスを表示させることができる．

　Wordは，文章を校正する機能を用意している．Wordは，通常，文字が入力されると自動的に文法を調べ，間違いがあれば指摘してくれる．指摘箇所は波線で示され，その波線を右クリックすると，ショートカットメニューが表示され，間違いを修正できる．なお，Wordの設定によっては，この波線は表示されないことに注意しよう．

　Wordは，通常，文字が入力されると自動的にスペリングを調べ，間違いがあれば指摘してくれる．赤の波線が引かれた部分では，スペリングが間違っている可能性がある．間違いでないことがわかっていれば，無視してかまわない．しかし，どこに間違いがあるかがわからないときもある．その場合は，修正候補を表示させると，間違いに気づくこともある．赤の波線が

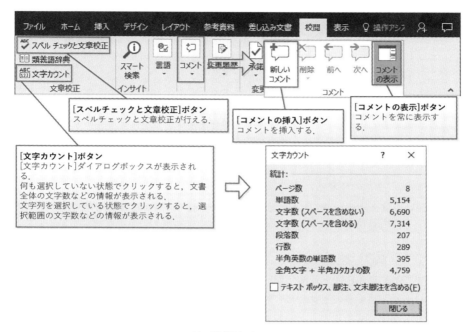

(a) [校閲]タブ

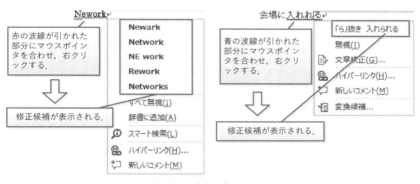

(b) ショートカットメニュー

図 9.22　便利な機能に関するボタンなど

引かれた部分にマウスポインタを合わせ，右クリックすると，ショートカットメニューが表示され，修正候補が表示される．

　文書にメモや注釈などを付けるコメント機能が Word には用意されている．[校閲] タブの [コメント] グループにあるボタンを使って，コメント機能を利用できる．

　本節の操作に関するボタンなどは図 9.22 のようにまとめられる．

> ## 演習問題
>
> 以下の演習問題で用いる Word 文書ファイルとより詳細な設問文については，共立出版の Web サイト (http://www.kyoritsu-pub.co.jp/) に掲載している．同サイトで本書籍を検索し入手すること．
>
> **設問 1 アウトライン操作の練習**
>
> 「演習問題 9_1_1.docx」と「演習問題 9_1_2.docx」の Word 文書を用いて，アウトラインの表示，ナビゲーションウィンドウの操作，アウトラインレベルの設定，アウトライン番号の設定，アウトラインの移動の練習をせよ．
>
> **設問 2 スタイル操作の練習**
>
> 「演習問題 9_2_1.docx」と「演習問題 9_2_2.docx」の Word 文書を用いて，書式のコピー，スタイルの適用・変更・解除・登録の練習をせよ．
>
> **設問 3 数式入力操作の練習**
>
> 「演習問題 9_3_1.docx」と「演習問題 9_3_2.docx」の Word 文書を用いて，上付き・下付き文字の入力，数式ツールの操作，リーダーの設定の練習をせよ．
>
> **設問 4 フィールドの練習**
>
> 「演習問題 9_4_1.docx」と「演習問題 9_4_2.docx」の Word 文書を用いて，フィールドの表示・変更・挿入・更新，フィールドを用いた計算，フィールドを用いた数式入力の練習をせよ．
>
> **設問 5 参照操作の練習**
>
> 「演習問題 9_5_1.docx」と「演習問題 9_5_2.docx」，「演習問題 9_5_3.docx」の Word 文書を用いて，目次挿入，索引語句登録，索引挿入，脚注挿入，図表番号挿入，相互参照，ハイパーリンク，ブックマークの練習をせよ．
>
> **設問 6 ページ書式の練習**
>
> 「演習問題 9_6.docx」の Word 文書を用いて，段組み，セクション区切りの練習をせよ．
>
> **設問 7 便利な機能の練習**
>
> 「演習問題 9_7_1.docx」と「演習問題 9_7_2.docx」の Word 文書を用いて，文字カウント，校閲・校正，コメント挿入，スペルチェックの練習をせよ．

参考文献

[1] 板谷雄二，『世界一わかりやすい Word 2007』，講談社 (2007).

[2] 板谷雄二，『世界一わかりやすい Word「超」活用編』，講談社 (2003).

[3] 若林宏，アンカープロ，『Word 2013 パーフェクトマスター』，秀和システム (2013).

[4] Robert Delwood, *The Secret Life of Word: A Professional Writer's Guide to Microsoft Word Automation*, XML Press (2011).

第10章
LaTeX によるドキュメントの作成

□ 学習のポイント

　この章ではドキュメントを作成するための道具の1つとして，電子組版システムである LaTeX を紹介する．LaTeX システムは世界的組版ソフトウェア (typesetting software) の1つとして認められている．我が国の出版業界においてもコンソーシアム（Editor's Work Bench (EWB) コンソーシアム，2004年4月6日活動終了）が作られ，普及が進み，書籍や出版事業に積極的に使われている．この章では，LaTeX システムの学会へのドキュメント作成によく使われる機能について説明する．なお，LaTeX システムの詳細について知りたい読者は，文献 [1,2] などが参考になるであろう．

- 電子組版システム LaTeX の利用原理を理解する．
- LaTeX における文章構造・スタイル，目次・アウトラインの作成方法の概要を理解する．
- LaTeX における引用文・プログラムの挿入，図表の挿入方法を理解する．
- LaTeX における箇条書きの作成方法を理解する．
- LaTeX における参考文献の書き方と引用方法を理解する．

□ キーワード

　LaTeX，文章構造・スタイル，目次・アウトラインの作成，図表の挿入，箇条書き，引用文・プログラムの挿入，参考文献の書き方と引用方法

　ここでは，これまで述べてきたドキュメントを LaTeX でどのように書くのかを簡単にまとめる．ここで述べる事項は，アイディアの整理や学会投稿原稿で利用する以下の内容である．

- 文書の構造・スタイル（文章クラス）の変更について
- 目次を出力する（アウトラインプロセッサーの代替手段）
- アウトラインの作成方法
- 図の挿入
- 表の挿入
- 箇条書きの方法
- 引用文やプログラムの掲載の仕方
- 参考文献の書き方と引用方法

なお，LaTeX のコマンドの細部やインストール方法まで述べるのは，紙面の都合で困難である．LaTeX のコマンドやインストール方法については参考文献 [1,2] を参照してほしい．

10.1 LaTeX の基本とスタイルの変更

あらゆる LaTeX ファイルは次の部分が必ず含まれている．

```
― LaTeX ファイルのコア部分 ―
\documentclass{jarticle}
%プリアンブル部分
%
\begin{document}%ドキュメントの開始

<本文>
%コメント

\end{document}%ドキュメントの終わり
```

LaTeX でドキュメントを作成するときには，上記の **jarticle** の部分をドキュメント提出先の指定するスタイル（文書クラス）に変更すれば，本文自体の活字の大きさやバランスなど印刷の状況を気にする必要はない．LaTeX のファイルではドキュメントの開始部分 (\begin{document}) より前の部分をプリアンブル (preamble) と呼ぶ．このプリアンブルの部分に，活字の大きさやバランスなどに関連する事項が書かれている．そのためドキュメントを作成する際にはドキュメントの内容そのものの作成や修正，編集だけに集中することができる．なお，LaTeX にはあらかじめ様々な文書クラスが用意されている．本例の **jarticle** は日本語学術論文であることを意味する．他の準備されているスタイルは横書き書籍用の **jbook**，横書きレポート用の **jreport**，縦書き日本語学術論文の **tarticle**，縦書き書籍用の **tbook**，縦書きレポート用の **treport** である．

主要な学術学会，所属大学や所属研究室では，あらかじめスタイルファイルを用意している．学術学会で準備されている文章クラスの一例を表 10.1 に示す．多くの学会では文字コードに合わせて Windows 用と Macintosh 用とが用意されている．また，Word で論文を書く人のために，Word 用のテンプレートファイルも用意されている．

スタイルファイル自体の使い方は，別ファイルで書かれていたり，サンプルファイルにコメントの形で記載されている．コメントは半角の % で始まり改行までの部分である．なお，TeX Wiki (http://oku.edu.mie-u.ac.jp/~okumura/texwiki/) には，複数の学会や大学卒業研究などのスタイルファイルへのリンク先が整理されている．

よりきめ細かい文章レイアウトをしたい場合には，\usepackage{ }コマンドを利用する．\usepackage{ }コマンドは，プリアンブル部 (\documentclass{jarticle} と \begin{document} の間) に書く必要がある．具体的な事例を以下にまとめる．なお，各パッケージの用途はコメン

表 10.1 関連学会のドキュメントのスタイル

学会名　スタイルファイル名	入手先 URL
電子情報通信学会　ieicej.cls	http://www.ieice.org/jpn/
情報処理学会　ipsj.cls	https://www.ipsj.or.jp/index.html
電気学会　ieej.cls	http://www.iee.jp/
IEEE (米国電気電子学会)　IEEEtran.cls	https://www.ieee.org/index.html

トとして%以降に示す．なお，各パッケージの使い方は，TeX Wiki などを参考にしてほしい．

―― パッケージコマンドの利用例 ――
```
\documentclass{jarticle}
\usepackage{makeidx}   %索引を作成するときに利用する
\usepackage{multicol}  %多段組みを用いるときに利用する
\usepackage{graphicx}  %文中で図を用いるときに利用する
\usepackage{color}     %文字に色をつけるときに利用する
\usepackage{fancybox}  %文章を枠で囲むときに利用する
\usepackage{ascmac}    %複数行を枠で囲むときに利用する
\usepackage{url}       %ホームページ (url) を表記するときに利用する
\usepackage{comment}   %長いコメントを作るときに利用する
\usepackage{amsmath}   %複雑な数式作成時に利用する．
\usepackage{amssymb}   %複雑な数式作成時に利用する．
\usepackage{amsthm}    %複雑な数式作成時に利用する．
                       %AMS (American Mathematical Society) によるもの
\begin{document}%ドキュメントの開始
<本文>
%コメント
\end{document}%ドキュメントの終わり
```

10.2　目次を出力する

　本書ではドキュメントを作成するためには，全体像を俯瞰することの重要性をたびたび述べている．全体像を俯瞰するためにはアウトラインを考えることが大切である．

　筆者はアウトラインを作成するとき，Word のアウトライン機能を利用して考える場合もあるし，アウトラインプロセッサーの代替手段として LaTeX を利用する場合もある．LaTeX を利用する場合は，目次を出力するためのコマンド \tableofcontents と，改頁するためのコマンド \newpage を利用する．改頁は不要であるが，改頁することにより「目次」のページのみを作成することができる．

　具体的には

```
  ┌─ LaTeX ファイルへ目次作成の追加 ──────────────────┐
  │ \documentclass{jarticle}                              │
  │ \begin{document}%ドキュメントの開始                    │
  │ \newpage                                              │
  │ \tableofcontents%                                     │
  │ \newpage                                              │
  │ <本文>                                                │
  │ %コメント                                             │
  │ \end{document}%ドキュメントの終わり                    │
  └───────────────────────────────────────────────────┘
```

とする．

なお，文書ファイルを LaTeX システムに最初に入力すると，システムは文書ファイルから文構造タグにある見出し情報を取り出し，これを目次情報とした拡張子『.toc』のついた目次ファイルを作成する．この段階でできる DVI ファイルには目次情報は含まれていない．もう一度，文書ファイルを LaTeX システムに入力すると，この目次ファイルを読み込んで目次出力のための情報も取り込んだ DVI ファイルができあがる．したがって，目次を出力するには LaTeX ファイルを最低 2 回はコンパイルしなければならない．文章構造を変更した場合も同じく 2 回以上の処理が必要となる．なぜ 2 回必要なのかは，コンパイルの原理を学んだ人であれば理解であろう．

ドキュメントの構造は学術論文と書籍では異なる．学術論文は節とそれに付随する，単独あるいは複数の小節からなる．また小節には複数の小小節が含まれる．書籍は学術論文より大きな概念として章から始まる．章は複数の節を含む場合がある．ただし，まったく節を含まない場合もある．

本書では学術論文を書くことを想定しているので jarticle についてまとめる．jarticle で指定される論文スタイルの文書構造は，次のような文構造としての階層構造をもつことができる．

論文で利用する jarticle 文書の文章構造には大きな構造から順に小さな構造単位をもつ．節 (section) が最上位の文構造単位であり，それから下位に向かって小節 (subsection)，小小節 (subsubsection) に分割することができる．

これらの構造単位に見出しをつけ，それらを「目次」化したものを眺めれば，大量の文書であっても文書全体の様子をつかむことができる．このときに用いるのが前述した \tableofcontents コマンドである．これを利用すると簡単に目次を作成することができる．

以下にその例を示す．ここで \appendix コマンド以降は付録の節であることを示すために利用する．この場合の出力結果を図 10.1 に示す．

―― 目次機能を利用したアウトライン生成の利用例 ――

```
<省略>
\newpage
\tableofcontents
\newpage
\section{はじめに}
\section{A について}
<本文>
\subsection{a について}
<本文>

\subsection{b について}
<本文>
\subsubsection{b1 について}
<本文>
\subsubsection{b2 について}
<本文>

\section{Z について}
<本文>

\section{まとめ}
<本文>

%参考文献
\begin{thebibliography}{99}
<参考文献のリスト>
\end{thebibliography}
%付録

\appendix
\section{付録 1}
<本文>
\section{付録 2}
<本文>
```

目 次

1	はじめに	2
2	A について	2
2.1	a について	2
2.2	b について	2
2.2.1	b1 について	2
2.2.2	b2 について	2
3	Z について	2
4	まとめ	2
A	付録 1	3
B	付録 2	3

図 10.1 目次の出力例

10.3 表の作成

　表を作成する場合には table 環境と tabular 環境を利用する．ここでは表 10.2 を出力するためののソーステキストを以下に示す．なお，表 10.2 には，筆者の所属する学術学会の，全国大会，研究会，論文誌，国際会議などのスタイルファイルの入手先を示している．ただし，実際にスタイルファイルを利用する場合には，検索サービスを利用して最新のものを利用するようにしてほしい．

――― 表の作成例 ―――
```
%\begin{comment}
\begin{table}[h]%[h] とは表の位置をこの場所 (h, here) にするという意味である．例えば [h]
とすれば図はこの場所に書くと意味になる．
\begin{center}
\caption{筆者らが属する学術学会のフォーマット入手先 url（2016 年 2 月 1 日時点）}
% \begin{tabular}{c|c|} %2 列とも幅はコンパイラ任せであるが，文字位置は中央
  \begin{tabular}{p{5cm}||p{8cm}} %最初の列の列幅は 5cm, 縦線|，2 列目の幅は 8cm
  \hline    %横線を引く
学会フォーマット名&   URL \\ \hline
電子情報通信学会研究会&
 \url{http://www.ieice.org/ftp/tex/ieicej/LaTeX2e/ieicej1.6a.lzh} を解凍する
 \\ \hline
情報処理学会投稿論文&
 \url{https://www.ipsj.or.jp/journal/submit/ipsj-win.lzh}
 \\ \hline
IEEE(米国電気電子学会) 国際会議&
 \url{http://www.ieee.org/documents/windows_latex_template.zip}
 \\ \hline
電気学会論文誌&
 \url{http://www.iee.jp/wp-content/uploads/honbu/32-doc-kenq
/latex2e.zip}を解凍する
 \\ \hline
日本オペレーションズ・リサーチ学会&
 \url{http://www.orsj.or.jp/2015spring/wp-content/uploads/
2014/11/sample-utf8.tex}
 \\ \hline %改行して横線を引く
\end{tabular}
\label{10-tab-society}
\end{center}
\end{table}
%\end{comment}
```

表 10.2　筆者らが属する学術学会のフォーマット入手先 url（2016 年 2 月 1 日時点）

学会フォーマット名	URL
電子情報通信学会研究会	`http://www.ieice.org/ftp/tex/ieicej/LaTeX2e/ieicej1.6a.lzh` を解凍する
情報処理学会投稿論文	`https://www.ipsj.or.jp/journal/submit/ipsj-win.lzh`
IEEE（米国電気電子学会）国際会議	`http://www.ieee.org/documents/windows_latex_template.zip`
電気学会論文誌	`http://www.iee.jp/wp-content/uploads/honbu/32-doc-kenq/latex2e.zip` を解凍する
日本オペレーションズ・リサーチ学会	`http://www.orsj.or.jp/2015spring/wp-content/uploads/2014/11/sample-utf8.tex`

表 10.3　図と表の配置場所の設定パラメータ

位置パラメータ	意味
h	here
b	bottom
t	top
tb	top または bottom
htb	here，top または bottom

10.4　図の挿入

LaTeX で作成するドキュメントに図（画像ファイル）を挿入する方法を説明する．挿入できる図は EPS 形式のファイルにしておいた方がよい．EPS ファイルに変換されていないと，OS が違った場合などに表示されないおそれがあるからである．ここで EPS（encapsulated postscript）とは PS（post script）ファイルの一種で，様々なアプリケーションソフトウェアで作成することができる．

図を挿入する場合には figure 環境と includegraphics 環境を利用する．なお，本書ではプリアンブル部で `\usepackage{graphicx}` により，graphicx パッケージを読み込むものとする．

図 10.2 を表示するためのソーステキストを以下に示す．なお，この図の eps ファイルは `pr1-2.eps` である．なお，`pr1-2.eps` はフォルダ `figures` に格納されている．図 10.2 に `pr1-2.eps` とフォルダ `figures` の関係を示す．

```
―figの挿入例――――――――――――――――――――――――――――――
\documentclass{jarticle}
\usepackage{graphicx} %グラフィックスのためのパッケージ
＜中略＞
\begin{figure}[htb]
%[htb]とは図の位置をこの場所（h, here），ページ先頭（t, top），ページ下部（b, bottom）の
いずれかへ書くという意味である．例えば[h]とすれば図はこの場所に書くと意味になる．
%\vspace{-2em}%必要に応じて縦のスペースの調整をする．-2emとは2em単位長を縦に詰めると
いうことになる．ここでemとは英文字フォントMの幅を意味する．仮に-3emとすれば3emを詰め
ることになる．
\begin{center}%横方向の中央に配置する
\includegraphics[width=85mm]{figures/pr1-2.eps}
%ファイルの位置を指定するためにはfigures/pr1-2.epsのように相対ディレクトリパスを指定す
る．
\caption{社会人基礎力の3つの能力と12の要素（文献\cite{Socio-power}の3ページ）．}
\label{fig:shakai3}%この図を参照するためのラベルをfig:shakai3とした．
\end{center}
\end{figure}
```

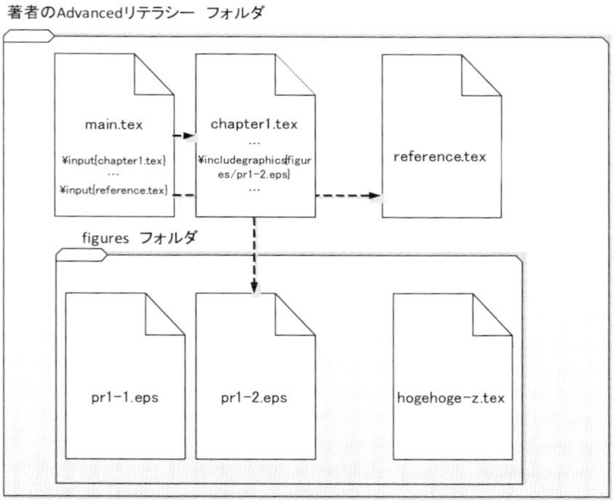

図 **10.2** Advanced フォルダ

10.5　プログラムなどの記入

　論文などのドキュメントではプログラムを記載する場合もある．このような場合，プログラム中の空白を示さない場合は verbatim 環境，空白を示す場合は verbatim* 環境を利用する．以下にその例を示す．

表 10.4　空白の基本単位

パラメータ	意味
1mm	1 ミリメートル (1cm=10mm)，指定した長さ
1cm	1 センチメートル，指定した長さ
1in	1 インチ (1inch=約 2.54cm)，指定した長さ
1pt	1 ポイント (72.27pt=1inch)，指定した長さ
1pc	パイカ (1pc=12pt)，指定した長さ
1zw	和文フォントの幅
1zh	和文フォントの高さ
1em	英文字フォント "M" の幅
1ex	英文字フォント "x" の高さ
width=xcm	貼り付ける図の横幅が x cm になるよう原図サイズを拡大または縮小する
heigh=ycm	貼り付ける図の縦幅が y cm になるよう原図サイズを拡大または縮小する
width=xcm, heigh=ycm	貼り付ける図の横幅 x cm，縦幅 y cm になるよう原図サイズを拡大または縮小する
sacle=1.85	貼り付ける図の大きさを原図サイズの 1.85 倍にする

___プログラムの挿入例：空白を示さない場合___

```
\begin{verbatim}
main{
        printf{"Hello, world"};
}
\end{verbatim}
```

___プログラムの挿入例：空白を示す場合___

```
\begin{verbatim*}
main{
␣␣␣␣␣␣␣␣printf{"Hello,␣world"};
}
\end{verbatim*}
```

なお，文中でコマンド \usepackage などを表すときには \verb|\usepackage|と書く．ここで，出力される文字は | で囲まれた部分になる．

10.6　文の引用

ドキュメントを作成すると文章中に他人の文章などをそのまま借用する場合がでてくる．文の引用である．文を引用する場合には出典を明らかにするとともに，その文の両端のマージン（空白）を余分に広くすることで借用した文が明確になる．なお，他人の文章の引用だけに限らず，マージンを活用することで，表現したいことを明確にするという効果もある．

LaTeX では文の引用をする場合は，利用環境として quote あるいは quotation を用いる．本書で利用した両環境を以下に示す．

―― quote 環境の利用例 ――――――――――――――――――――――――――――
```
\begin{quote}
約，くらい，ほど，ばかり，等，など，のような，という，ということ，というもの
\end{quote}
```

―― quotation 環境の利用例 ―――――――――――――――――――――――――――
```
\begin{quotation}
{\em ほかの作家の場合はどうなのか知らないが，小説を書くのがこんなに苦しい作業とは，予想も
していなかった．}
よく「いまだに試験の夢を見る」などという人があるが，私は学生時代の試験がなつかしい．
{\em 試験ならいよいよとなれば白紙を出せばいいが，原稿ではそうもいかない．
しかも，つねに合格点であることを要求される．}

＜省略＞
\end{quotation}
```

10.7 箇条書きの方法

理科系の文書では箇条書きをよく用いる．ここでは次の 4 種類の箇条書きの書き方についてまとめる．

- 順序のない箇条書き
- 順序のある箇条書き
- 見出しつき箇条書き
- 多重化した箇条書き

10.7.1 順序のない箇条書き

社会人基礎力の説明（第 1 章 1.2 節参照）で用いた順序のない箇条書きは，itemize 環境を利用して次のように書く．

―― itemize 環境の利用例 ―――――――――――――――――――――――――――
```
\begin{itemize}
\item 主体性：物事に進んで取り組む力, Initiative
\item 働きかけ力：他人に働きかけ巻き込む力, Ability to influence
\item 実行力：目的を設定し確実に行動する力, Execution skill
\end{itemize}
```

10.7.2 順序のある箇条書き

本書で用いた順序のある箇条書き（第 1 章 1.2 節参照）は，enumerate 環境を利用して次のように書く．

```
─ enumerate 環境のデフォルト利用例 ─────────────
\begin{enumerate}
\item 「前に踏み出す力」～一歩前に踏み出し，失敗しても粘り強く取り組む力～
\item 「考え抜く力」～疑問をもち，考え抜く力～
\item 「チームで働く力」～多様な人々とともに，目標に向けて協力する力～
\end{enumerate}
```

項目番号を (1) や (2) のように () の中をアラビック数字にする場合は，\renewcommand コマンドを利用して設定を変更する．以下にその例を示す．

```
─ enumerate 環境の項目番号を変更した利用例 ─────────
\begin{enumerate}
\renewcommand{\labelenumi}{(\arabic{enumi})}
%(1) や (2) のように () の中をアラビック数字にする場合
\item 自分の伝えたい情報を，読み手にきちんと誤りになく伝えられる．
\item 読み手に不必要な労力や時間をかけない．
\end{enumerate}
```

同様に，項目番号を (A) や (B) のように () の中をアルファベットにする場合は，\renewcommand コマンドを利用して設定を変更する．以下にその例を示す．なお，小文字のアルファベットにする場合は下記の Alph を alph へと変更すればよい．

```
─ enumerate 環境の項目番号を変更した利用例 ─────────
\begin{enumerate}
\renewcommand{\labelenumi}{(\Alph{enumi})}
%(A) や (B) のように () の中をアルファベットにする場合
\item 送り手は，情報の受け手が自分と共有している文脈は何かを考えて，その文脈から出発して説
明を組み立てなければならない．
%
\item 受け手と共有している文脈に含まれない用語や概念を送り手が用いるときには，それより前に
その説明がなされていなければならない．
%
\item 送り手と受け手が共通にもっている情報（文脈）は省略することができる．
%
\item 前提となる情報のうち，受け手がもっていない情報は省略してはならない
\end{enumerate}
```

10.7.3 見出しつき箇条書き

本書で用いた見出しつき箇条書き（4.1 節参照）は，description 環境を利用して次のように書く．

―― descripton 環境の利用例 ――――――――――――――――――――
```
\begin{description}
\item[明文] 読者に書き手が伝えようとした情報を正しく伝える「伝わる文」
\item[名文] 読者を感心させる「うまい文」
\end{description}
```

10.7.4 多重化した箇条書き

箇条書きの項目の中に箇条書きを書く（箇条書きをネストして使う）ように，多重化した箇条書きを書く場合は次のようにして書く．なお次の例は 1.2 節で利用している．

―― 箇条書きをネストして使う例 ――――――――――――――――――――
```
\begin{enumerate}
\item 「前に踏み出す力（アクション）」：一歩前に踏み出し，失敗しても粘り強く取り組む力
\begin{itemize}
\item 主体性：物事に進んで取り組む力
\item 働きかけ力：他人に働きかけ巻き込む力
\item 実行力：目的を設定し確実に行動する力
\end{itemize}
%
\item 「考え抜く力（シンキング）」：疑問をもち，考え抜く力
\begin{itemize}
\item 課題発見力：現状を分析し目的や課題を明らかにする力
\item 計画力：課題の解決に向けたプロセスを明らかにし準備する力
\item 創造力：新しい価値を生み出す力
\end{itemize}
%
\item 「チームで働く力（チームワーク）」：多様な人々とともに，目標に向けて協力する力
\begin{itemize}
\item 発信力：自分の意見をわかりやすく伝える力
\item 傾聴力：相手の意見を丁寧に聴く力
\item 柔軟性：意見の違いや立場の違いを理解する力
\item 情況把握力：自分と周囲の人々や物事との関係性を理解する力
\item 規律性：社会のルールや人との約束を守る力
\item  ストレスコントロール力：ストレスの発生源に対応する力
\end{itemize}
\end{enumerate}
```

10.8 参考文献の書き方と引用方法

本書の参考文献は，thebibliography 環境を利用して以下のようにして作成している．ただし，研究室，学術学会によって書誌情報の表記形式が異なることに注意してほしい．

―― thebibliography 環境の利用例 ――

```
\begin{thebibliography}{99}
%%%%%%%%%%%%%%%%%%%%%%%%%%%%%%%%%%%%%%%%%%%%%%%%%%%
\bibitem{Kinoshita1981}
木下是雄,
\newblock 『理科系の作文技術』,
\newblock 中央公論社
\newblock （1981）．
%%%%%%%%%%%%%%%%%%%%%%%%%%%%%%%%%%%%%%%%%%%%%%%%%%%
\bibitem{Kinoshita1994}%木下先生の1994年の書籍
木下是雄,
\newblock 『レポートの組み立て方』,
\newblock 筑摩書房
\newblock （1994）．
%%%%%%%%%%%%%%%%%%%%%%%%%%%%%%%%%%%%%%%%%%%%%%%%%%%
\bibitem{chap2-HakushoAll}
総務省情報通信白書,
\newblock \url{ http://www.soumu.go.jp/menu \_ seisaku/hakusyo/index.html}.
%%%%%%%%%%%%%%%%%%%%%%%%%%%%%%%%%%%%%%%%%%%%%%%%%%%
\bibitem{NASA}
Mary K. McCaskill, Langley Research Center, Hampton, Virginia,
\newblock {\em NASA SP-7084 A Handbook for Technical Writers
and Editors - GraIllIllar, Punctuation, and Capitalization -}
\url{http://ntrs.nasa.gov/archive/nasa/casi.ntrs.nasa.gov/
19900017394_1990017394.pdf}．
%%%%%%%%%%%%%%%%%%%%%%%%%%%%%%%%%%%%%%%%%%%%%%%%%%%
\bibitem{Victor1999}
Victor O. K. Li,
\newblock ``Hints on writing technical papers and making
presentations,"
\newblock {\em IEEE Transactions on Education},
\newblock Vol.42,
\newblock No.2,
\newblock pp.134-137
\newblock (1999)．
%%%%%%%%%%%%%%%%%%%%%%%%%%%%%%%%%%%%%%%%%%%%%%
\bibitem{Ken2004}
Ken Ross,
\newblock {\em A Mathematician at the Ballpark: Odds and
Probabilities for Baseball Fans},
\newblock New York: Prentice-Hall
\newblock (2004)．
%%%%%%%%%%%%%%%%%%%%%%%%%%%%%%%%%%%%%%%%%%%%%%
\end{thebibliography}
```

なお文中においてこれらの参考文献を参照する場合には 次のように \cite コマンドを利用する．

―― thebibliography 環境の利用例 ――――――――――――――――――――
木下氏の文献\cite{Kinoshita1981}と\cite{Kinoshita1994}を引用する．
情報通信白書\cite{chap2-HakushoAll}から次の知見が得られる．
ドキュメントについて書かれた書籍として文献\cite{NASA}と文献\cite{Victor1999}がある．
野球を科学的に分析するサーバメトリクス\cite{Ken2004}は米国で始められた．

―― 演習問題 ――――――――――――――――――――――――――――――
設問 1 LaTeX と Word，どちらが君にとって使いやすいだろうか．いろいろなケースを想定してその理由を考えてみなさい．例えばドキュメントの分量が多い場合と少ない場合，複数でドキュメントを作成する場合などである．

設問 2 君の所属学会のスタイルファイルを調べてみよ．そのスタイルファイルを利用して，これまでに作成してきたレポートがどのように表示されるか確認してみなさい．

設問 3 高等学校の数学あるいは大学低学年の数学の教科書の演習問題の回答を，LaTeX や Word を利用して作成してみなさい．

設問 4 次の数式を Word と LaTeX で入力組版してみなさい．またこの数式をパワーポイントスライドで表示する方法を考えてみなさい．

$$f(x) = ax + b \tag{10.1}$$

参考文献

[1] 奥村晴彦，『LaTeX—美文書作成入門』，技術評論社 (2013).

[2] 水谷正大，『インターネットリテラシー—情報収集・編集・発信の技術を理解する』，共立出版 (2003).

索 引

数字
21 世紀型スキル .... ix, 1, 7

A
AND 検索 101

B
Be 動詞 129

D
Dropbox 106

E
Evernote 106

G
Google 100, 127

I
IMRAD 形式 .... ix, 17
iTunes U 109

K
KJ 法 86, 175
KJ 法 A 型図解 175
KJ 法 B 型文章化 175

L
LaTeX 212

M
MECE 77

N
NM 法 87

O
OR 検索 101

P
Prezi 107

T
TED トーク 109
TRIZ 87

U
URL 検索 102

W
Web アンケート 146
Word 183

あ行
アイスブレーク 84
アイディア .... ix, 76
アウトライン .... ix, 12, 30, 186, 214
アウトライン機能 152, 186
アクティブ・ライティング 129
アズイフ 85
アドバンストリテラシー .... ix, 1, 4
アブストラクト 113
アンケート実施方法 144
アンケート調査票 149
アンケート調査方法 144
暗黙知 98
一般動詞 129
イベント管理（日程調整）アプリケーション 109
引用文プログラムの挿入 212
英語フレーズ 116
英語ブロック 124
英語論文 113
演繹的アプローチ 91
オートフィル機能 165

オートフィルター 167
オズボーンのチェックリスト法 83
音読 117
オンラインの辞書 114, 117

か行

加減乗除 84
過去形 131
加算名詞 133
箇条書き 212
カタルタ 84
カテゴリカルデータ 170
カラーバス 78
冠詞 135
関数 171
キーワード 98
記述回答シート 161
既知情報検索 100
帰納的アプローチ 91
脚注 200
空間配列 48
組み合わせ検索 101
形式知 98
言語技術 .... ix, 37, 46
現在完了 132
現在形 131
検索 98
校正 208
項目整理表 170
コメント機能 209

さ行

再入手 100
索引 200
参考文献の書き方と引用方法 212
散策 100
時系列 48
視写 76, 94
時制 130
シックスハット法 82
視点転換 76
視点転換のフレームワーク 81
社会人基礎力 .... ix, 1, 4
自由回答 152
集合調査法 145
自由発想 76
自由発想のフレームワーク 80
主語 130
受動態 129
巡回 100
順序のある箇条書き 221
順序のない箇条書き 221

情報収集 76
情報収集のフレームワーク 78
情報リテラシー 1
除外検索 101
しりとり法 81
身体知 99
推敲 .... ix, 55, 68
数式ツール 193
数式入力 193
スキーマ 37, 39
スタイル 191
スタイルギャラリー 191
図の挿入 218
図表の挿入 212
図表番号 201
スペルチェック 208
スラッシュ・リーディング 115
セクション 206
先行オーガナイザー 37, 40
選択回答 152
専門用語 114
相互参照 201
捜索 100

た行

ダイアログボックス起動ツールボタン ... 186
タイトル検索 102
代表値 173
他者意識 13, 58
多重化した箇条書き 223
ダブルクオテーション 127
探求探索 100
段区切り 206
段組み 206
知的生産 9
中間日本語 37, 53
データ回答シート 161
データ保存・共有 98
ドキュメント .... v, 12, 13
読書 76

な行

なぜなぜ5回法 83
日本語作文技術 55
入力処理ルール表 162
能動態 129

は行

ハイパーリンク 201
発想支援 76
発想支援のフレームワーク 86

バラツキ	173
ヒアリング調査法	146
ピボットテーブル	171
表の作成	217
フィールド	196
フェイス項目	152
不加算名詞	133
ブックマーク	201
ブレインストーミング	80
フレーズ検索	101
フレームワーク	76
プログラムなどの記入	219
分析ツール	174
文の引用	220
変化と兆し	79
本文検索	102

ま行

マインドマップ法	81
マンダラート法	81
見出しつき箇条書き	222
未来形	132
明文	55
メール・アンケート	147
目次	200
目次・アウトラインの作成	212
目次を出力する	214
文字数	208

や行

郵送配布法	145

ら行

リーダー	193
リボン	185
ロールプレイング	79
論文タイトル	117
論理	58

わ行

ワイルドカード	128
ワイルドカード検索	102
わかったつもり	37, 41
わかる	37
わかるとは	41

著者紹介（執筆章順）

奥田隆史（おくだ たかし）　（執筆担当章 1～6 章，10 章）

略　歴： 1987 年 豊橋技術科学大学大学院工学研究科情報工学専攻修士課程修了
現在 愛知県立大学 情報科学部情報科学科 教授（博士（工学））

主　著： 『コンピュータネットワーク概論』（未来へつなぐデジタルシリーズ 27 巻，水野忠則監修，共著），共立出版 (2014)，『コンピュータネットワーク概論 第 2 版』（水野忠則，奥田隆史，勅使河原可海，井手口哲夫 共著），ピアソンエデュケーション (2007)，『新インターユニバーシティ：情報ネットワーク』（佐藤健一 編著），オーム社 (2011)

学会等： 情報処理学会，電子情報通信学会，IEEE，計測自動制御学会，オペレーションズ・リサーチ学会，日本教育工学会，電気学会

山崎敦子（やまざき あつこ）　（執筆担当章 7 章）

略　歴： 1983 年-1986 年 米国海軍大学院電気電子工学科 研究講師
2001 年-2008 年 ものつくり大学技能工芸学部 准教授
2010 年 和歌山大学大学院システム工学研究科システム工学専攻博士課程修了
現在 芝浦工業大学工学部共通学群 教授（工学博士）

主　著： 『コンパクト科学技術英語事典』（市川泰弘，山崎敦子 共著），三修社 (1999)，『21 世紀の ESP—新しい ESP 理論の構築と実践』（「JABEE 認定・ESP ライティング」担当執筆），大学英語教育学会監修，大修館書店 (2010)，『国際化と戦う中小企業—大田区の事例研究にみる』（山崎敦子，石井正 共著），万来舎 (2011)

学会等： 人工知能学会，IEEE，KES，大学英語教育学会，日本教育工学会，型技術協会

永井昌寛（ながい まさひろ）　（執筆担当章 8 章）

略　歴： 1992 年 名古屋工業大学大学院工学研究科生産システム工学専攻博士前期課程修了
現在 愛知県立大学情報科学部情報科学科 教授（博士（工学））

主　著： 『日本経営診断学会叢書第 3 巻 経営診断の新展開』（日本経営診断学会編），永井昌寛・山本勝分担執筆 (pp.154–160)，同友館 (2015)，『保健・医療・福祉の私捨夢づくり』，分担執筆 (pp.32–39, pp.221–231)，篠原出版新社 (2007)，『経営診断のニューフロンティア』（日本経営診断学会編⑥），永井昌寛，後藤時政分担執筆 (pp.330–345)，同友館 (2006)

学会等： 日本医療情報学会，日本医療・病院管理学会，日本情報経営学会，日本経営診断学会，日本教育工学会，日本ヒューマンヘルスケア学会

板谷雄二（いたや ゆうじ）　　（執筆担当章 9 章）

略　歴： 1985 年 東北大学大学院工学研究科電気及通信工学専攻博士後期課程修了
　　　　 現在 朝日大学経営学部経営情報学科 教授（工学博士）・情報教育研究センター長・図書館長・経営情報学科長
主　著：『ビジュアルに学ぶ 新・データ構造とアルゴリズム』，CQ 出版 (1998)，『見てわかる C 言語入門』，講談社 (2001)，『世界一わかりやすい Excel 2010』，講談社 (2010)，『世界一わかりやすい Word 2007』，講談社 (2007)，『世界一わかりやすい Word「超」活用編』，講談社 (2003)
学会等：情報処理学会，計測自動制御学会，日本数式処理学会

未来へつなぐデジタルシリーズ 35
アドバンストリテラシー
——ドキュメント作成の考え方から
実践まで——

Advanced Literacy
— Creating Documents: From Concept to
Practice —

2017 年 3 月 15 日 初 版 1 刷発行

著 者	奥田隆史
	山崎敦子
	永井昌寛
	板谷雄二

ⓒ 2017

発行者 南條光章

発行所 共立出版株式会社
郵便番号 112-0006
東京都文京区小日向 4-6-19
電話 03-3947-2511（代表）
振替口座 00110-2-57035
URL http://www.kyoritsu-pub.co.jp/

印 刷 藤原印刷
製 本 ブロケード

一般社団法人
自然科学書協会
会員

検印廃止
NDC 002, 816, 507
ISBN 978-4-320-12355-7

Printed in Japan

JCOPY ＜出版者著作権管理機構委託出版物＞
本書の無断複製は著作権法上での例外を除き禁じられています．複製される場合は，そのつど事前に，
出版者著作権管理機構（TEL：03-3513-6969，FAX：03-3513-6979，e-mail：info@jcopy.or.jp）の
許諾を得てください．